절곡 툴 펀치와 다이 도감

이기원

1978년 수도공업고등학교 기계과를 졸업하고 Press Brake & Shearing Machine 제작 업체에서 근무하다 1987년 9월 을지특수제작소에 입사했다. 이후 을지특수공업사, (주)을지특수인물, (주)을지특수정밀 등에서 근무했다.

절곡 툴 펀치와 다이 도감

발행일	2025년 6월 18일		
지은이	이기원		
펴낸이	손형국		
펴낸곳	(주)북랩		
편집인	선일영	편집	김현아, 배진용, 김다빈, 김부경
디자인	이현수, 김민하, 임진형, 안유경	제작	박기성, 구성우, 이창영, 배상진
마케팅	김회란, 박진관		
출판등록	2004. 12. 1(제2012-000051호)		
주소	서울특별시 금천구 가산디지털 1로 168, 우림라이온스밸리 B동 B111호, B113~115호		
홈페이지	www.book.co.kr		
전화번호	(02)2026-5777	팩스	(02)3159-9637
ISBN	979-11-7224-700-3 13580 (종이책)	979-11-7224-701-0 15580 (전자책)	

잘못된 책은 구입한 곳에서 교환해드립니다.
이 책은 저작권법에 따라 보호받는 저작물이므로 무단 전재와 복제를 금합니다.
이 책은 (주)북랩이 보유한 리코 장비로 인쇄되었습니다.

(주)북랩 성공출판의 파트너

북랩 홈페이지와 패밀리 사이트에서 다양한 출판 솔루션을 만나 보세요!

홈페이지 book.co.kr • **블로그** blog.naver.com/essaybook • **출판문의** text@book.co.kr

---

작가 연락처 문의 ▶ ask.book.co.kr

작가 연락처는 개인정보이므로 북랩에서 알려드릴 수 없습니다.

현장에서 바로 쓰는 절곡 툴과 공업용 나이프 입문서

절곡 툴 펀치와 다이 도감

이기원 지음

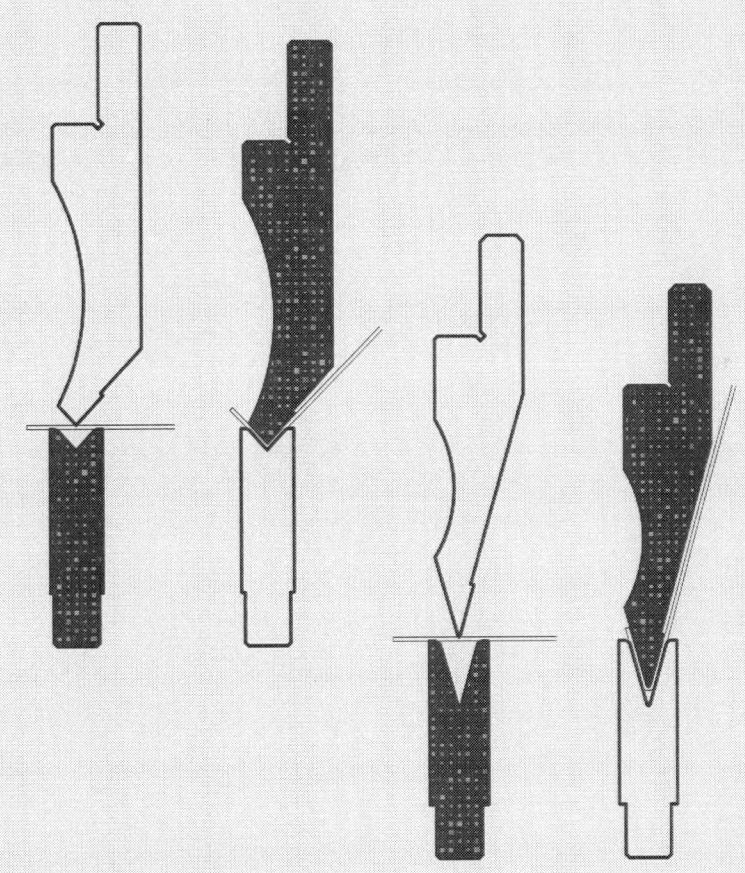

북랩

【 Preface / 머리말 】

1970년대 크랭크식과 에어식 크랭크 기계가 사용될 때는 T자형의 형상을 나타내는 펀치와 사각 다이를 가지고 모든 일을 하였습니다.

1980년대에 들어오면서 유압식 기계가 수입되어 국내의 작업 환경도 유압식으로 변하였고 펀치와 다이의 형상이 단일 툴(Tool)에서 분할 툴(Tool)의 편리한 형태로 바뀌면서 좀 더 작업자의 힘이 덜 드는 시스템으로 발전하게 되었습니다.

이 책의 특징은 다음과 같습니다.
1. 현장의 실무를 경험으로 작성된 상태입니다.
2. 디자인들은 제작자의 주관으로 한 것도 있지만 발주처에서 원하여 나타낸 상태도 있습니다. 그러므로 디자인상 응력이나 기계적 성질 면에서 부족한 부분이 있을 수 있습니다.
3. 절곡기의 제작사는 국내와 국외용이 있는데 국내용 기준으로 디자인 내용을 나타내도록 하였습니다.
4. 이 책은 초보자가 보는 내용은 아닙니다. 처음 보는 사람은 그림책으로 생각할 것입니다. 절곡기 제품의 작업 실무자나 자재 담당자에게는 절곡 툴(Tool) 제품의 디자인 기안이나 견적서 작성 및 회의에 도움이 될 것입니다.
5. 국내의 판금이나 프레스 금형에 대한 내용은 시중 서적들을 이용하시고 절곡 굽힘 툴(Tool)을 응용하는 실무 내용으로 참조하여 적용하였으면 합니다.

이 책으로 40년 실무 경험의 일부를 공개합니다.
실무에 응용하거나 착안점을 신속히 결정하는 데 도움이 되었으면 하는 바람입니다.
감사합니다.

2025년 6월
저자 이기원

목차 | Contents

Preface / 머리말 ································· 5

굽힘 작업의 디자인 ································· 7
DH-Die ································· 10
DV-Die ································· 38
다이(Die) 고정판 300 ································· 46
블록 홀더(Block Holder) ································· 47
T-Die ································· 48
V2-Die Holder, V2-Die ································· 50
Die Holder ································· 51
사각 다이(Multi Die) 60 ································· 52
사각 다이(Multi Die) ································· 53
굽힘 작업의 펀치(Punch) ································· 82
절곡 툴(Tool) 체결 요건 ································· 83
ㄱ(G)형 펀치 ································· 84
ㄷ(D)형 펀치 ································· 88
일자(I)형 펀치 ································· 129
굽힘 작업 예각과 헤밍 ································· 135
씨(C)형 펀치 ································· 136
굽힘 작업의 디자인 ································· 144
단 굽힘 펀치 다이(Punch Die) ································· 145
알바(R-Bar) 홀더(Holder) ································· 166
알바(R-Bar) ································· 170
R 펀치(R-Punch), 다이(Die) ································· 172
펀치 홀더(Punch Holder) ································· 179
고정 장치(Clamp) ································· 181
샤링 나이프(Shearing Knife) ································· 184
나이프(Knife) ································· 186
코너 나이프(Corner Knife) ································· 188
변 코너 나이프(Square Corner Knife) ································· 189
로트 나이프(Lot Knife) ································· 190
앵글 코너 나이프(Angle Corner Knife) ································· 192
가제트 코너 나이프(Gazette Corner Knife) ································· 193
고철 나이프(Scrap Metal Knife) ································· 198
작두 나이프(Rotary Knife) ································· 202
앵글 커터(Angle Cutter) ································· 204
특수 다이(Special Die) ································· 205

굽힘 작업의 디자인

1. 굽힘 작업

굽힘의 종류는 굽힘 형상에서 90° 굽힘과 예각 굽힘, 둔각 굽힘으로 구분합니다.

(1) 굽힘의 종류

    (가) V폭 - 12t~15t - 내경 R이 크다.

    (나) V폭 - 6t~12t - 적당히 사용하는 비율.

    (다) V폭 - 5t - 내경 R이 적고 기계의 분리함과 금형에 응력이 커진다.

이와 같이 3종류로 분류할 수 있습니다.

(2) 판 두께의 V폭

    (가) 판 두께 0.5t~2.5t - V폭 - 6t

    (나) 판 두께 3.0t~8.0t - V폭 - 8t

    (다) 판 두께 9.0t~10t - V폭 - 10t

    (라) 판 두께 12t이상 - V폭 - 12t

(3) 열처리에 대하여

펀치, 다이의 경우 내마모성과 강도를 높이기 위해서 열처리를 하여 담금질과 뜨임을 해서 HrC 43~48, 또는 HrC 23~28 정도가 안전성 및 기계적 성질 면에서 가장 좋은 상태이나 실질적으로 소비자는 HrC 50 이상을 요구하여 펀치와 다이에 균열이나 파손이 발생하여 안전사고를 유발하기도 합니다.

2. 90° 굽힘

다이의 홈 각도는 V폭에 따라서 변화합니다.

    (가) V=1~12는 90°

    (나) V=12~25는 88°

    (다) V=28~100는 85°

    (라) V=125 이상은 80° 가 적당합니다.

이론적으로는 이리 나타내나 실질적으로는 많이 다릅니다.

그러나 실제적으로 현장에서 실무자는 기계의 힘과 스트로크의 조절로 사용하는 경향이 많습니다. 여러 변수가 많으나 현재 철 재질의 인장 강도가 기술의 발전으로 인하여, 또는 표면처리 기술이 발전하여 84°나 86°를 주로 사용하고 있으며 후판의 경우는 70°~80°를 사용하는 경우가 많습니다.

3. 예각 굽힘

펀치의 각도는 32°, 45°를 주로 사용합니다.

4. 분할 다이(Die)

일반적으로 L=835가 가장 많이 사용하는 치수입니다.

10등분으로 나누어 만들어지게 됩니다.

분할도 L=835(10등분)

L=10+15+20+30+40+50+70+100+200+300

5. 굽힘 다이

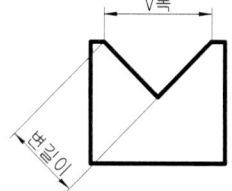

[그림 1] 다이의 폭과 변의 길이 관계

[표 1] V폭과 V홈의 변길이 관계

V폭	6	8	10	12	14	16	18	20	25	32	40	50	63
V홈의 변길이	4	5.5	7	8.5	10	11	13.5	14	17.5	22	28	35	45

V폭과 V홈의 변의 길이는 대단히 중요합니다.

V폭과 V홈의 변길이를 무시하고 작업할 경우 다음과 같은 현상이 발생합니다.

V홈의 변길이보다 굽힘 치수가 작을 경우는 V폭 홈에 빠지면서 원하는 치수의 정밀도와 각도에 영향을 미치기 때문입니다.

6. 굽힘 다이의 분할

분할도 L=835(10등분)

L=10+15+20+30+40+50+70+100+200+300

일반적으로 나타내는 치수입니다.

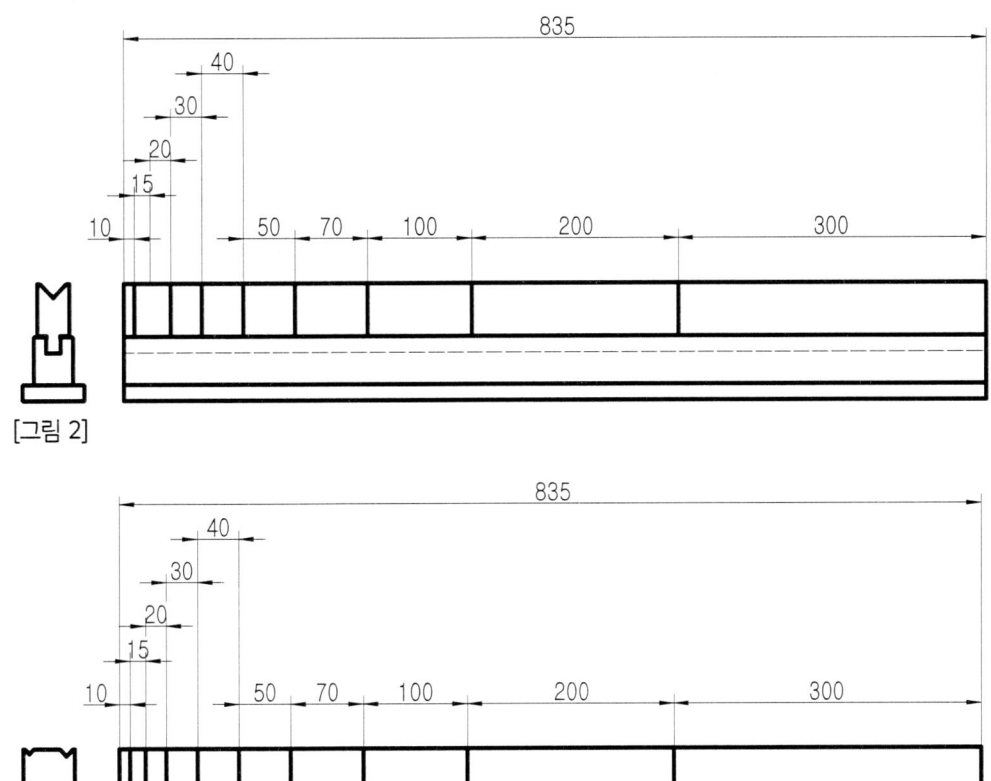

[그림 2]

[그림 3]

툴(Tool) 다이
DH1-001
DH-Die

툴(Tool) 디에이치다이(DH-Die)는 다이 홀더(Die Holder)가 있어서 끼워서 사용하는 제품입니다.
일반적으로 많이 사용하는 제품들을 나타낸 것입니다.

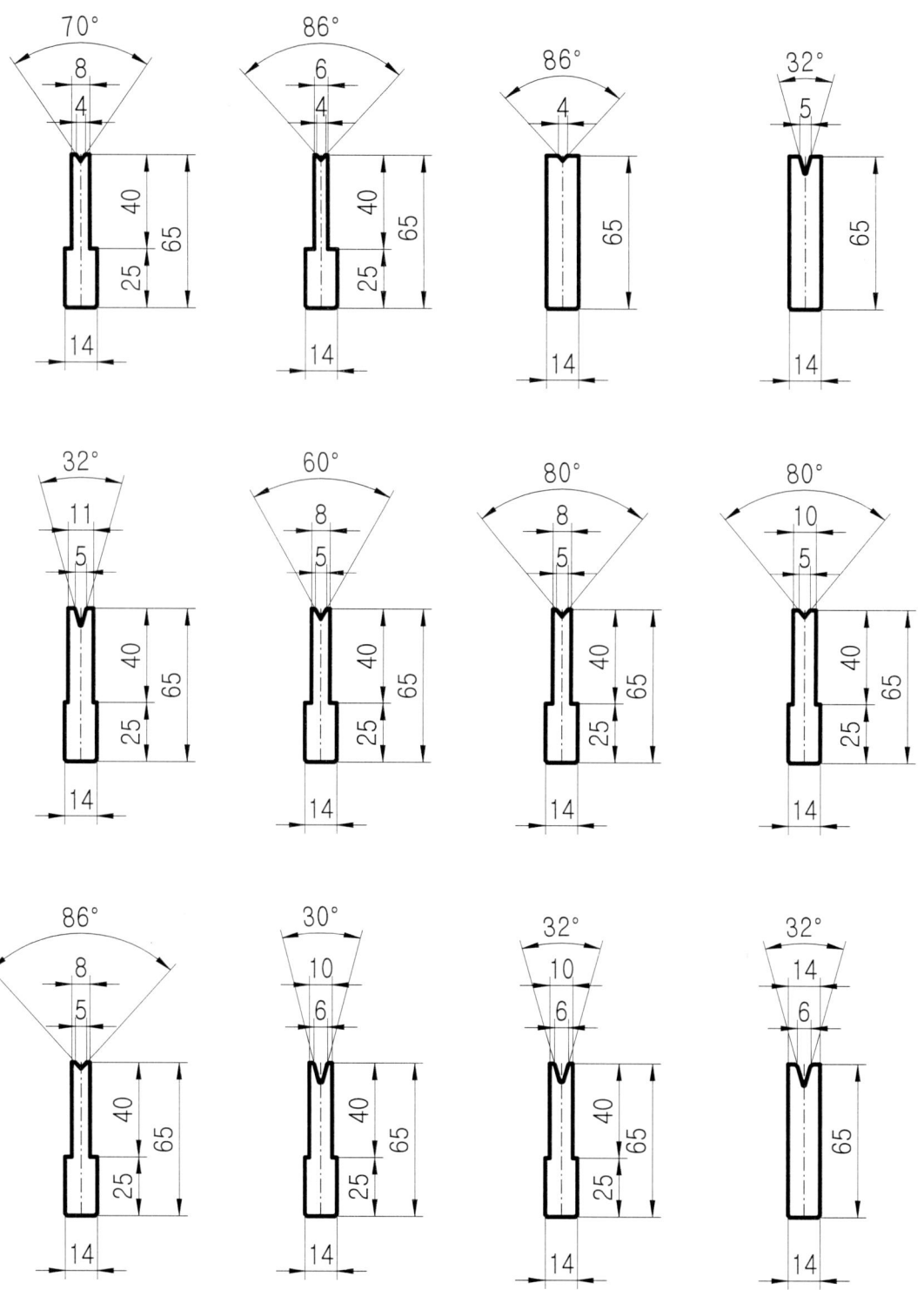

# DH-Die

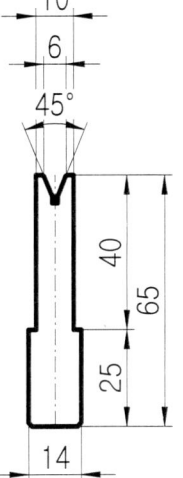 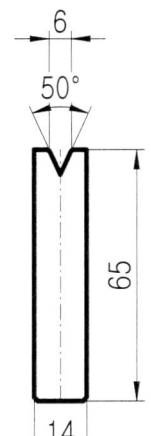 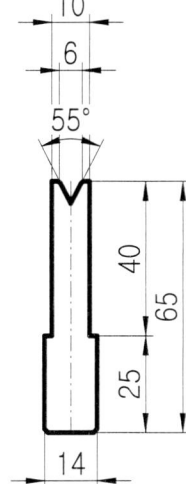 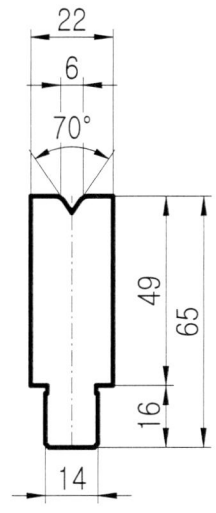

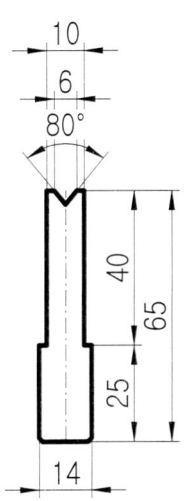 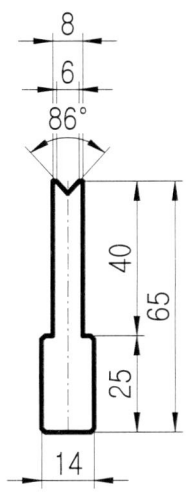 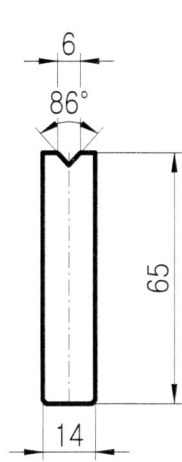 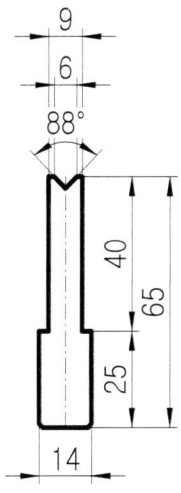

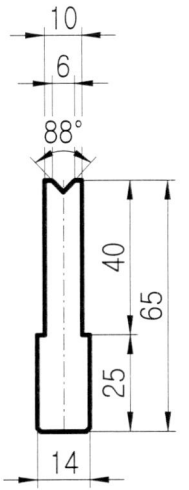 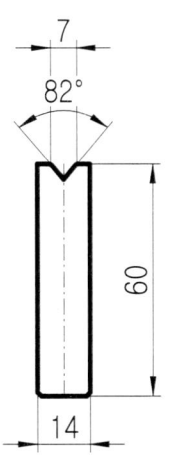 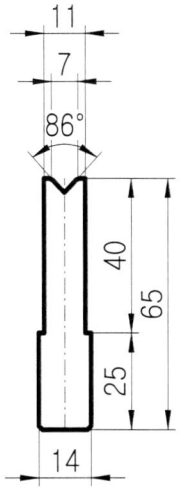 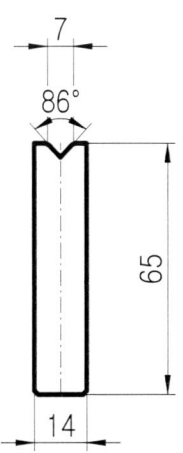

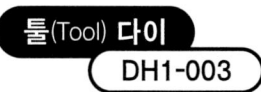

DH-Die

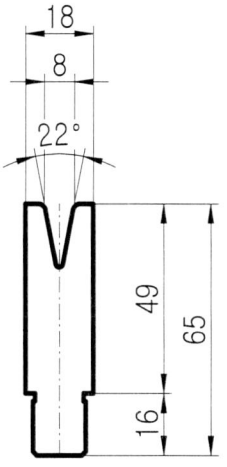 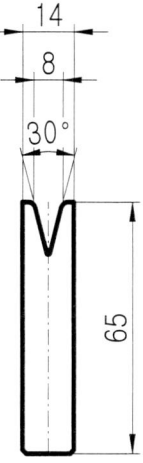 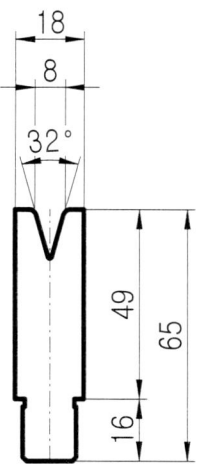 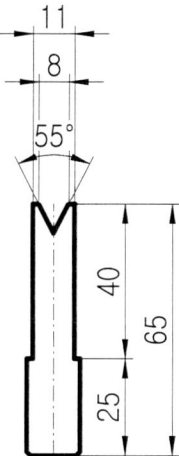

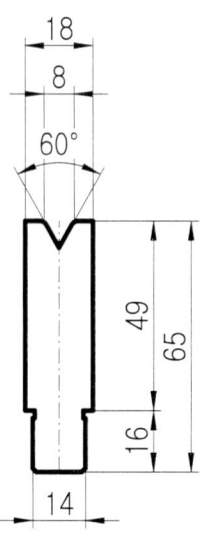 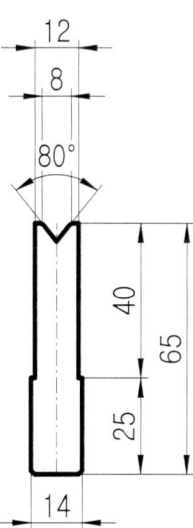 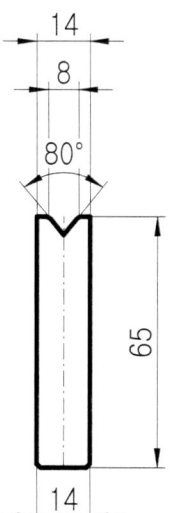 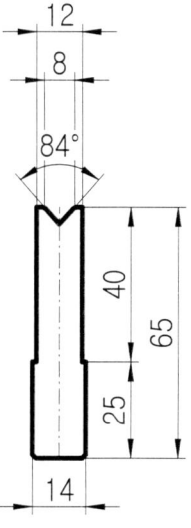

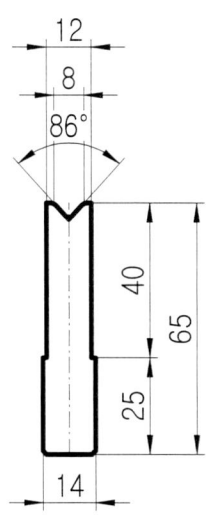 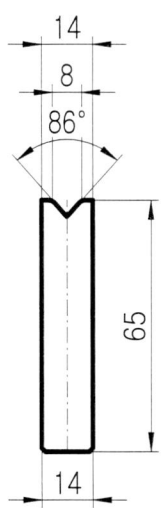 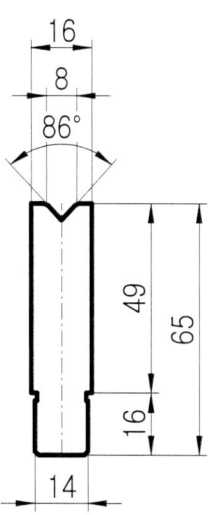 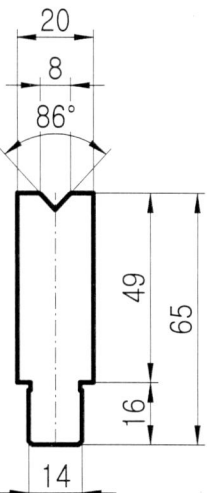

DH-Die

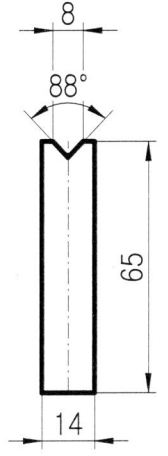 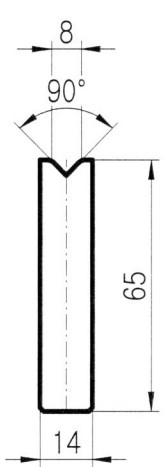 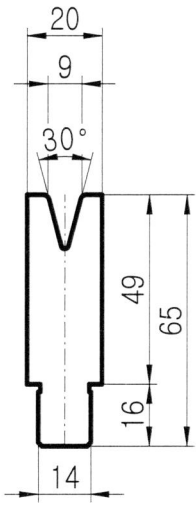 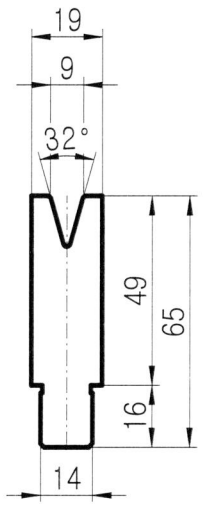

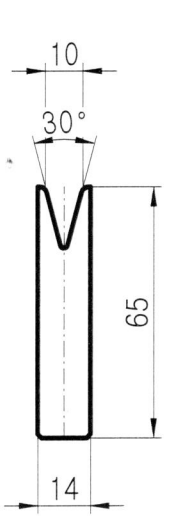 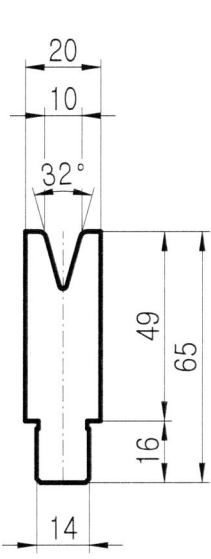 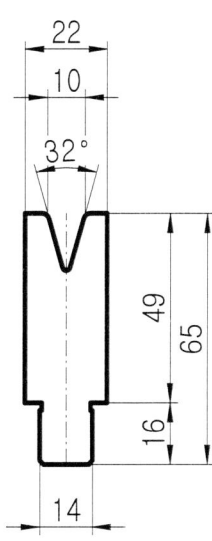 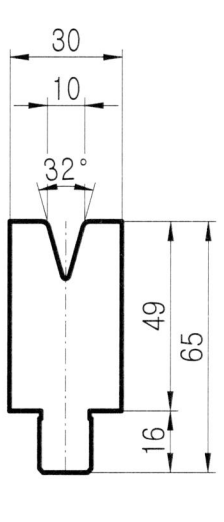

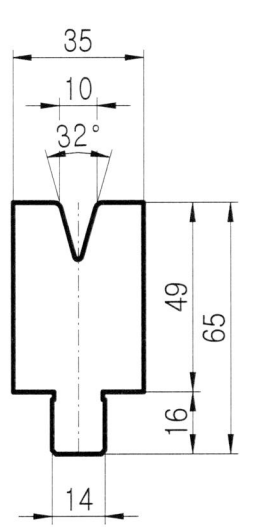 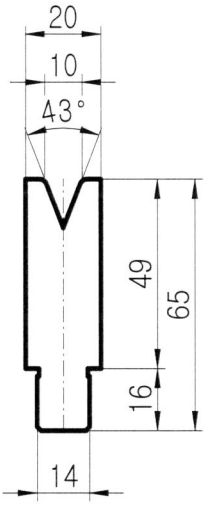 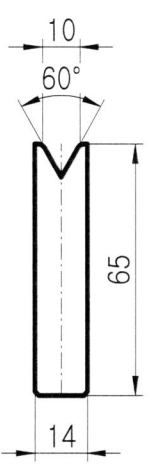 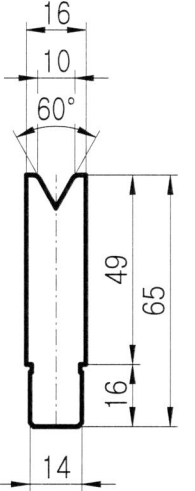

DH-Die

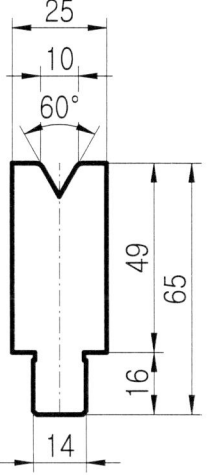 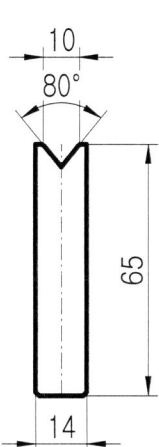 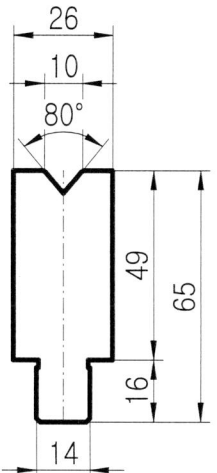 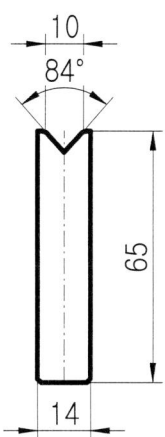

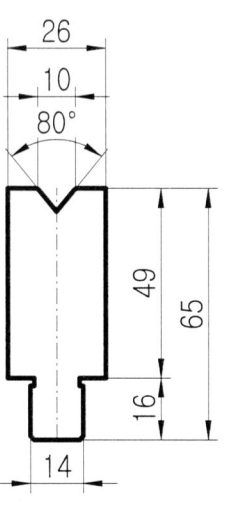 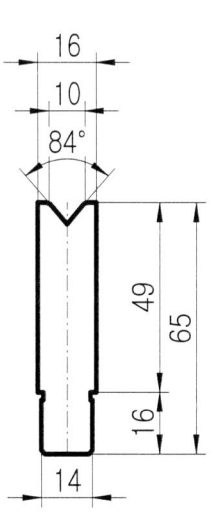 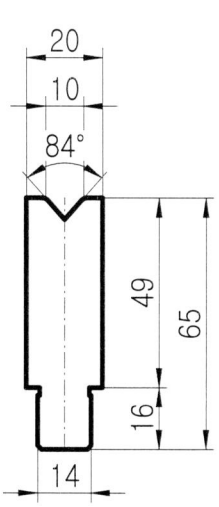 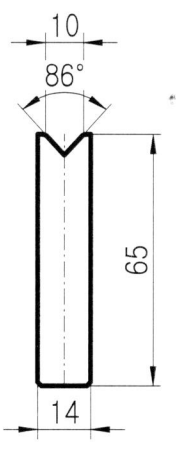

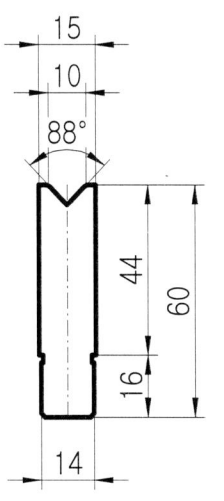 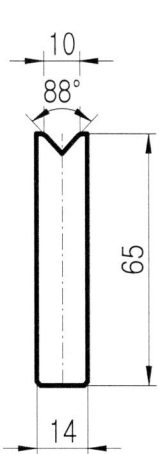 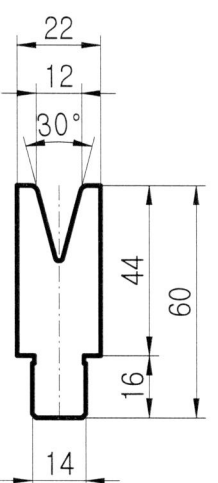 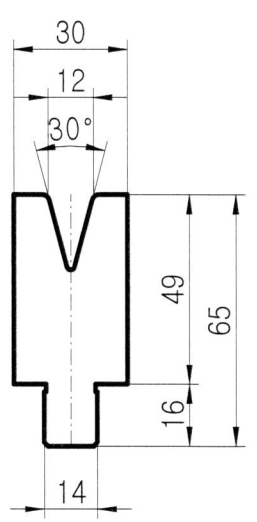

DH-Die

DH1-006

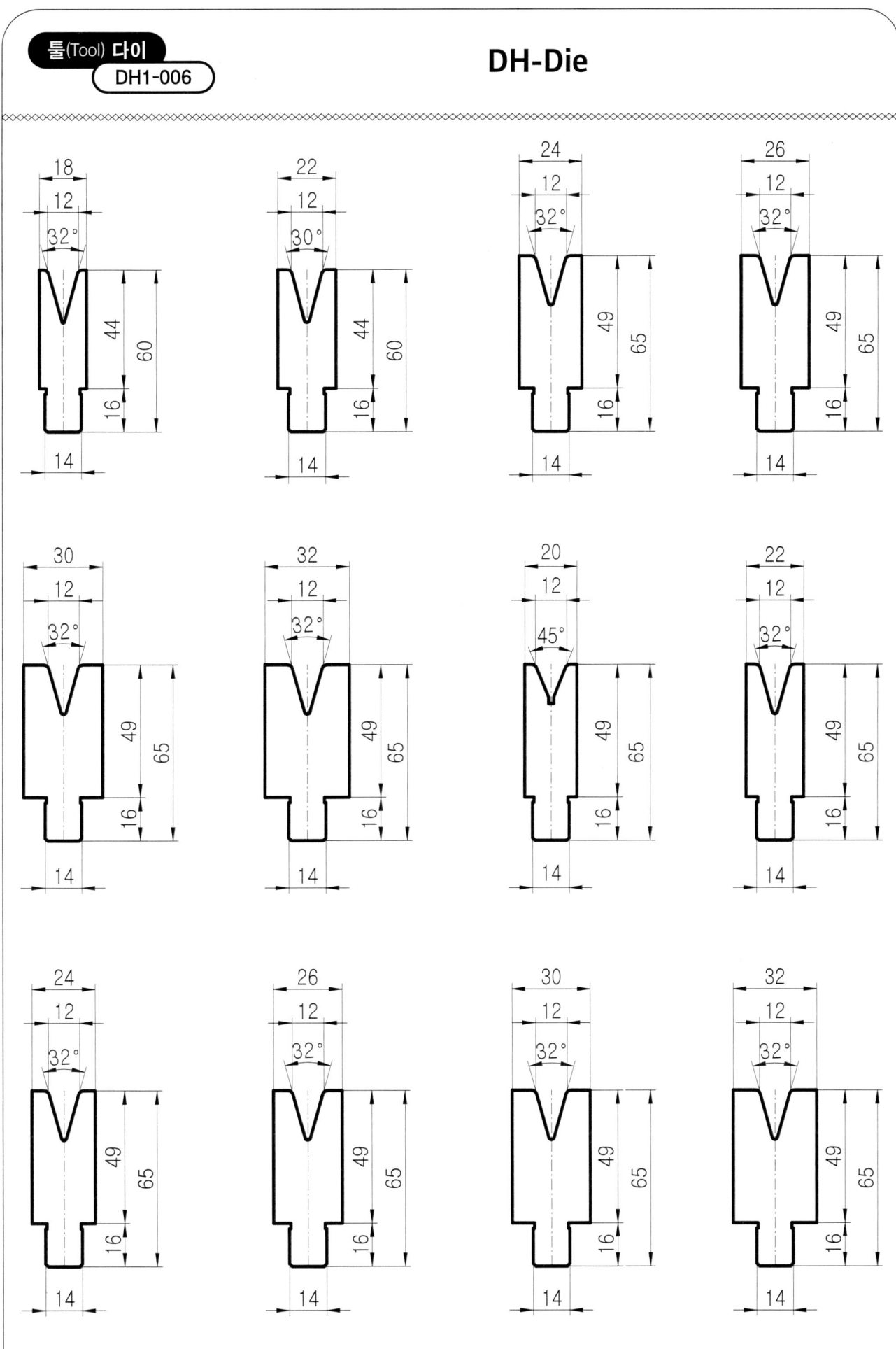

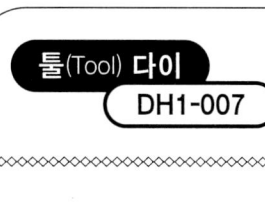

DH-Die

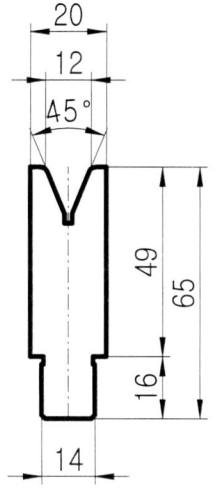 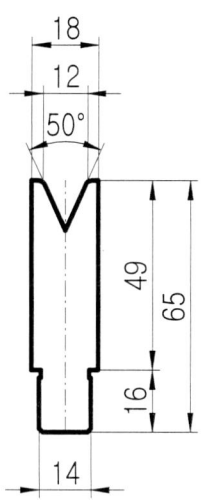 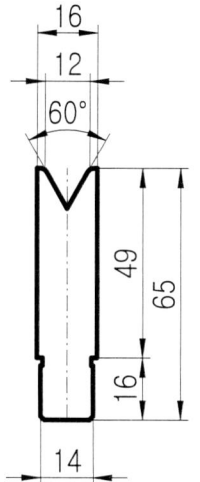 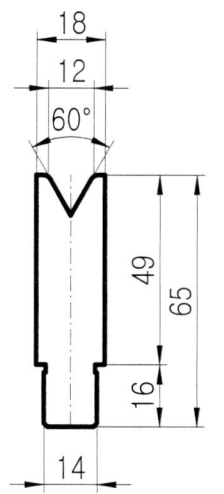

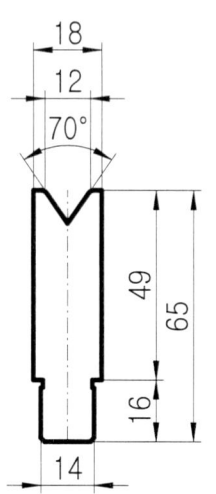 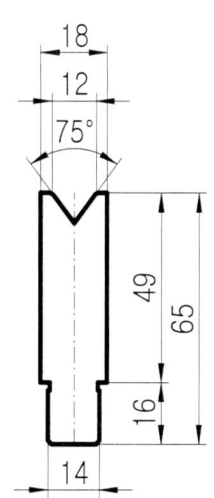 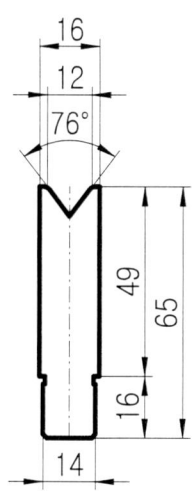 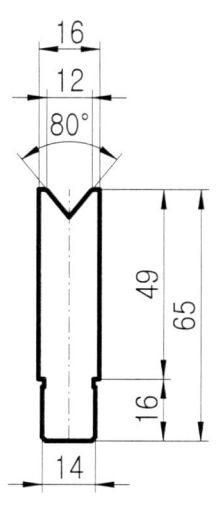

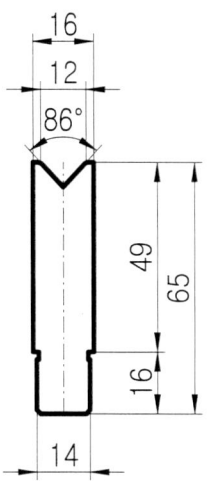 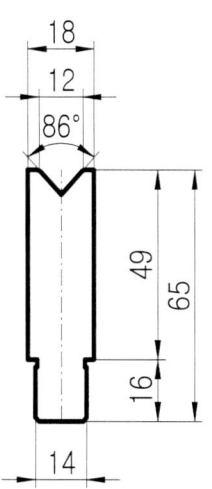 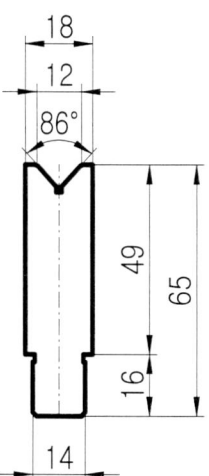 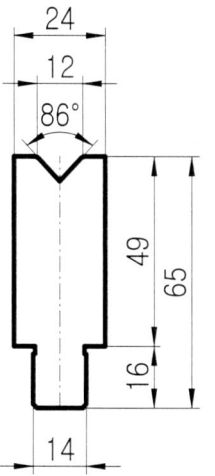

DH-Die

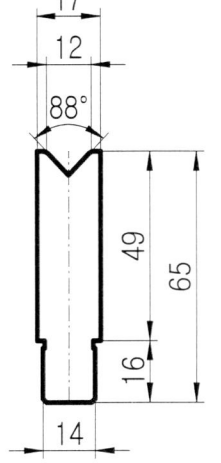
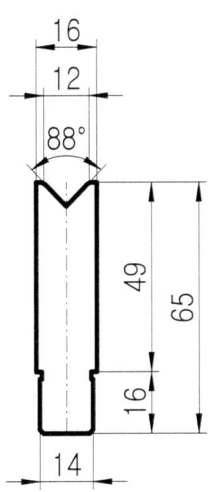
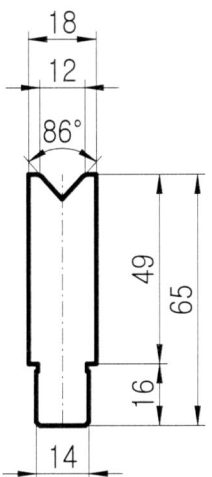
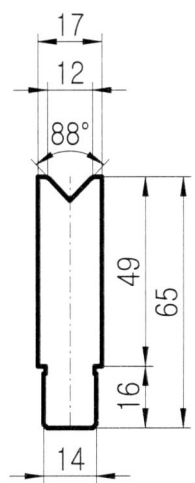

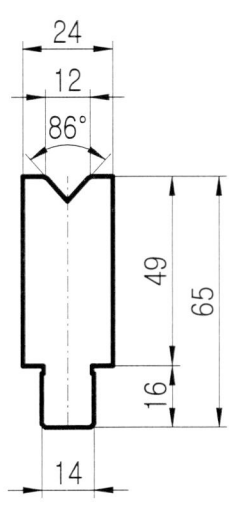
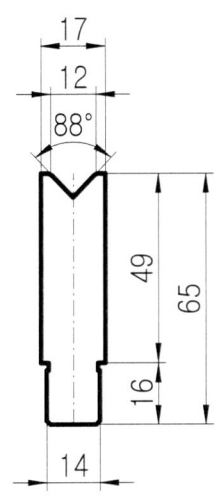
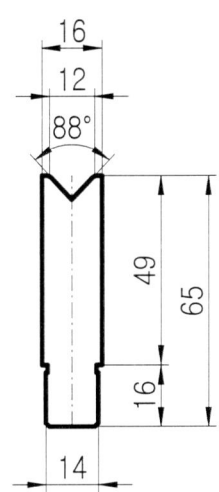
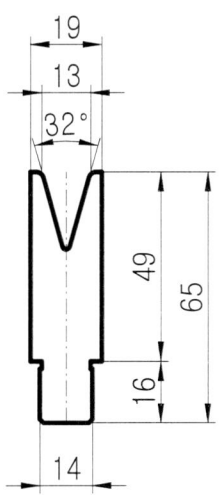

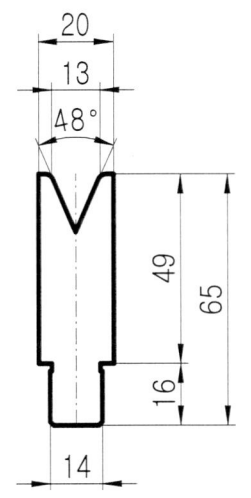
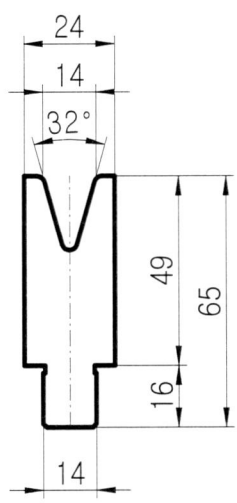
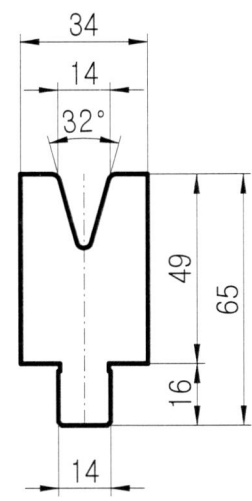
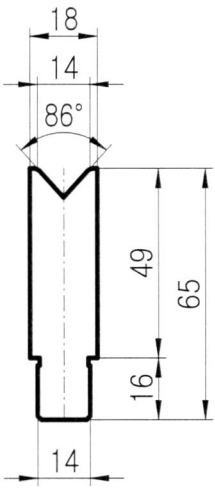

DH-Die

DH1-009

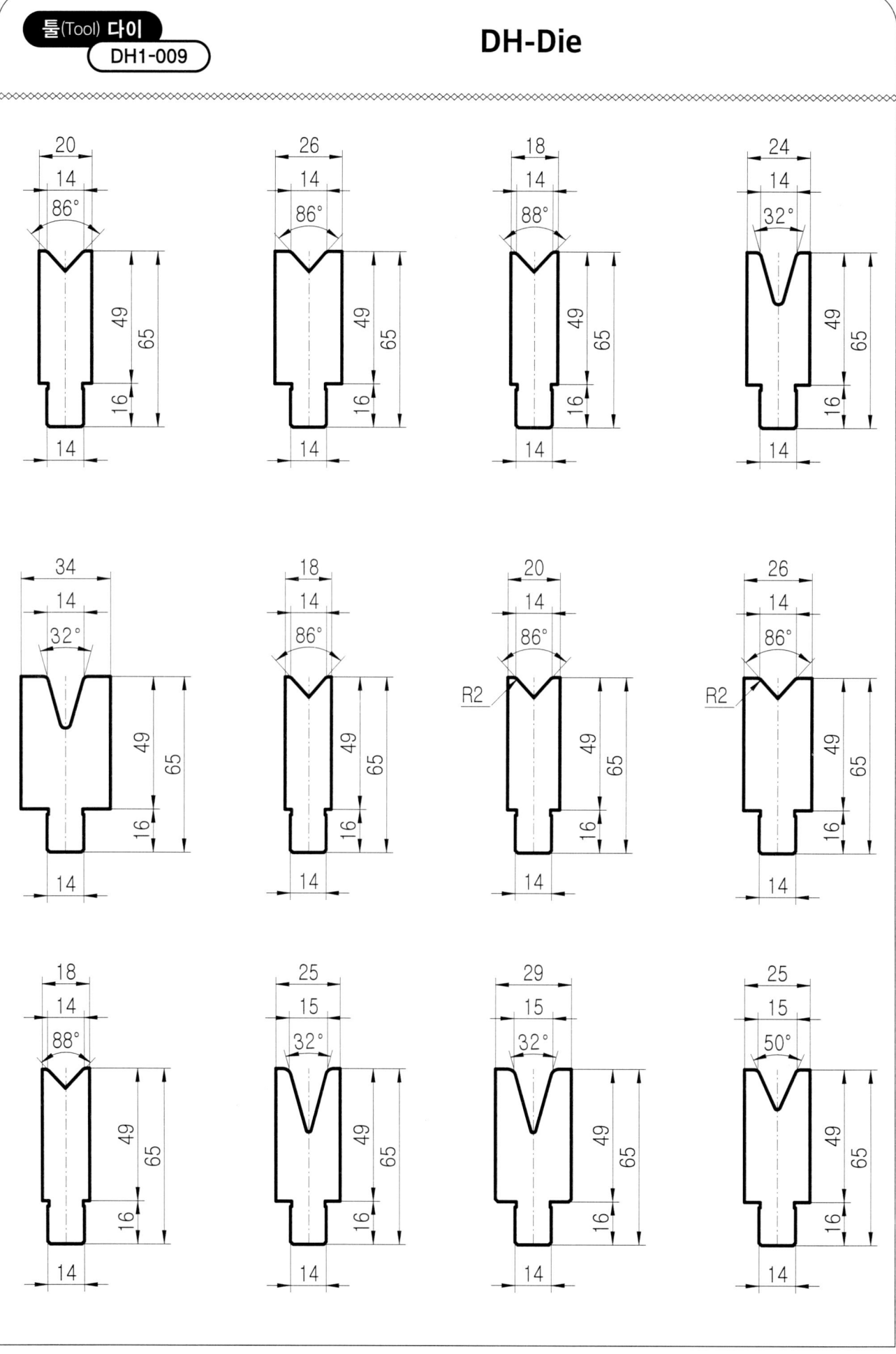

DH-Die

DH1-010

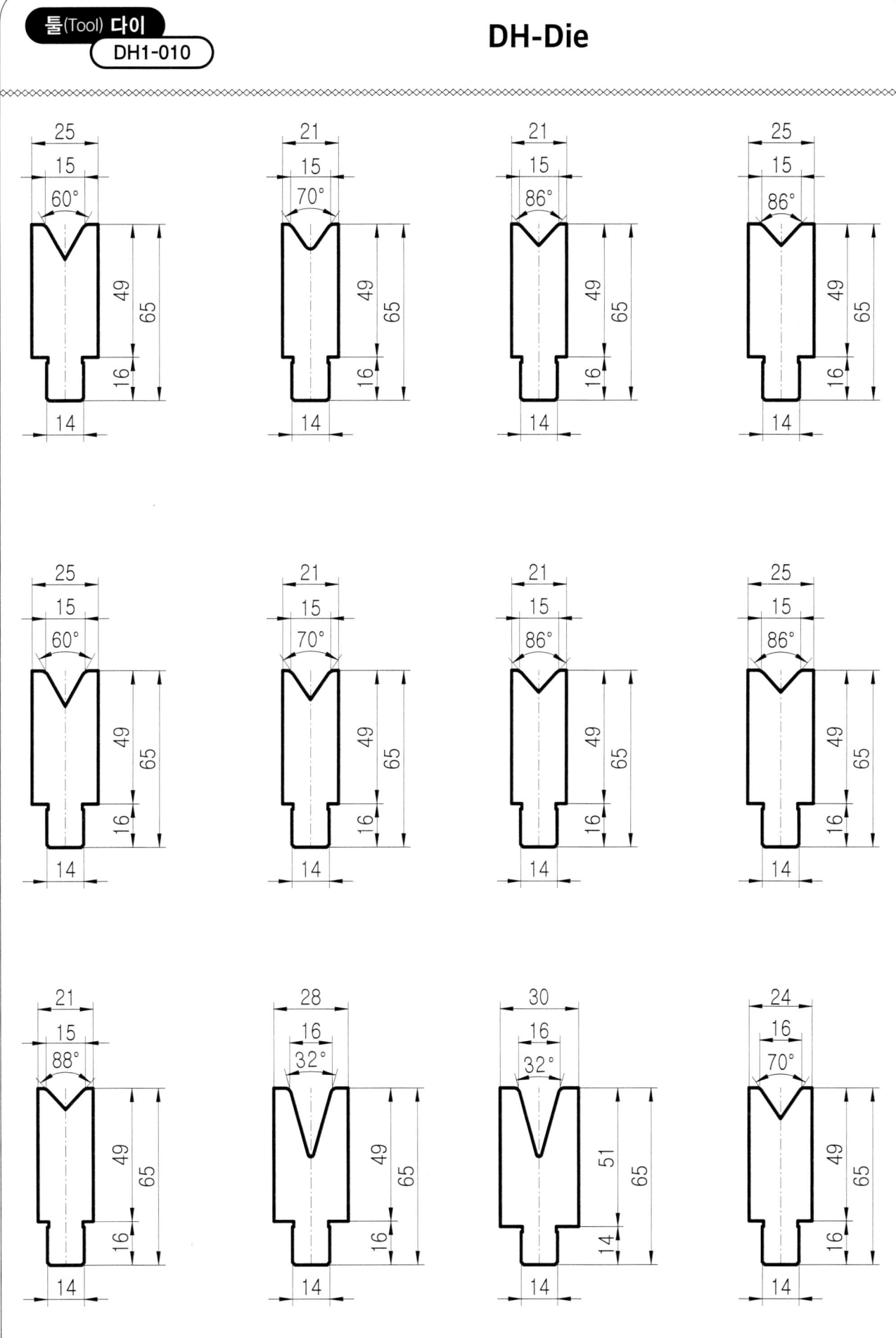

DH-Die

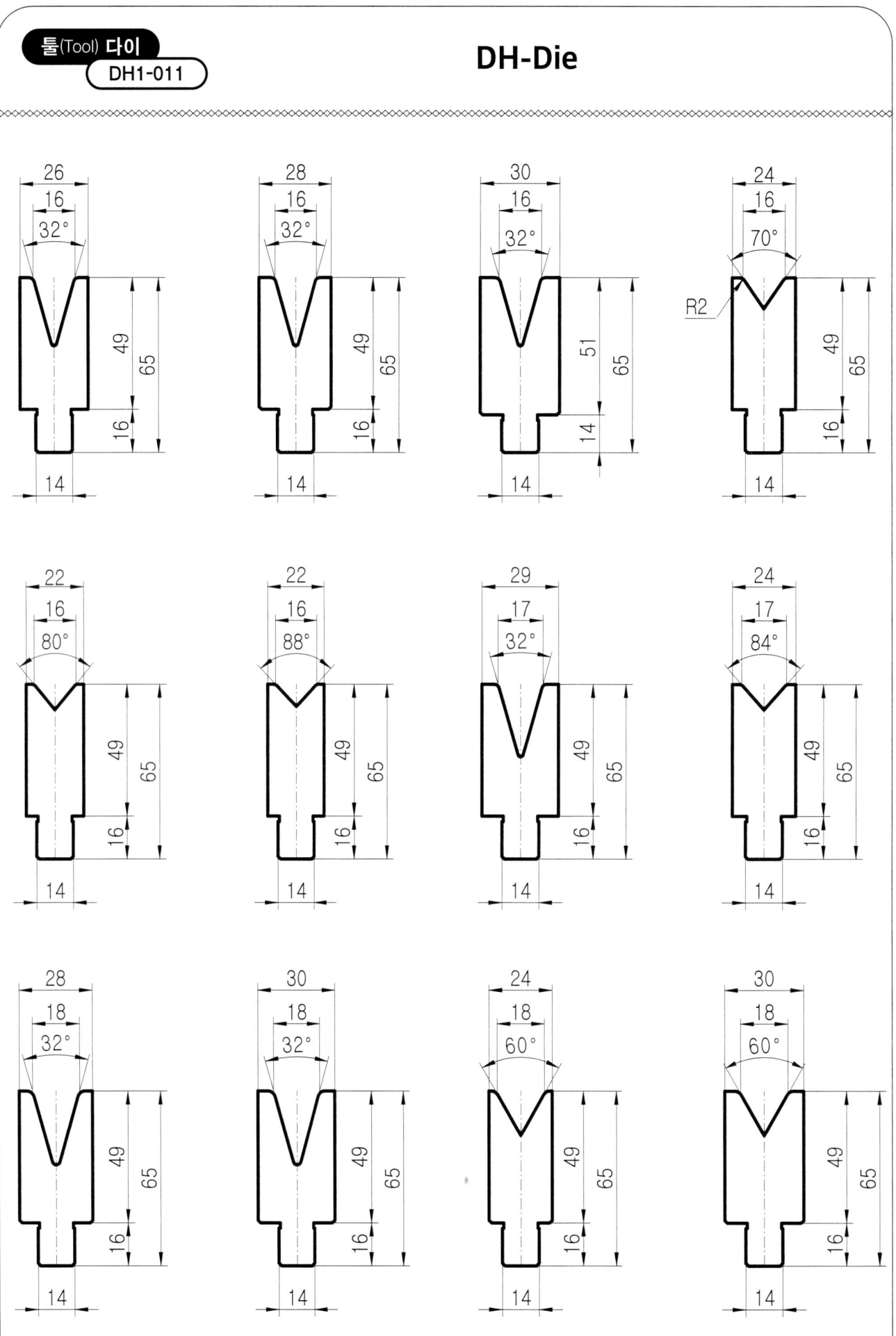

DH-Die

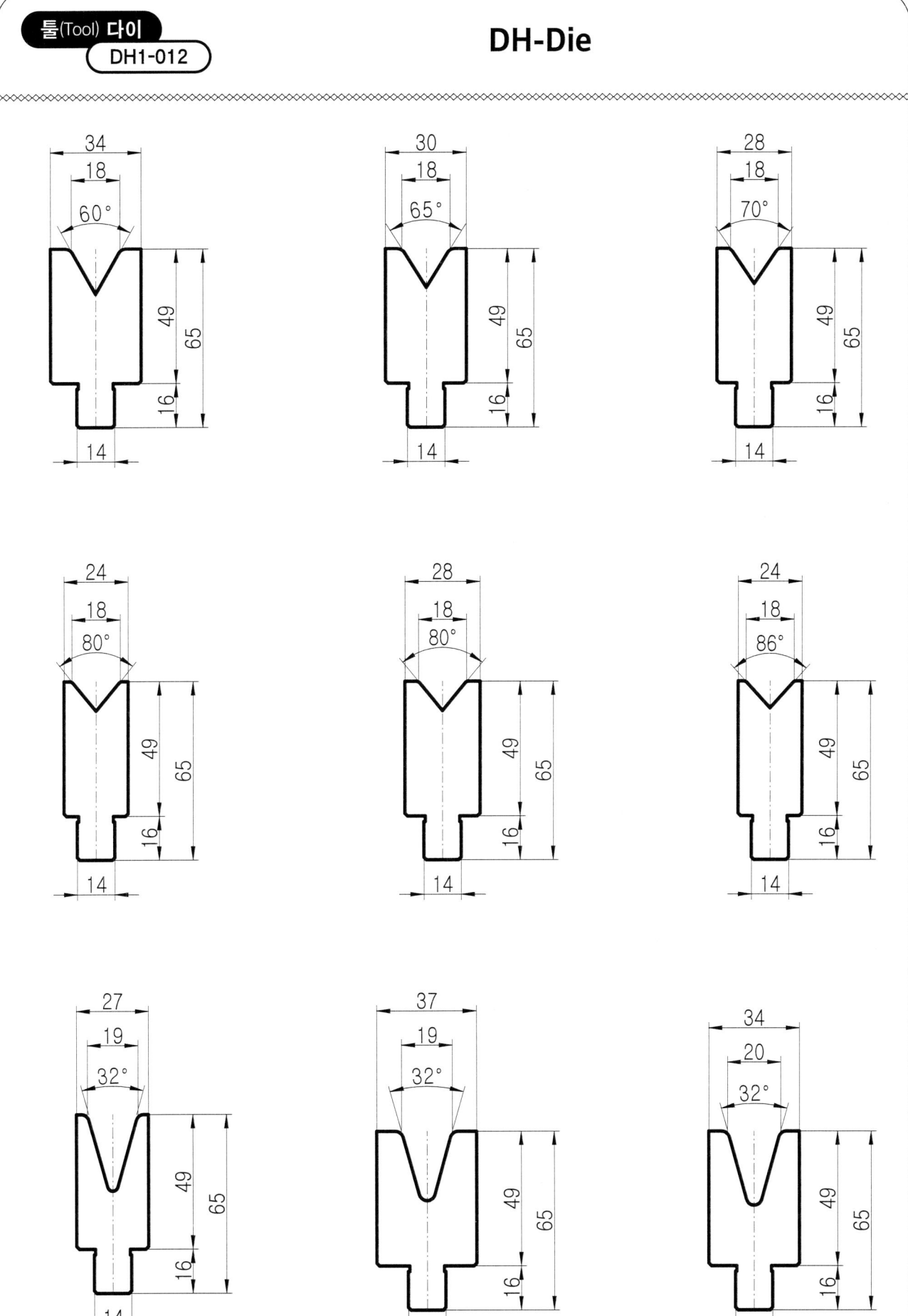

DH-Die

DH1-013

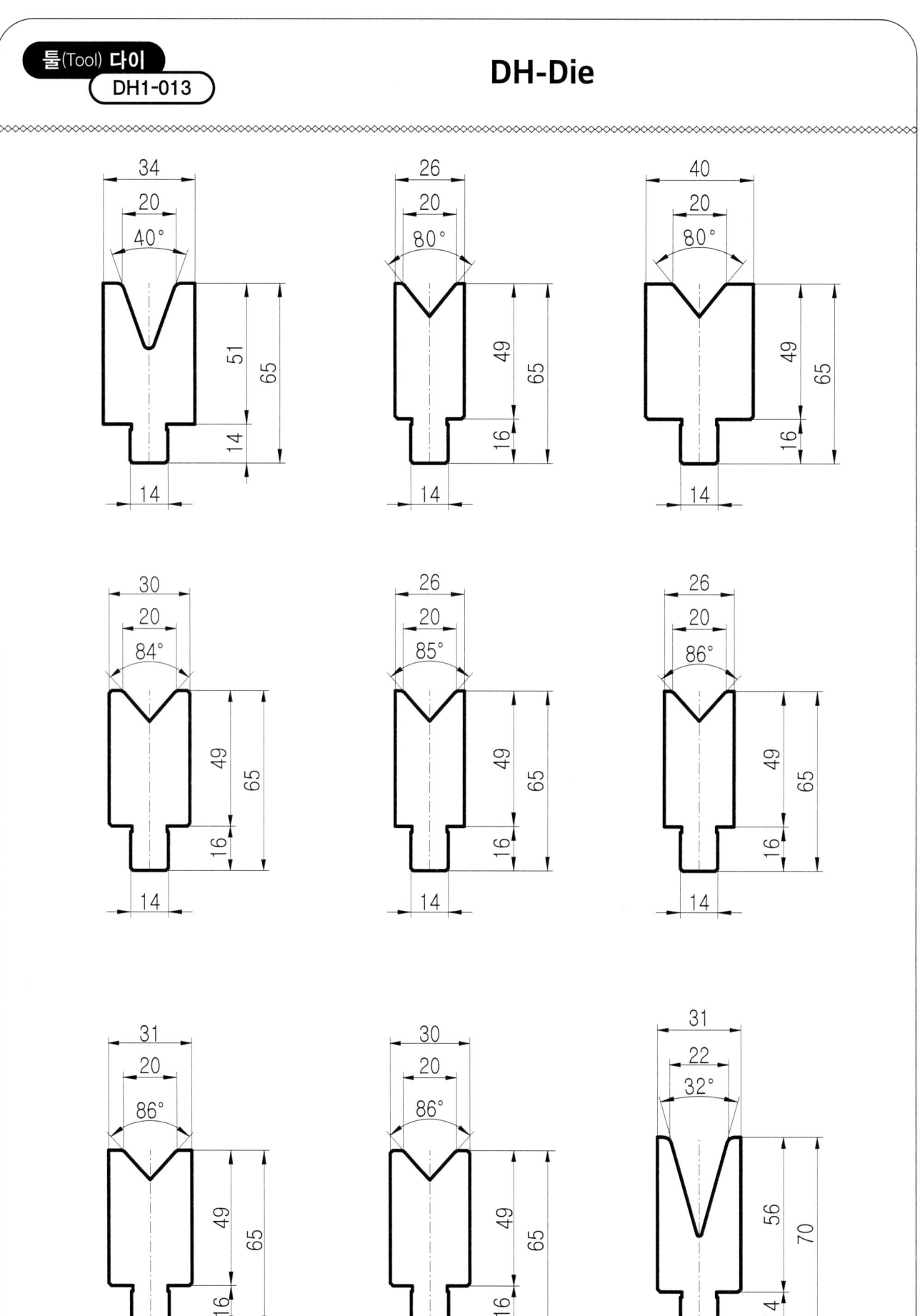

DH-Die

DH1-014

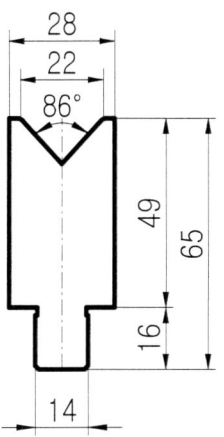
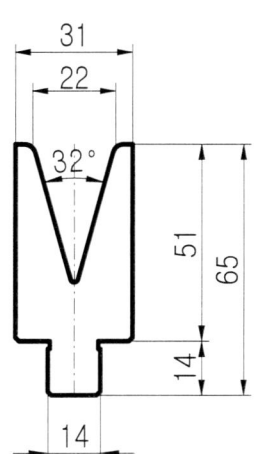
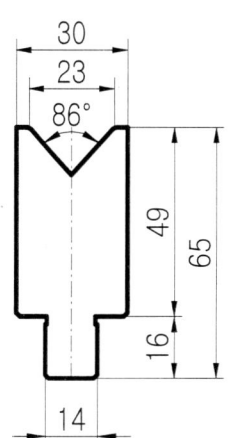
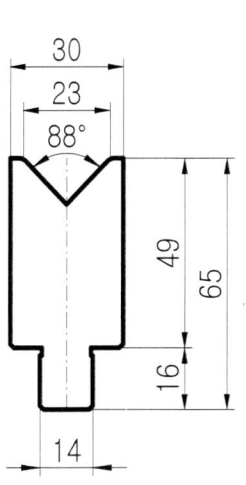
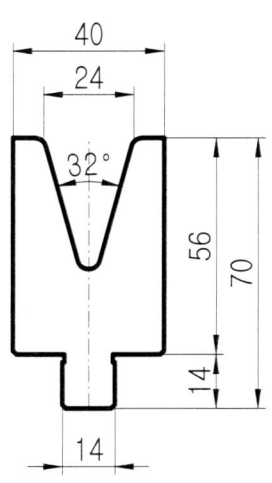
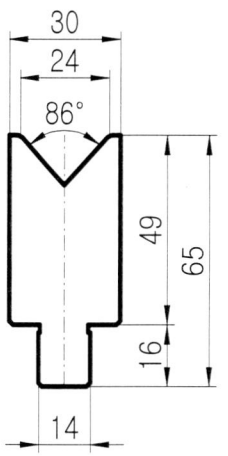
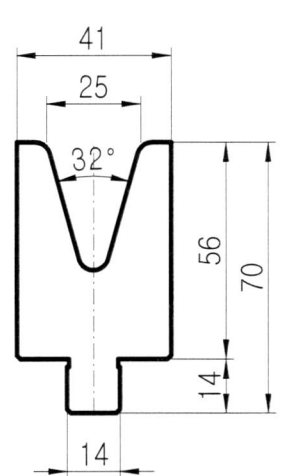
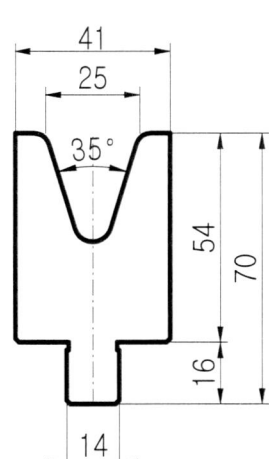
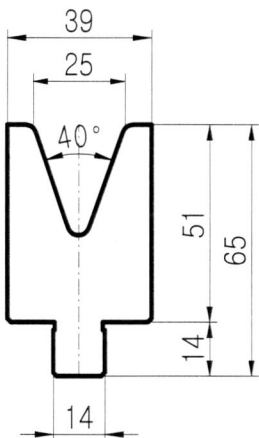

DH-Die

DH1-015

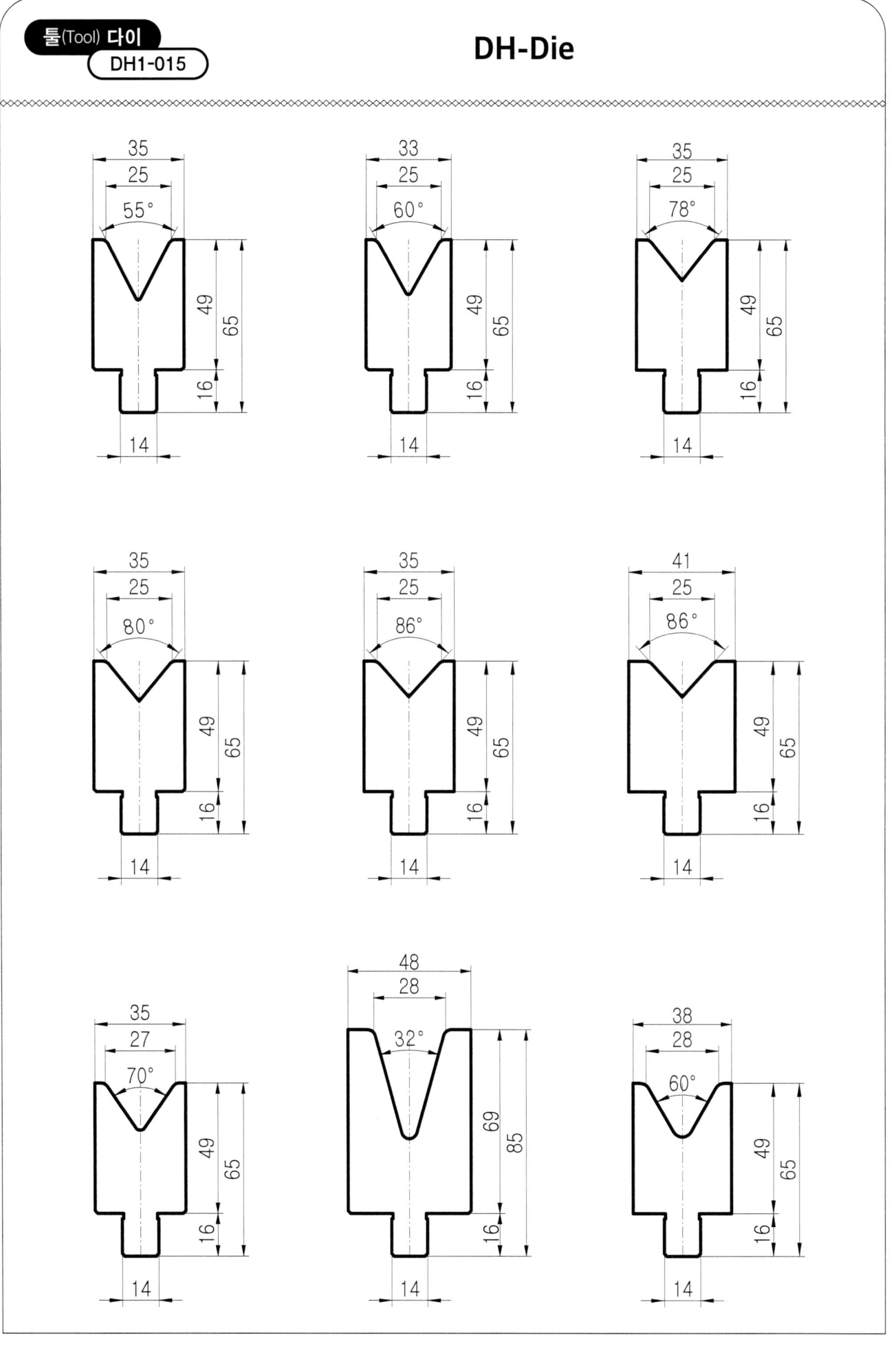

DH-Die

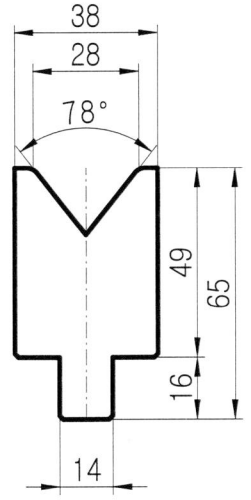
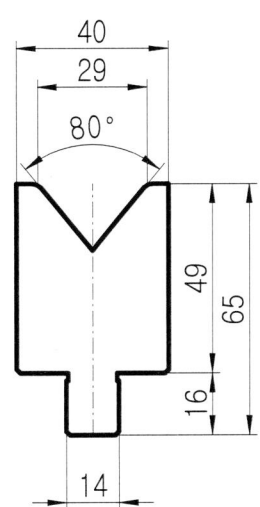
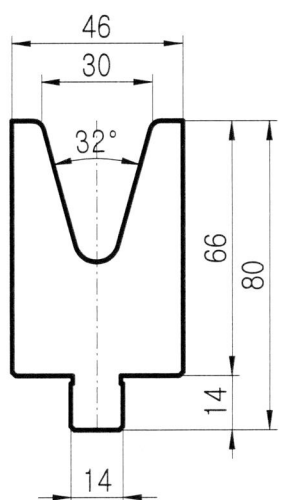

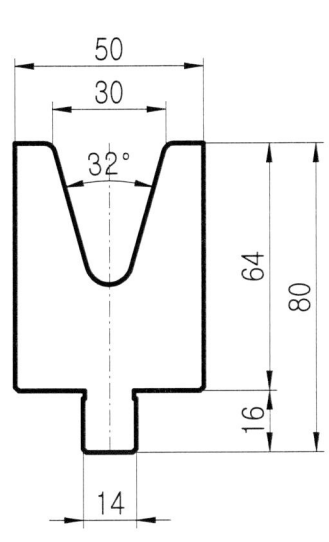
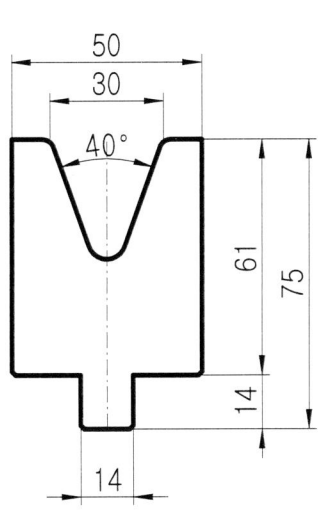
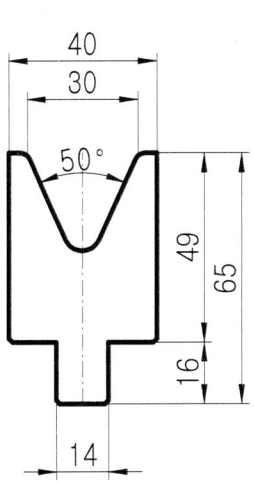

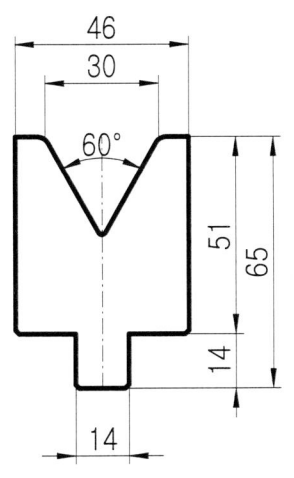
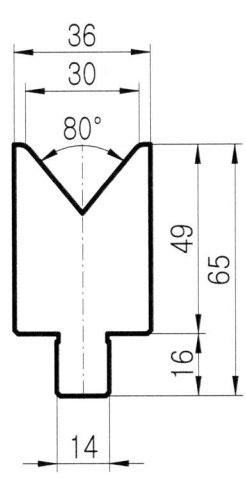
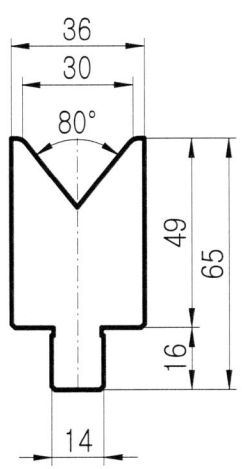

DH-Die

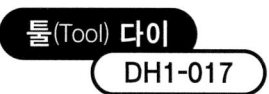

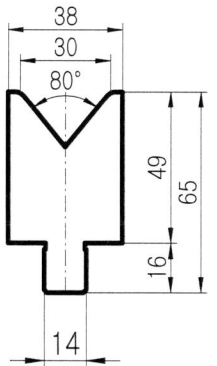 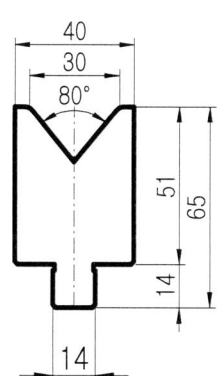 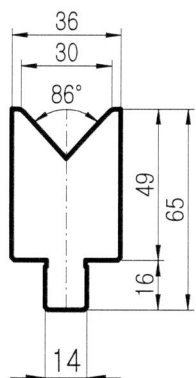

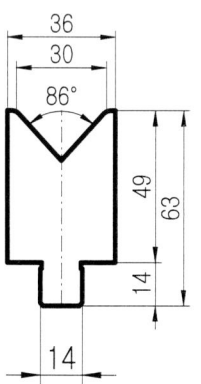 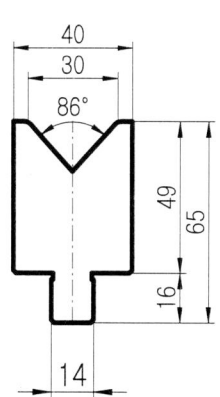 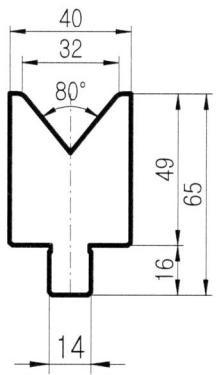

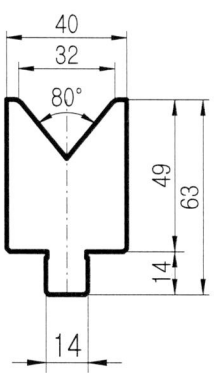 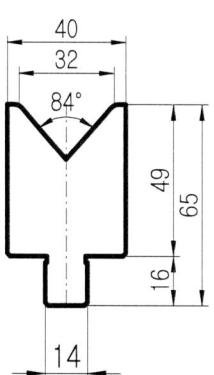 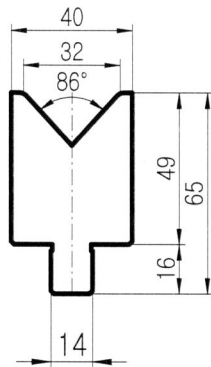

DH-Die

DH1-018

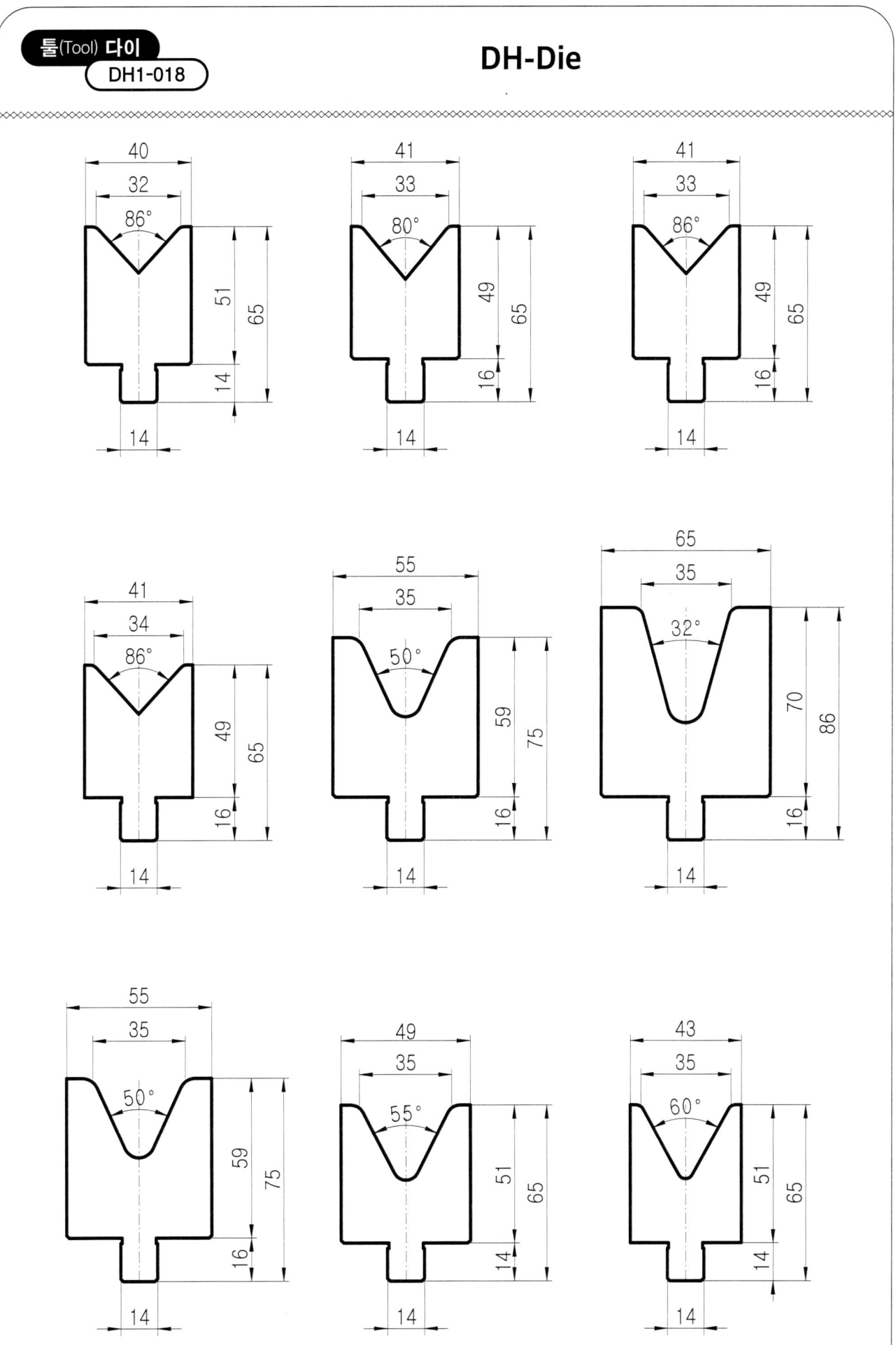

DH-Die

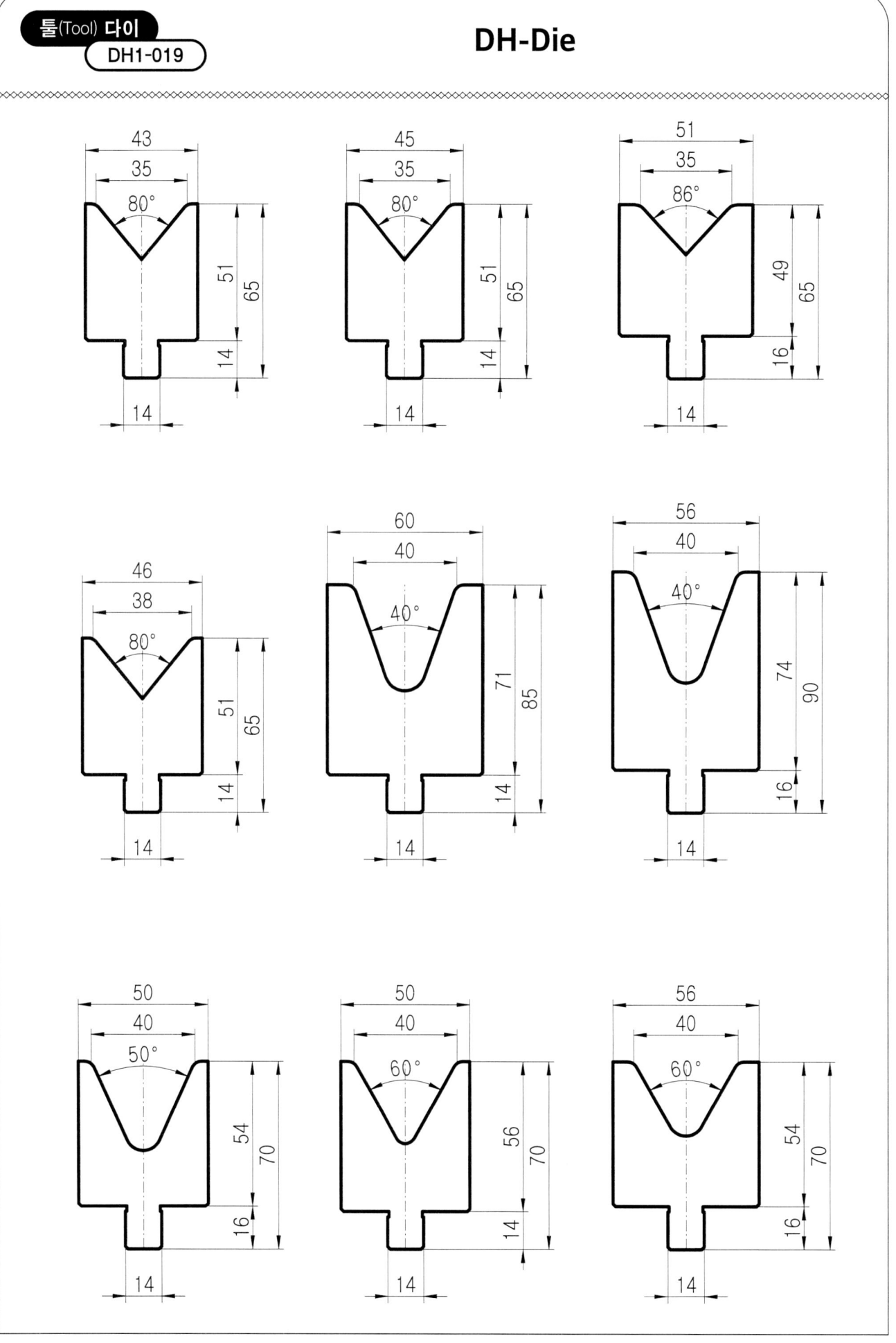

DH-Die

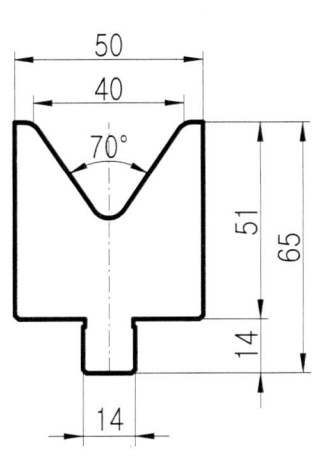
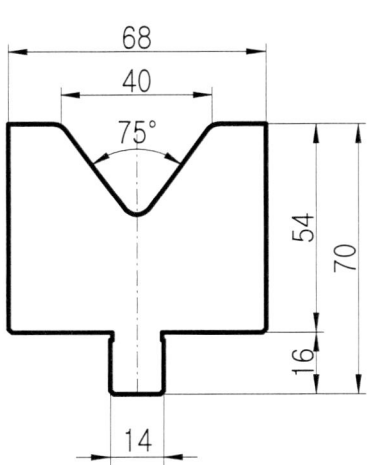
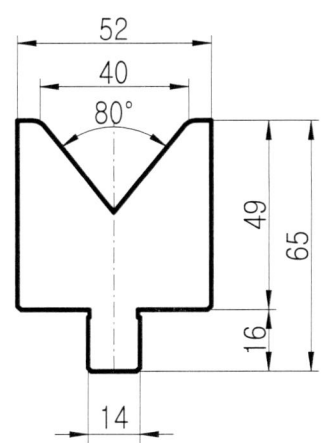
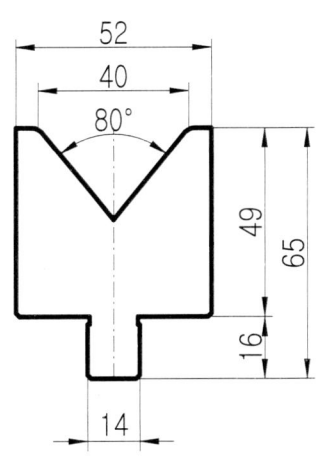
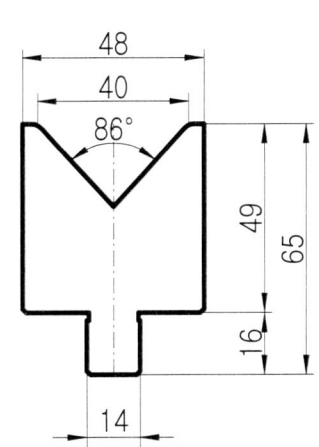
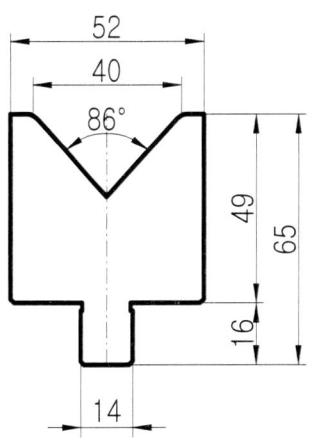
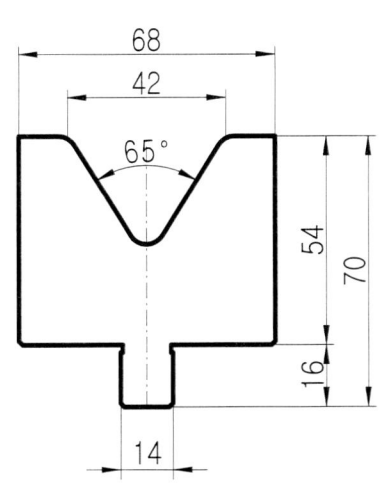
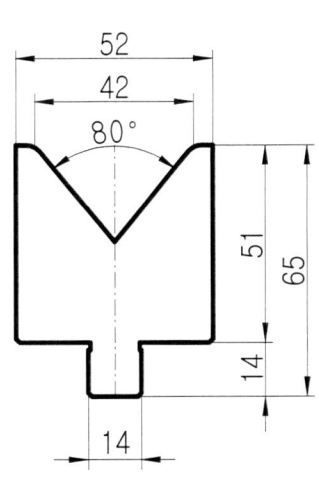
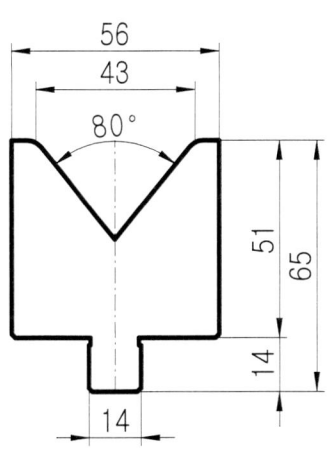

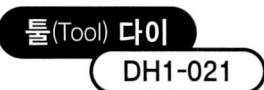

DH-Die

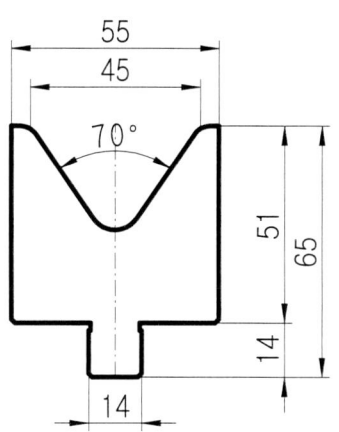
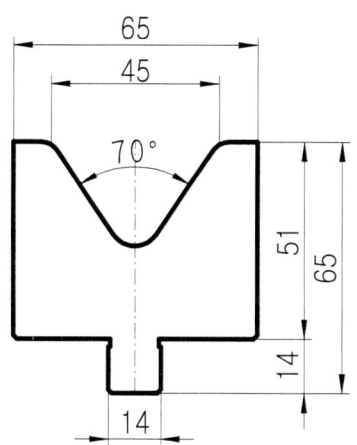
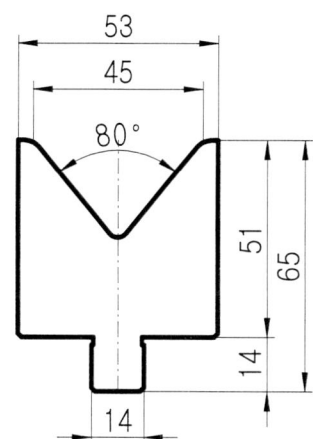
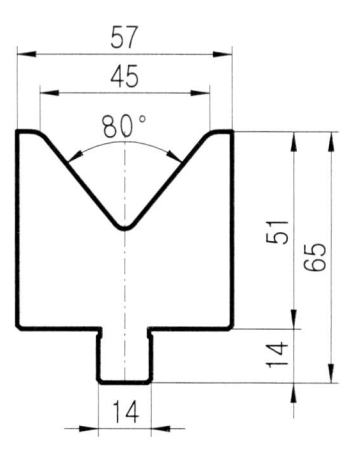
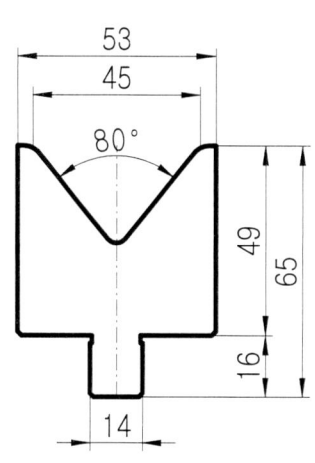
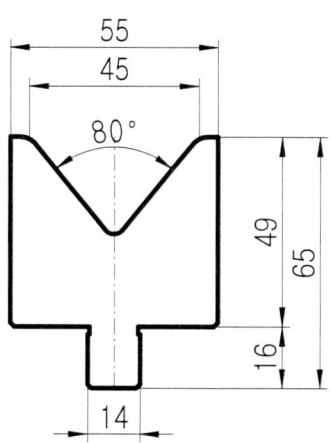
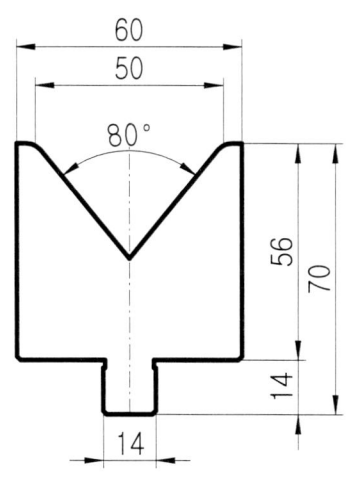
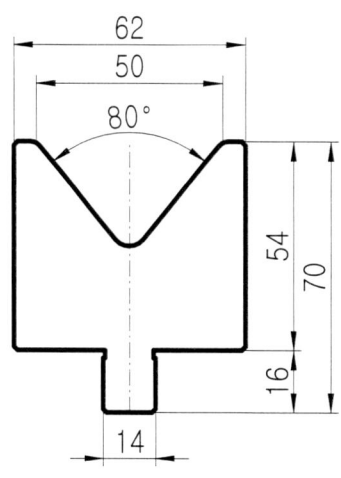
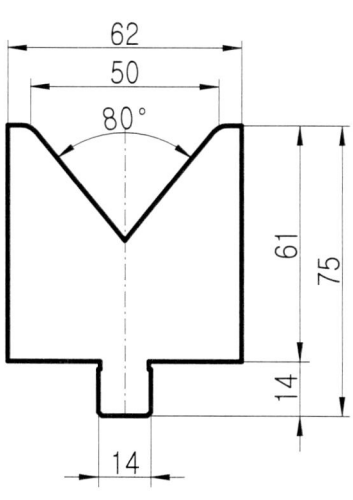

DH-Die

툴(Tool) 다이
DH1-022

이 부분(Part)에서 하부 깊이 16과 39 치수는 다이 홀더(Die Holder) 14 조립 부분에 사용하였던 것과는 다른, 상부 다이 홀더(Die Holder) 38 부분에 끼워서 사용하는 제품입니다.

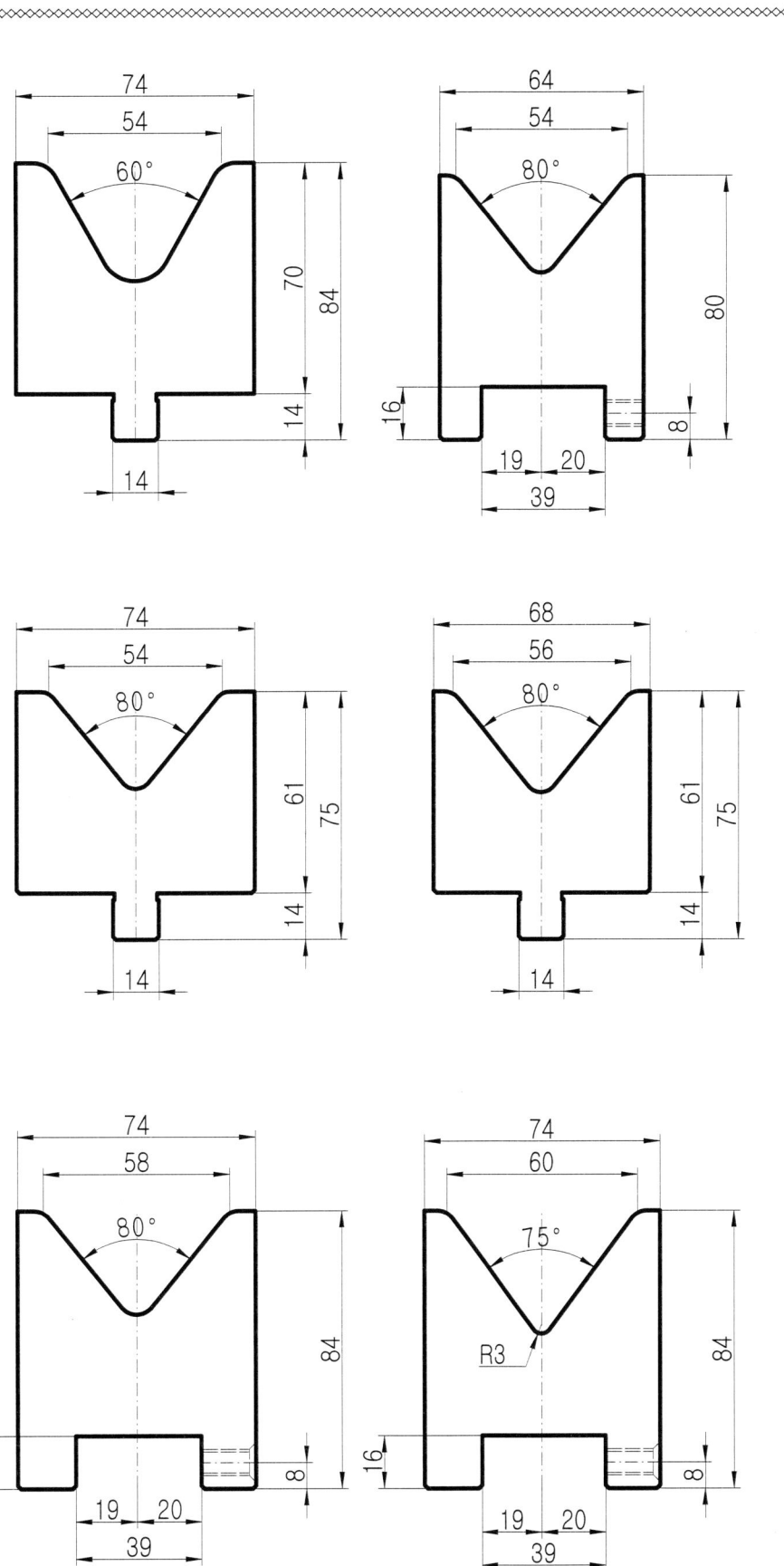

DH-Die

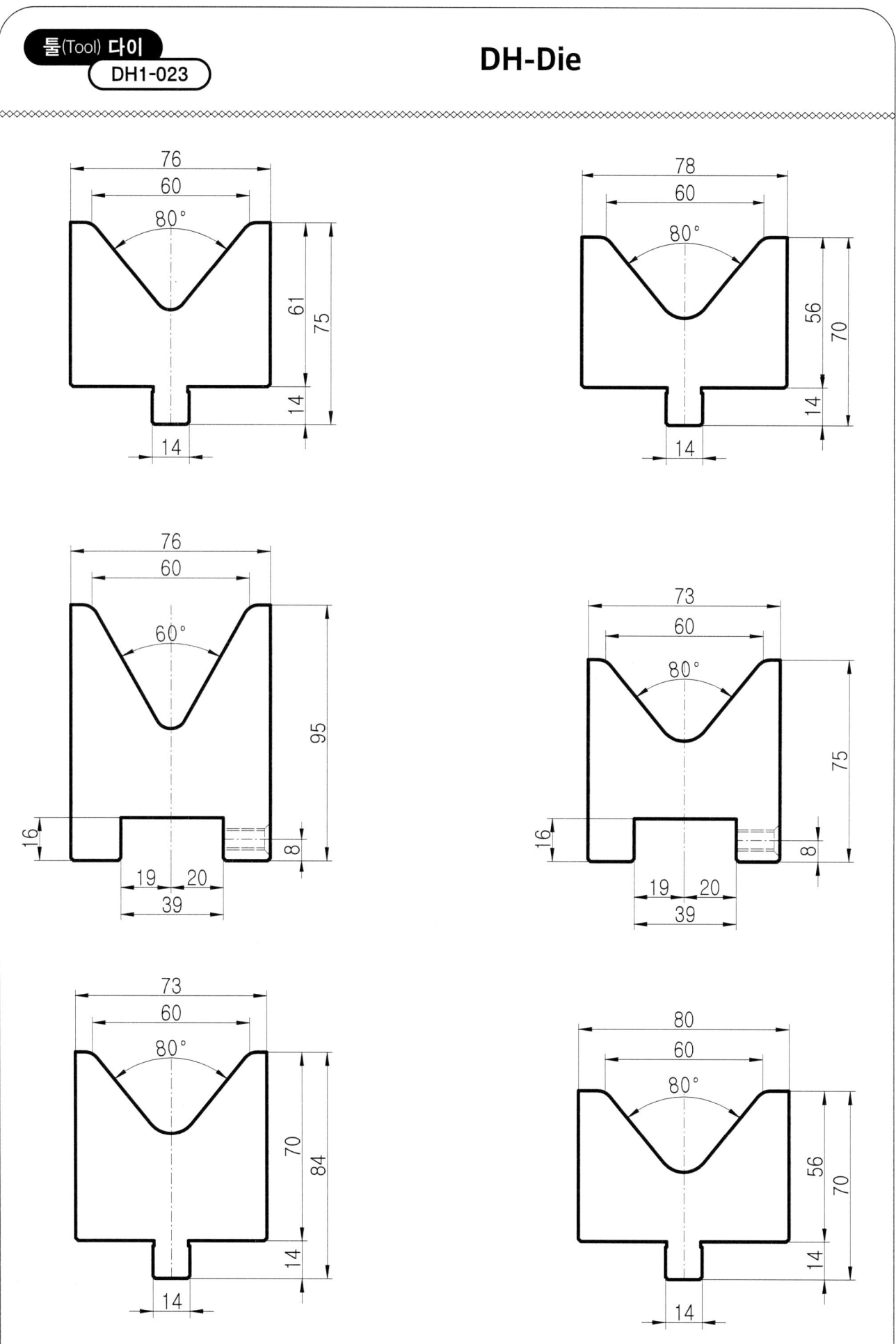

DH-Die

툴(Tool) 다이
DH1-024

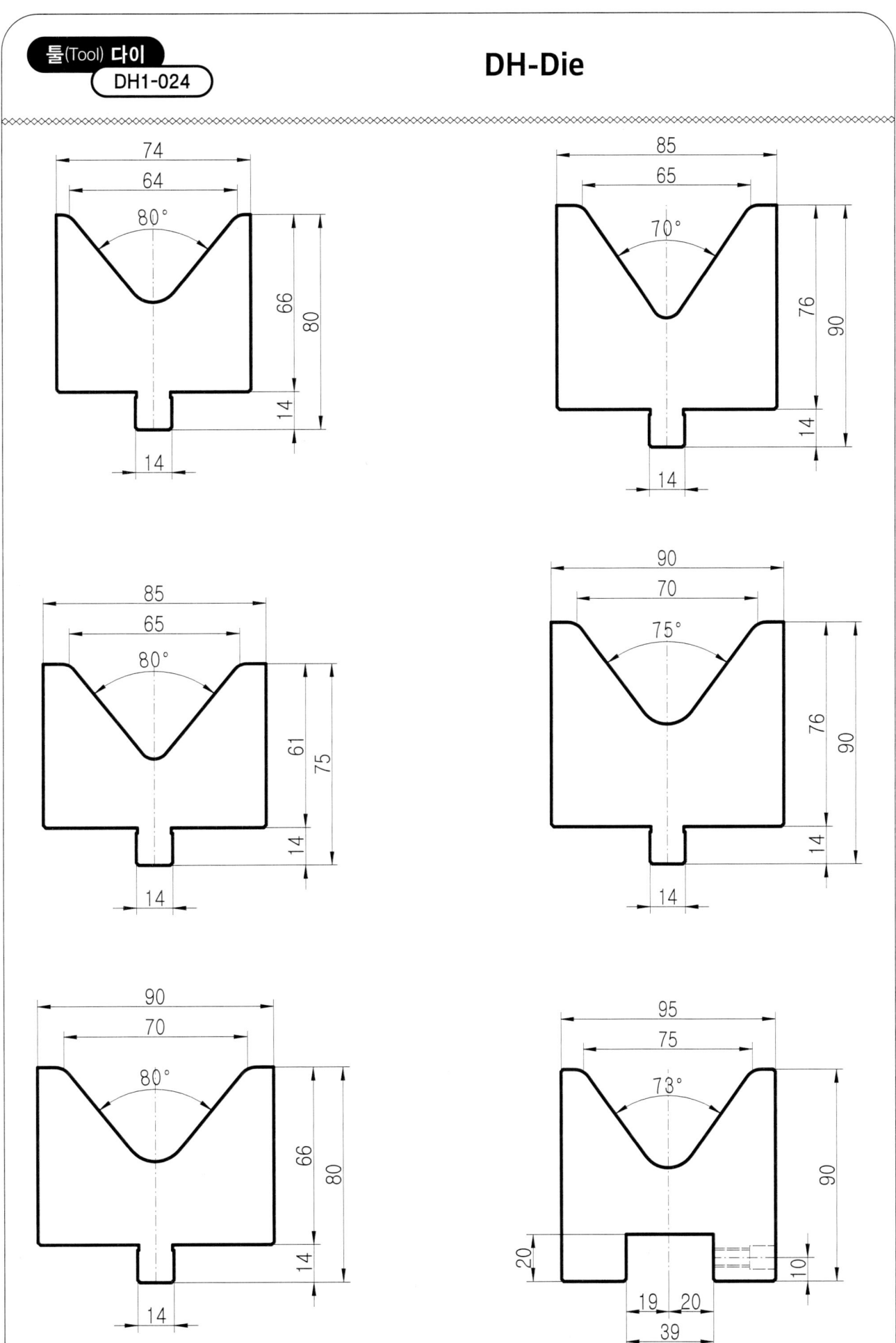

DH-Die

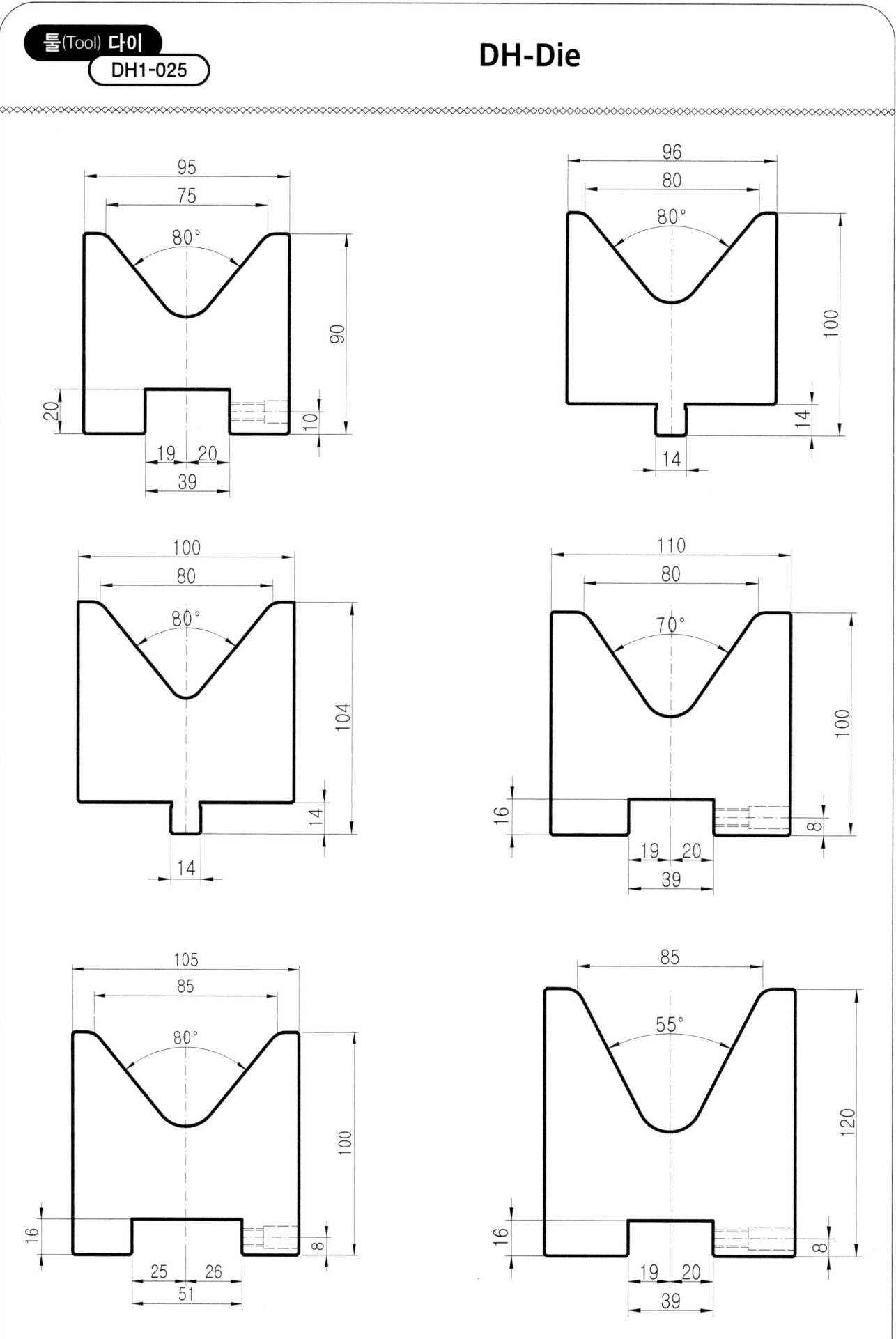

DH-Die

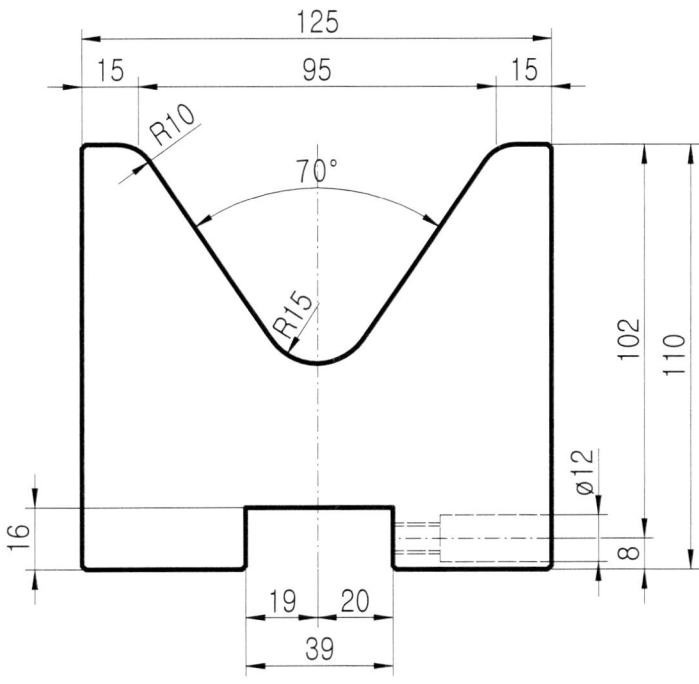

소재 9t 굽힘 제품을 사용하는 다이(Die)입니다. 다이 홀더(Die Holder) 상부에 끼워서 사용하는 제품입니다.

응력이 많이 소요되는 제품이어서 14 부분에 부적합하여 38 부분에 끼워서 사용하는 방식의 제품입니다.

고정은 일반적으로 M8 렌치볼트로 체결, 고정하는 방식으로 사용하는 제품입니다.

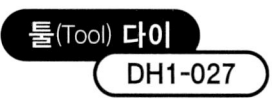

DH-Die

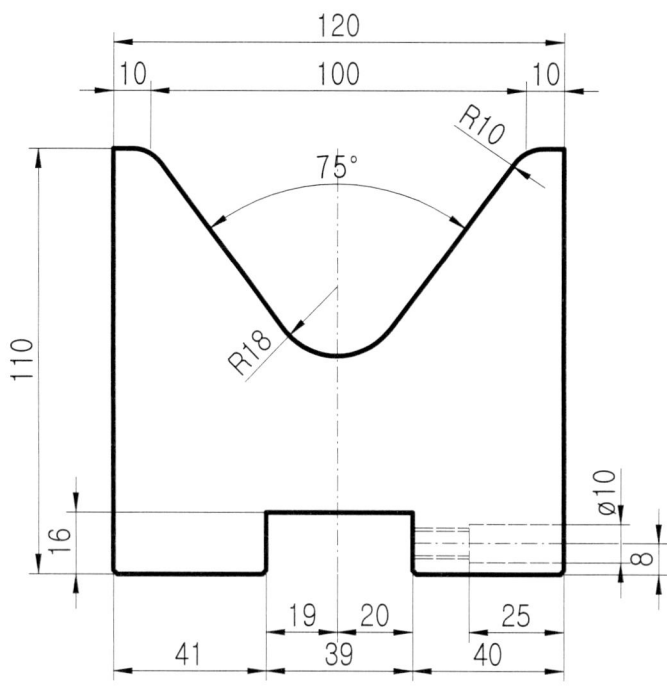

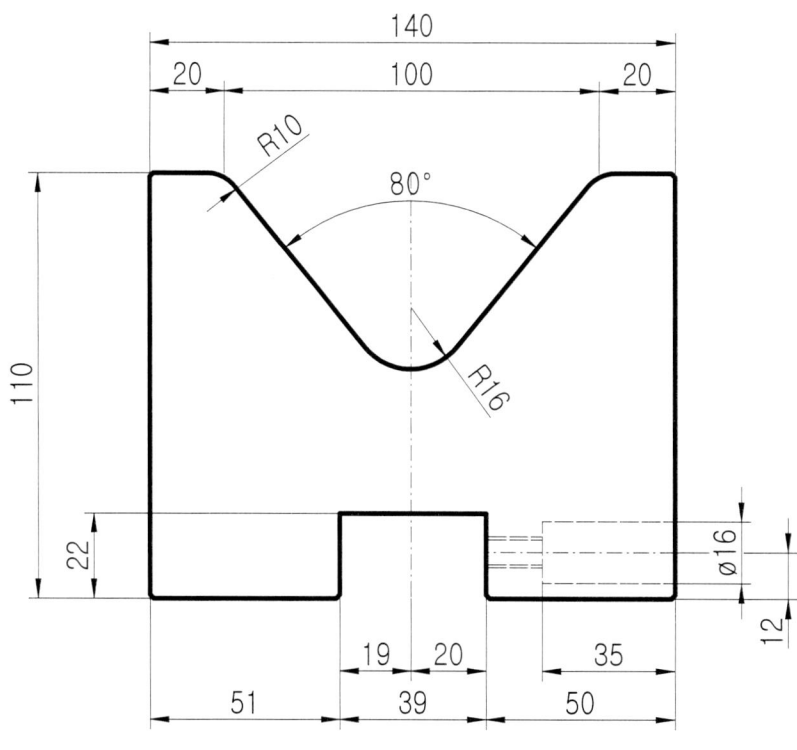

DH-Die

툴(Tool) 다이
DH1-028

V110 제품의 경우 소재 10t 굽힘하는 제품입니다.

이 제품의 경우는 상대가 있어서 조립하여 사용하는 제품이 아니고 자체로 기계 테이블(Table)에 놓고 사용하는 제품입니다.

일반적으로 다른 제품과 조립하여 사용하는 제품과 달리 안정성이 좋고 독립적으로 사용할 수 있는 제품입니다.

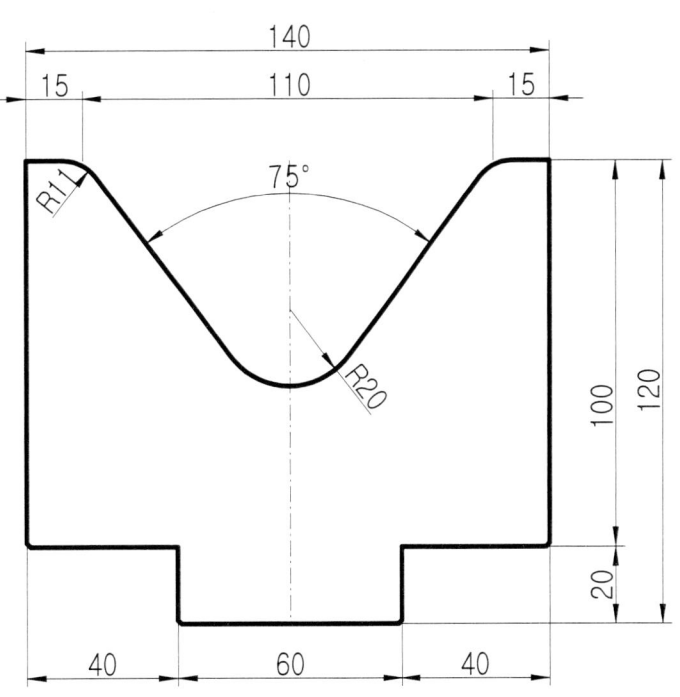

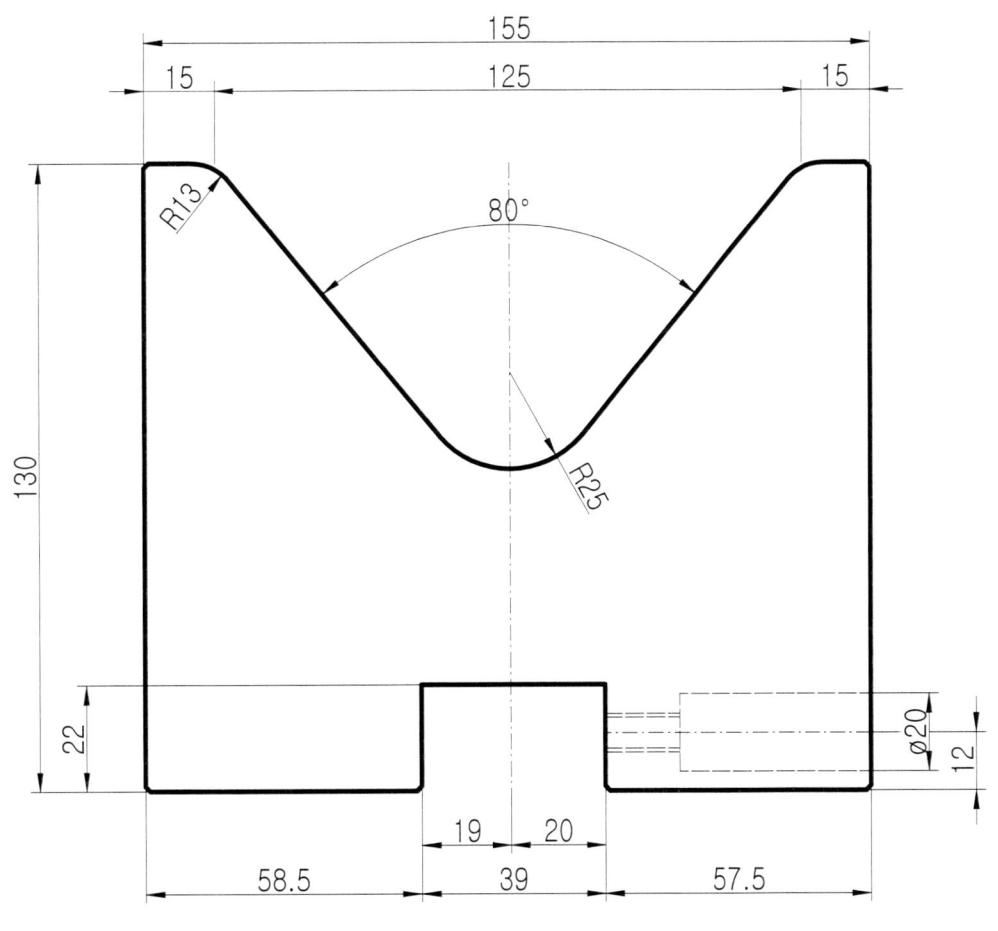

DV-Die

툴(Tool) 다이 DV2-029

본 제품들은 T-Die에 올려놓고 조립하여 사용하는 제품입니다.
M8 탭(Tap)이 바닥에 가공되어 있어서 육각볼트를 사용하여 고정한 후 사용하면 되는 제품입니다.

M8 탭(Tap) 홀거리 L=102.5+(P210×3)+102.5=835 일반적인 치수입니다.

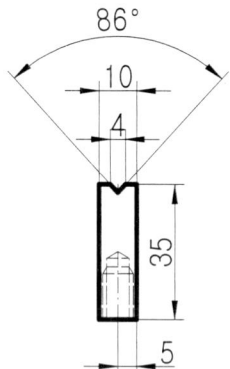 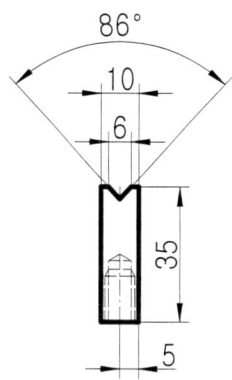 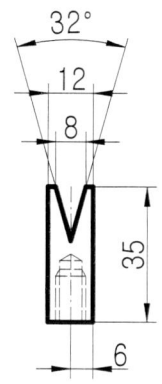

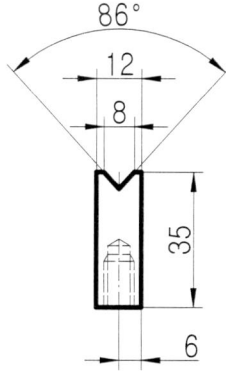 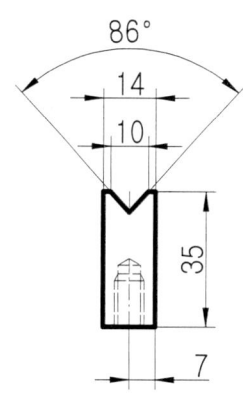 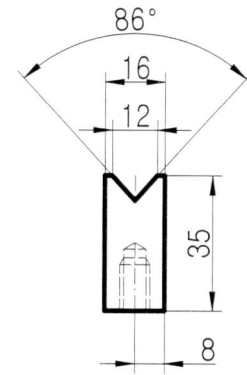

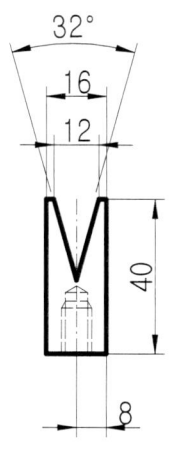 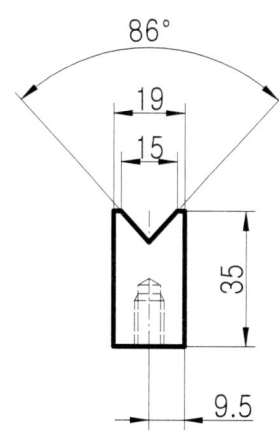 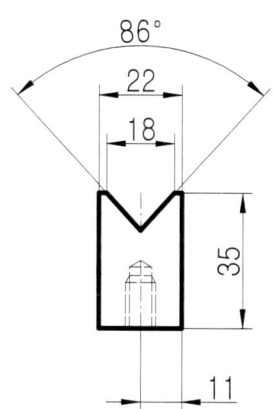

DV-Die

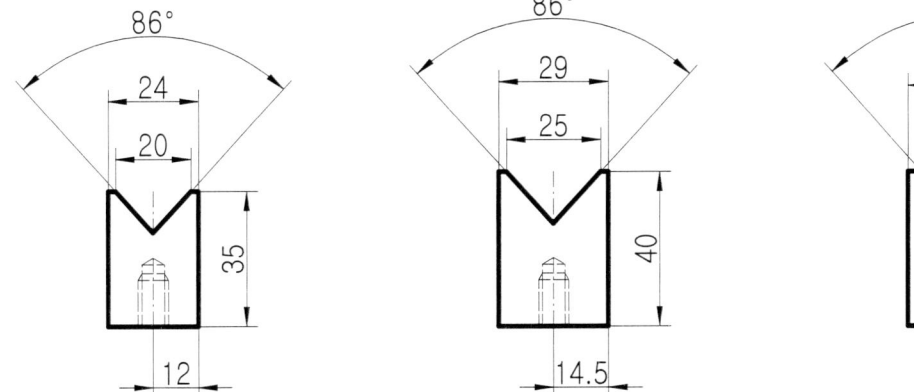

헤밍 다이(Hemming Die)

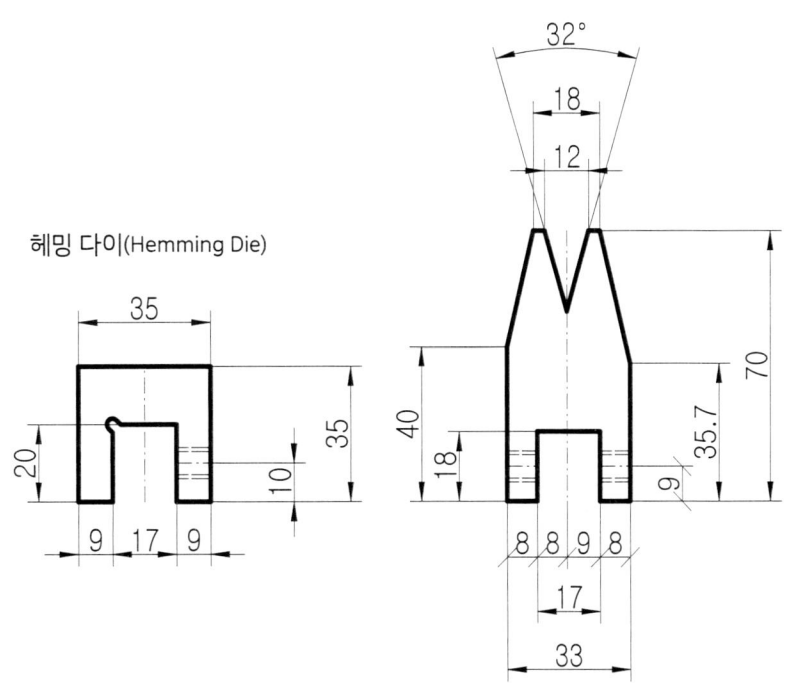

DV-Die

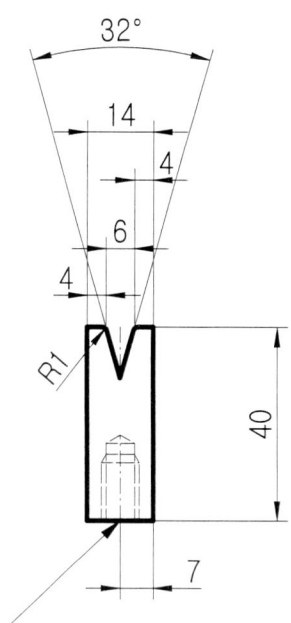

4-M8 Tap (16/12)
L=102.5+(P210x3)+102.5=835

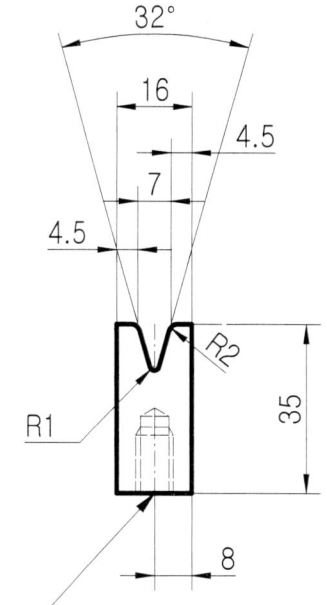

4-M8 Tap (16/12)
L=102.5+(P210x3)+102.5=835

DV-Die

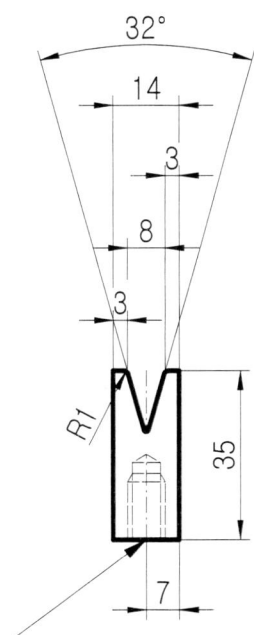

4-M8 Tap (16/12)

L=102.5+(P210x3)+102.5=835

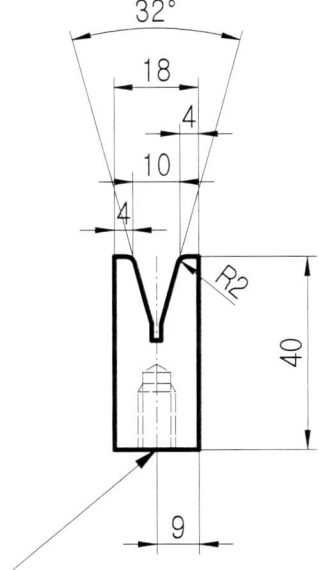

4-M8 Tap (16/12)

L=102.5+(P210x3)+102.5=835

DV-Die

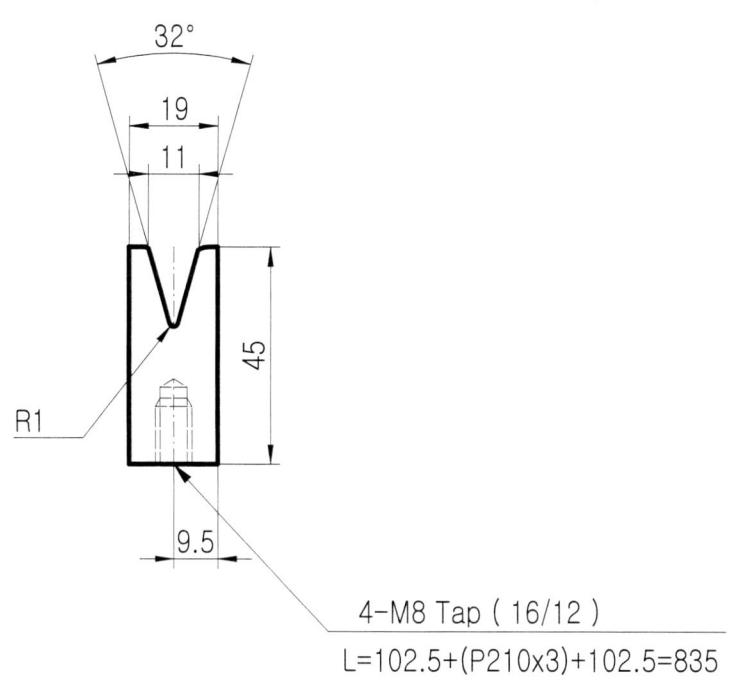

4-M8 Tap (16/12)
L=102.5+(P210x3)+102.5=835

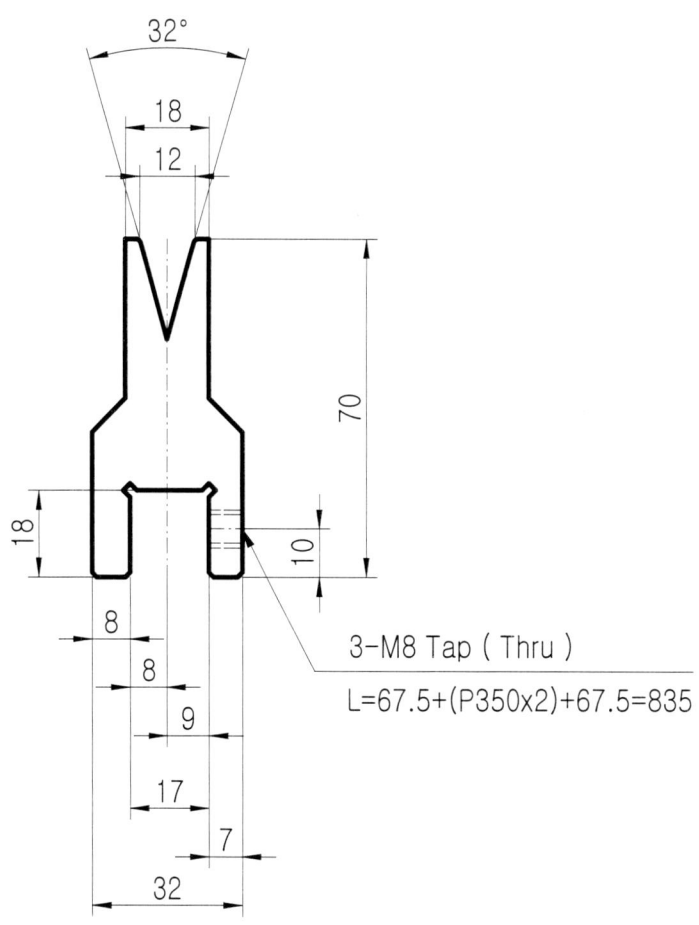

3-M8 Tap (Thru)
L=67.5+(P350x2)+67.5=835

DV-Die

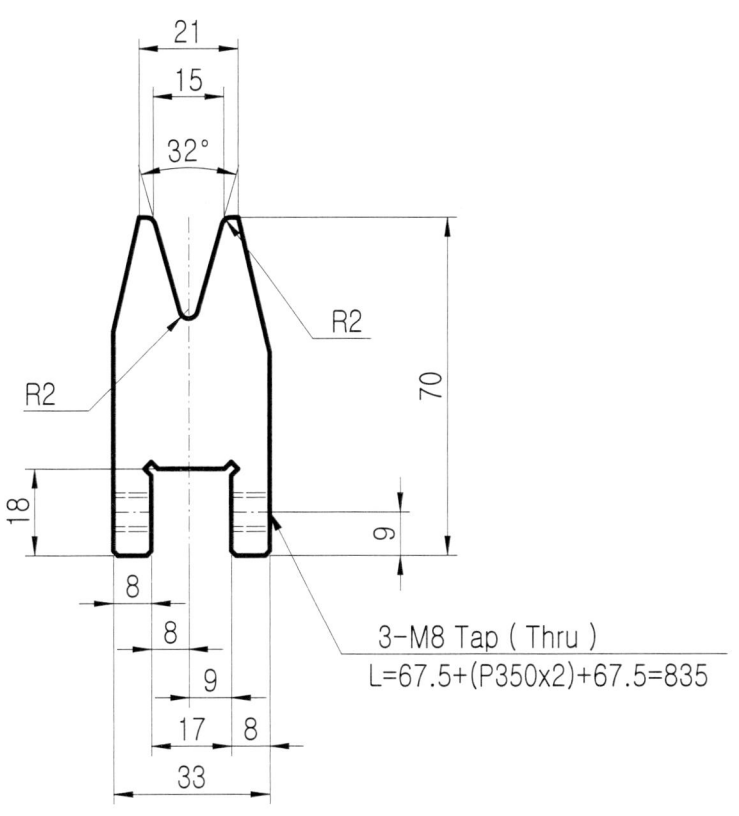

3-M8 Tap (Thru)
L=67.5+(P350x2)+67.5=835

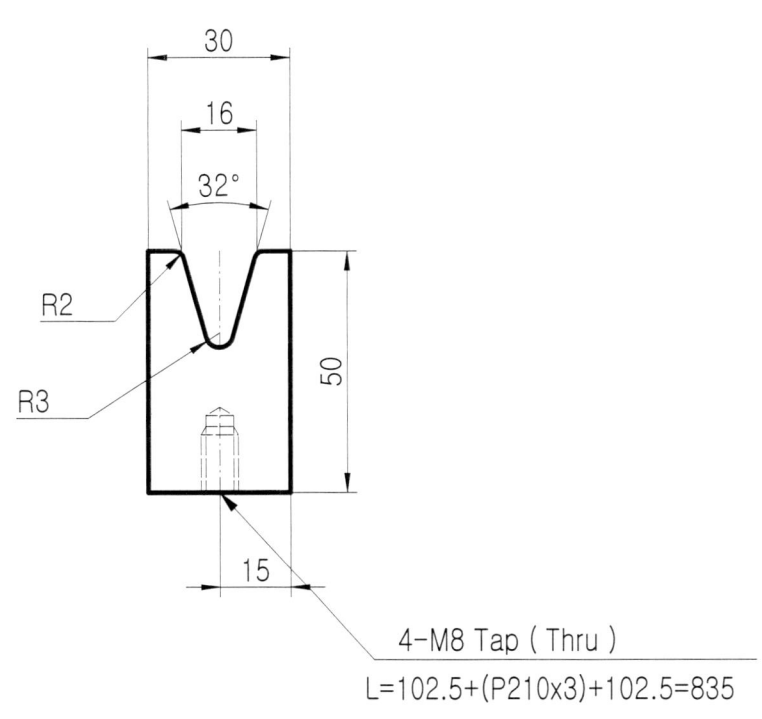

4-M8 Tap (Thru)
L=102.5+(P210x3)+102.5=835

DV-Die

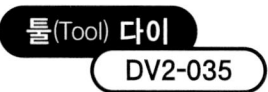

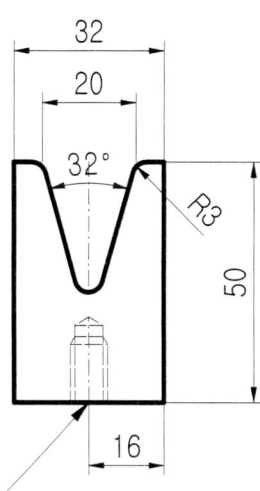

4-M8 Taps (16/12)

L=102.5+(210x3)+102.5=835

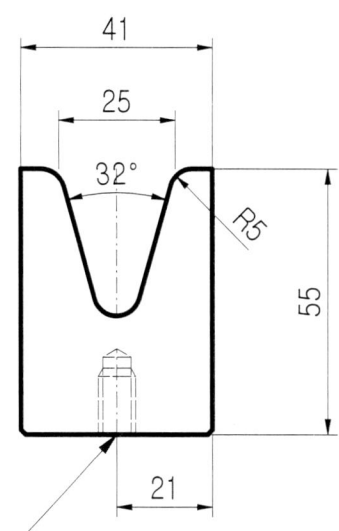

4-M8 Tap (16/12)

L=102.5+(P210x3)+102.5=835

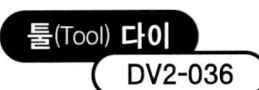

DV-Die

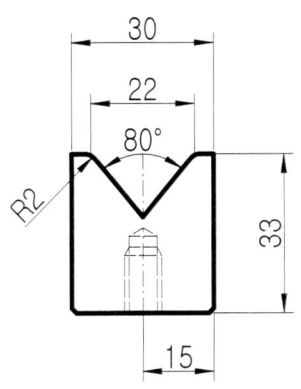
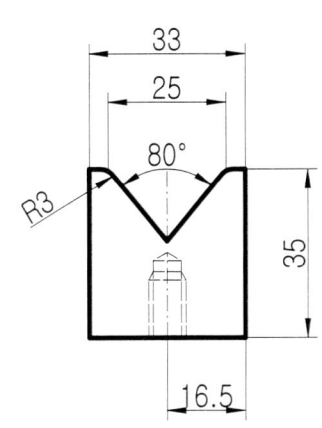
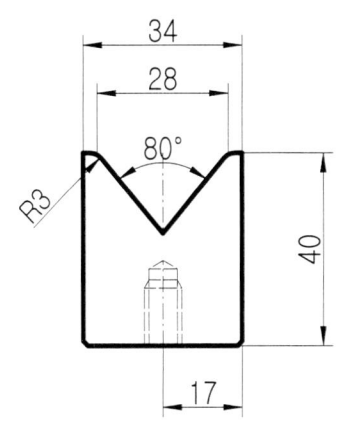
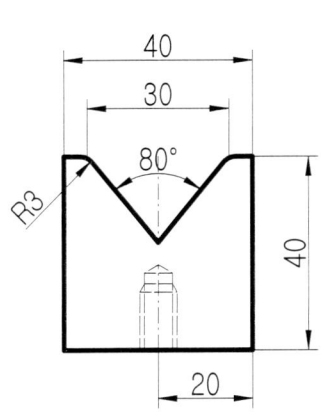
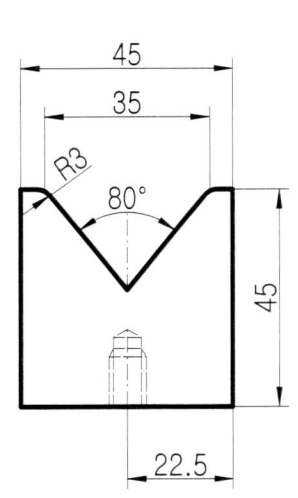
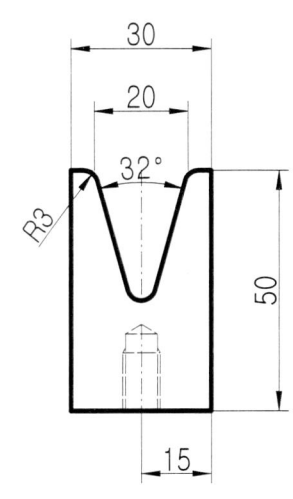
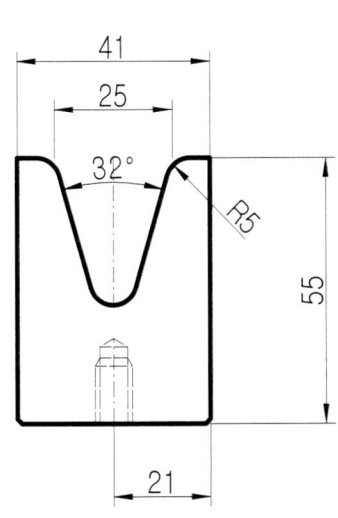
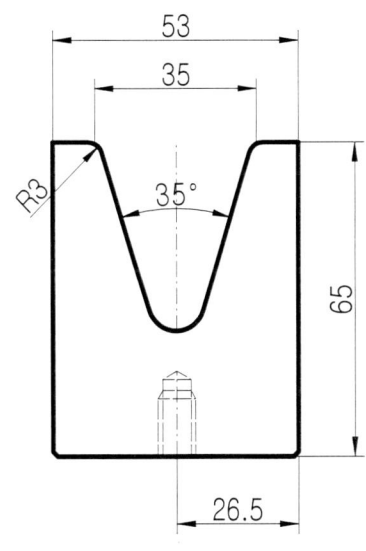

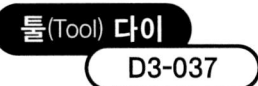

다이(Die) 고정판 300

'고정판', '고정대', '밀대'라고 칭합니다.
일반적으로 쪼인트(Joint)라고도 하지만 우리말로 표현하는 것이 좋아 나의 생각으로 작성하면서 앞으로 '고정판', '고정대', '밀대'로 하였으면 합니다.

고정판 15×80×300

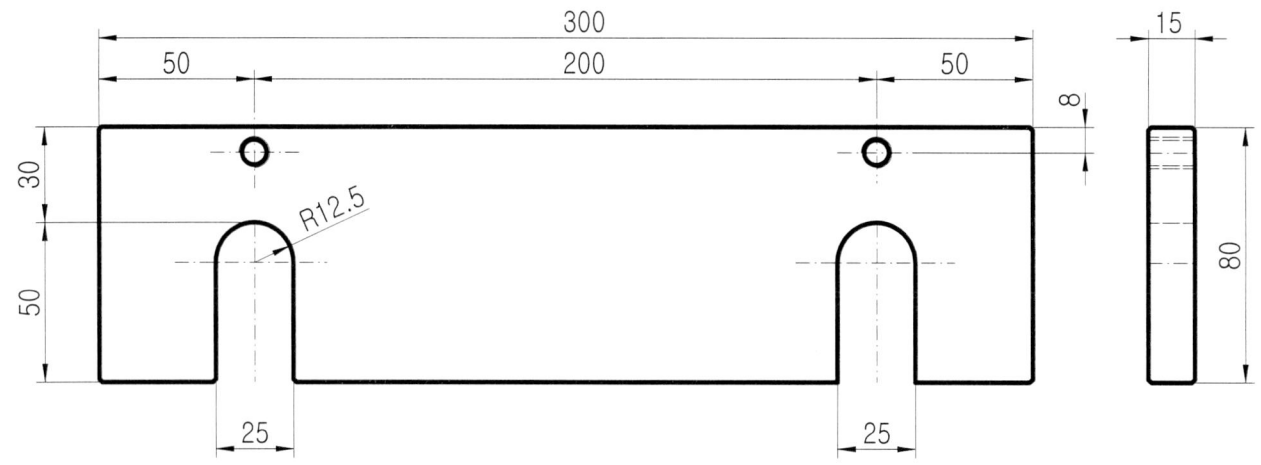

고정대 15×40×300

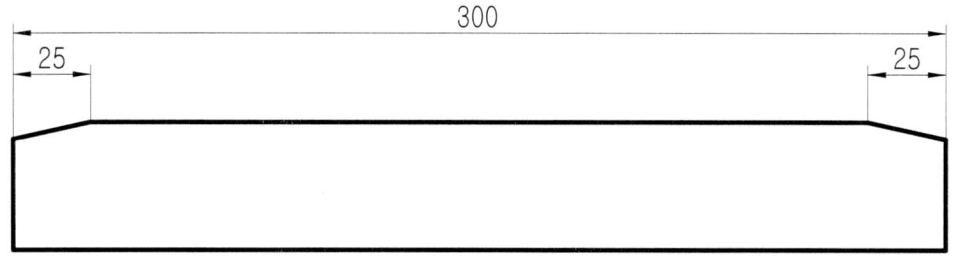
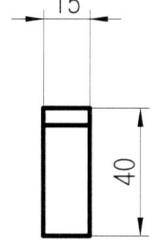

밀대 15×15×300

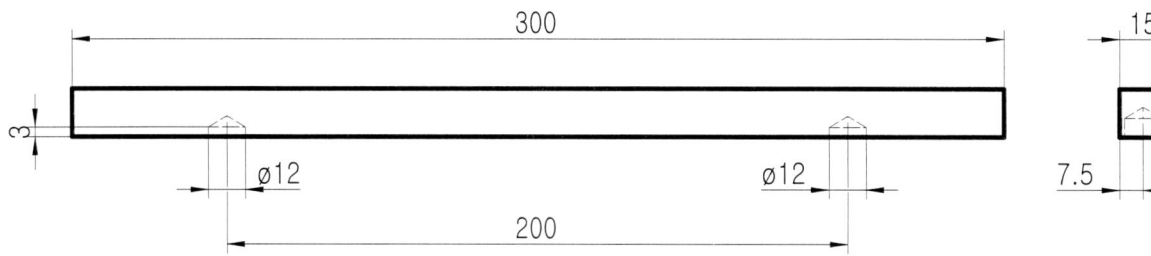
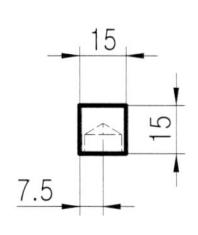

NOTE
1. 착색도금(흑색)
2. 일반모따기 C=1

블록 홀더(Block Holder)

툴(Tool) 다이
D3-038

블록 홀더(Block Holder) 55×60×835

자체적으로 일반 기계에서는 스트로크(Stroke) 조합을 이루는데 대형 용량 기계의 경우 스트로크(Stroke)가 높아서 스트로크(Stroke)를 맞추기 위해 사용하고, 아니면 일반 기계 사양에서 55×60 다이(Die) 하부 사양이 맞추어져 있지 않은 경우 사용하는 효율적 제품입니다.

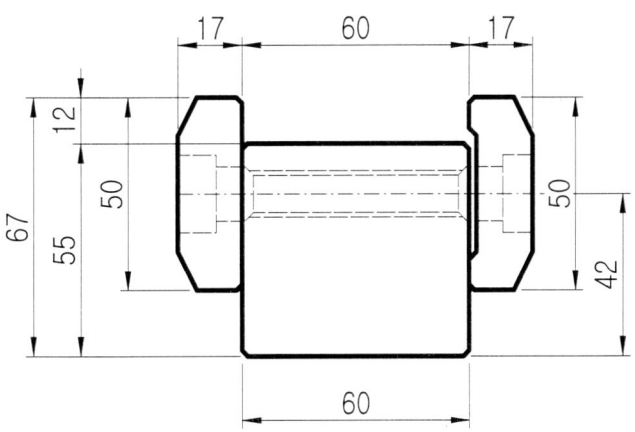

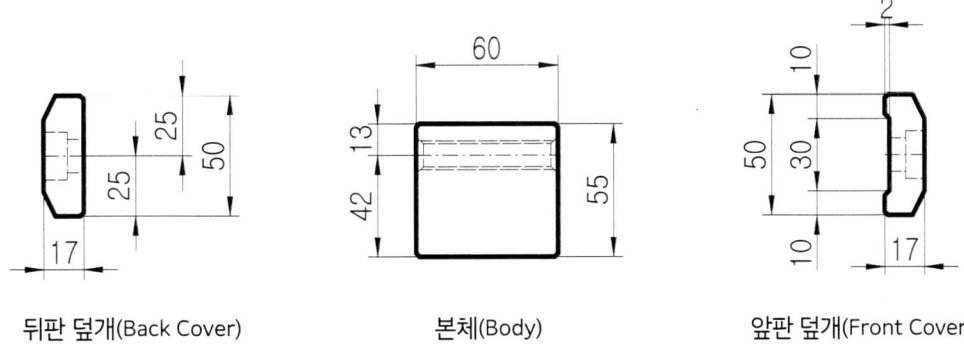

뒤판 덮개(Back Cover)　　　본체(Body)　　　앞판 덮개(Front Cover)

T-Die

티이 다이(T-Die) 60×85×835

브이 다이(V-Die)를 이 제품을 상부에 올려놓고 조립하여 사용하는 제품입니다.

2000년도 이전에는 상부에 분할 다이를 볼트 조립하여 사용하였습니다.
현재는 상부를 단일 다이를 볼트와 와셔를 조립할 수 있도록 형상을 가공하여 사용하고 있습니다.

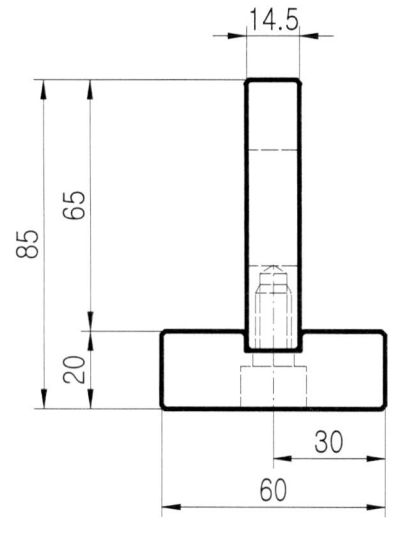
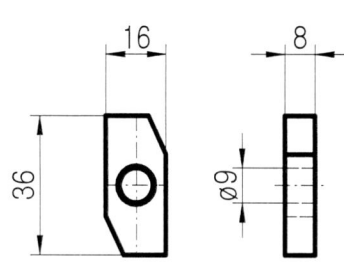
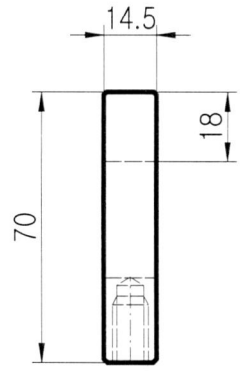
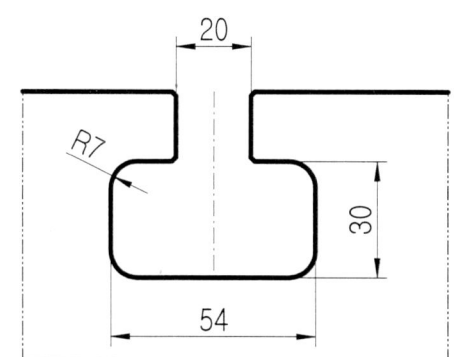
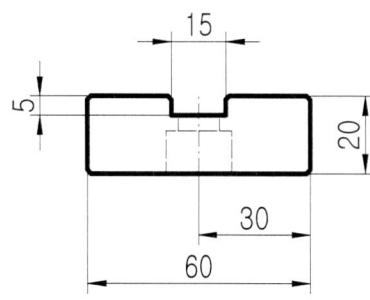

T-Die

티이 다이(T-Die) 60×70×835

브이2 다이(V2-Die)를 이 제품을 상부에 올려좋고 조립하여 사용하는 제품입니다.

다이(Die) 40×50×835

V2-Die로 상부면에 V홈이 2개이거나 V홈이 넓은 제품을 조립하여 사용하는 제품입니다.

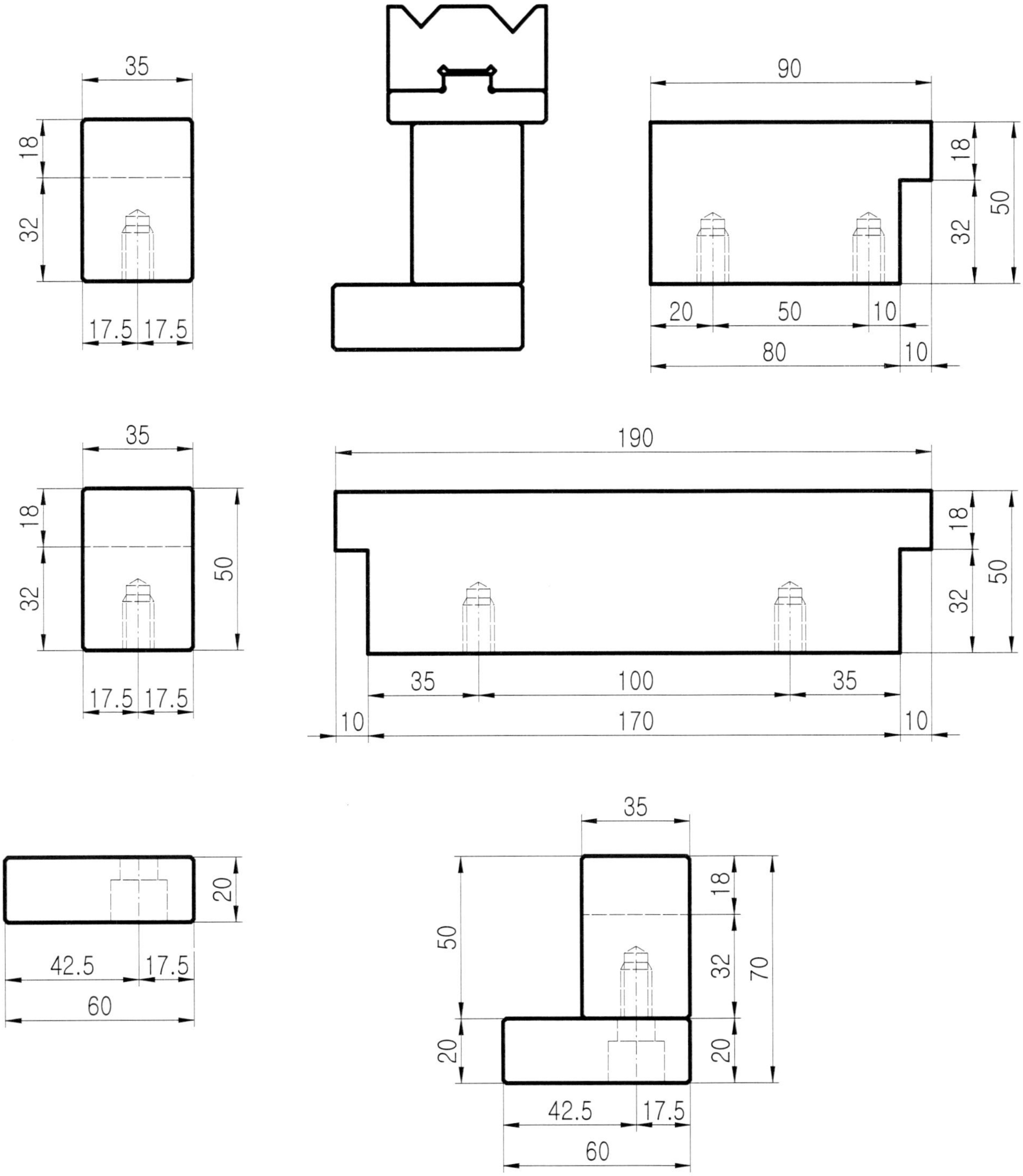

V2-Die Holder, V2-Die

툴(Tool) 다이
V4-041

V2-Die 40×50×835가 기본 규격이고 다른 치수는 사용 치수입니다.
V2-Die로 상부면에 V홈 2개를 사용하는 제품입니다.

V2-Die는 좌우를 사용하여도 V홈 중심선이 맞추어지는 것이 효율적인데 다르게 사용하는 사용자가 많아 작업자에게 여러 불편을 초래할 수 있습니다.
V2-Die Holder에 조립하여 사용합니다.

V2-Die Holder

V6-V7

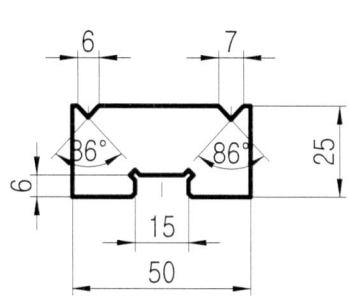

V12-V15

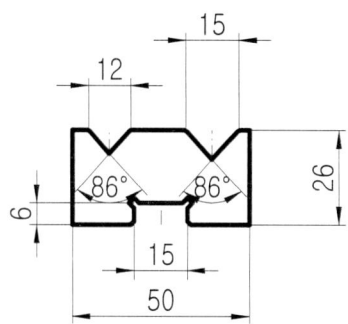

V10-V12

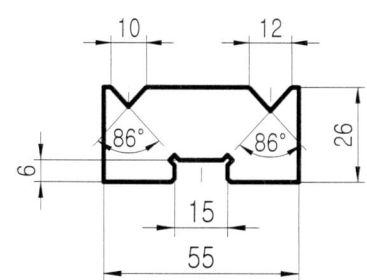

V6-V8

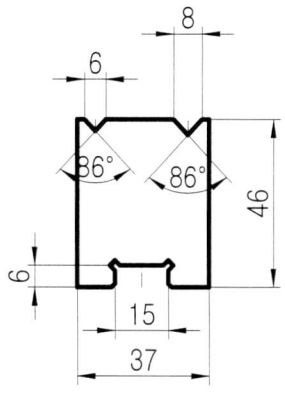

V12-V8

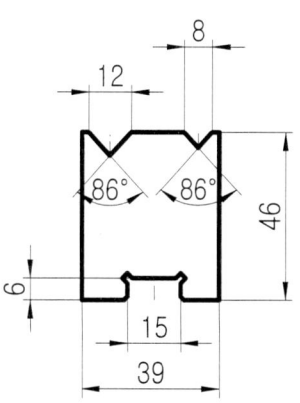

V6-V7

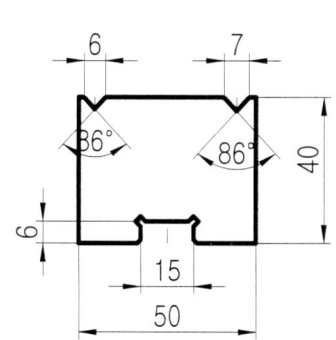

V14-V25

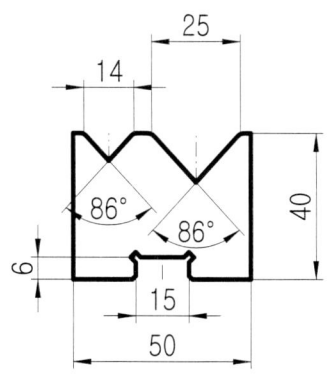

V16-V25

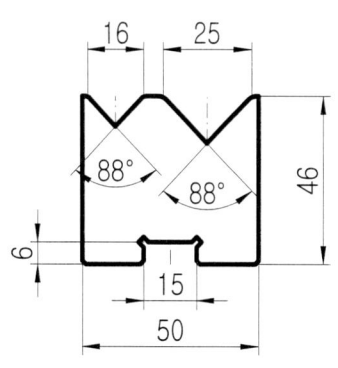

V12-V28

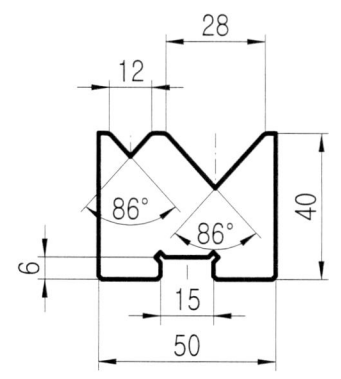

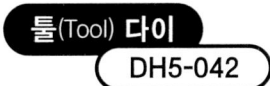
Die Holder

다이 하부의 치수 14 기본 치수를 사용하는 다이 홀더(Die Holder)입니다.
다이(Die)를 본 제품에 조립하여 사용하는 제품입니다.

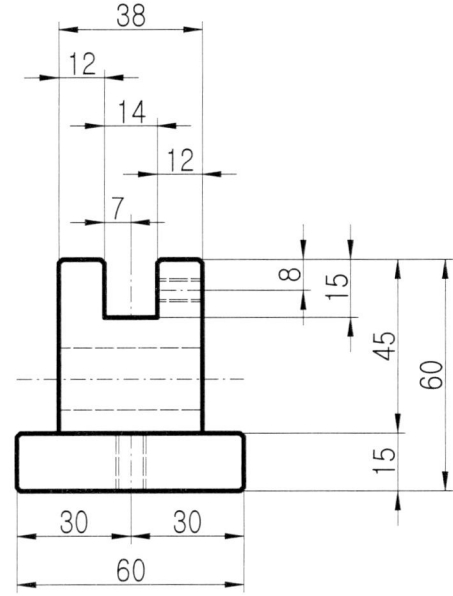

홀더와 바닥판을 조립하는 형식

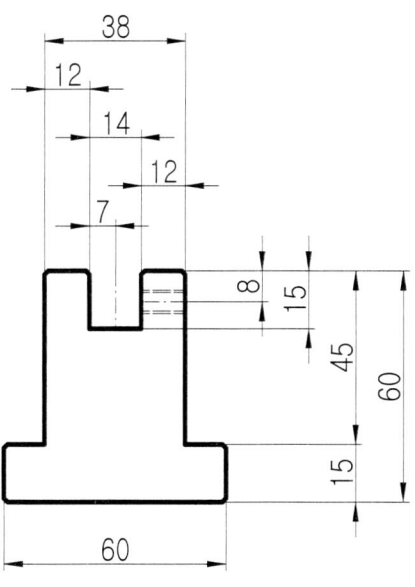

홀더와 바닥판이 한 몸체인 형식

덮개형

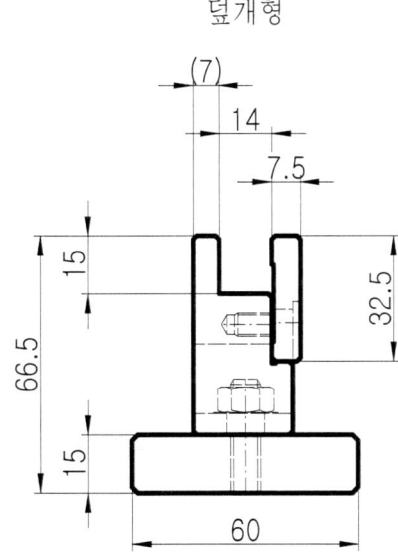

홀더와 바닥판 그리고 덮개를 조립하는 형식

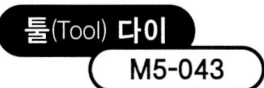

사각 다이(Multi Die) 60

사각 다이(Multi Die) 60 제품은
0.8t, 1.2t, 2t 소재를 굽힘하는 제품입니다.

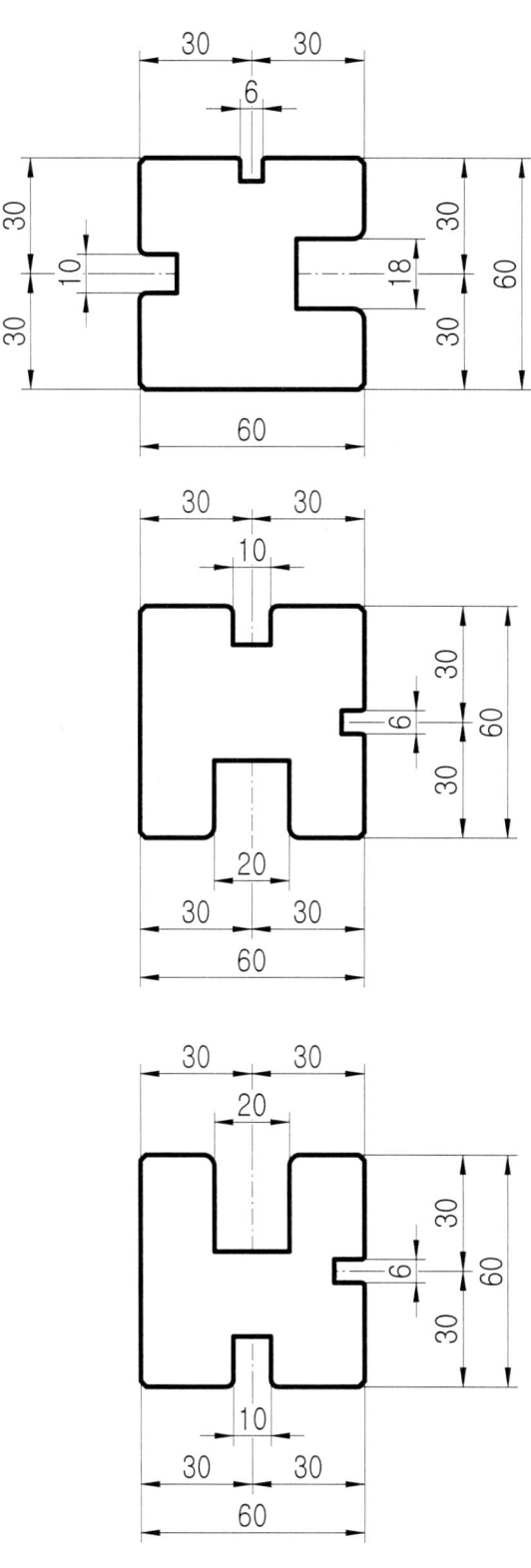

툴(Tool) 다이
M5-044

사각 다이(Multi Die)

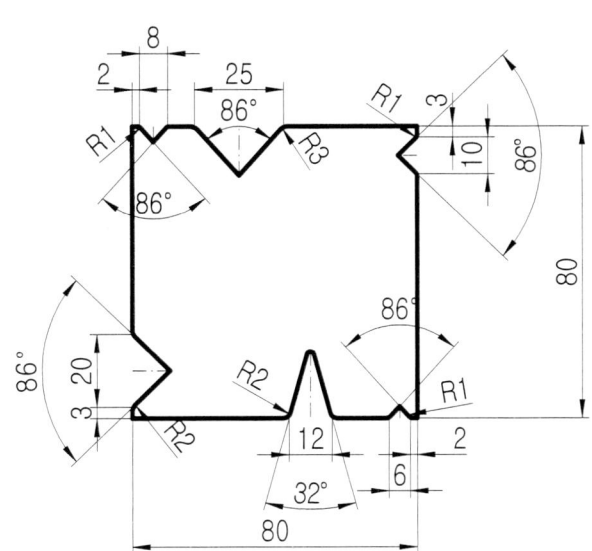
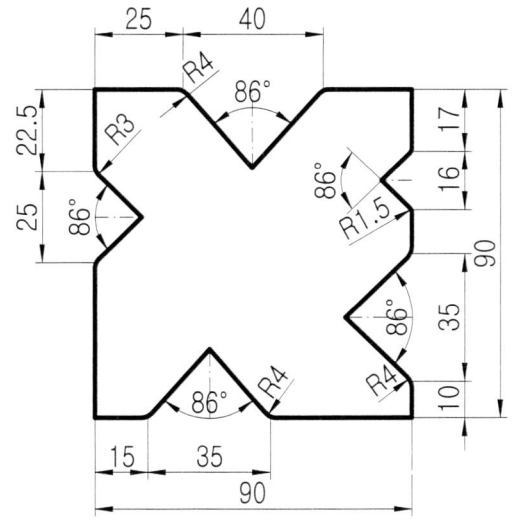
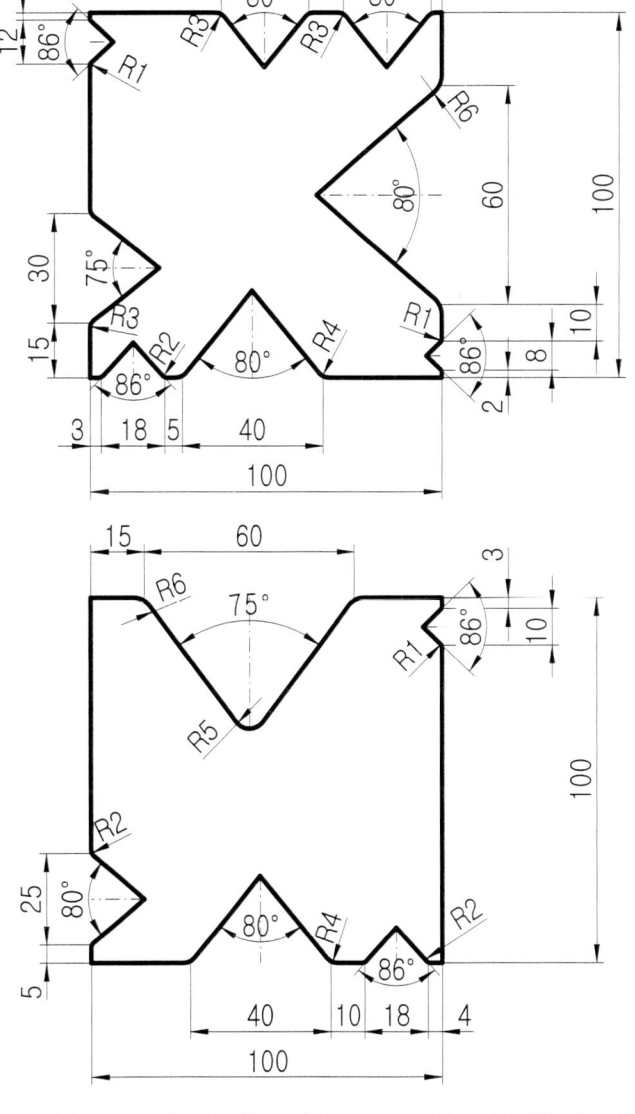

본 제품은 사각 다이(Multi Die)입니다.
사각 다이를 사용하여 여러 제품들을 한 다이(Die)로 사각을 돌려가며 제품들의 굽힘 작업을 할 수 있어 효율적인 제품입니다.

일반적으로 사각 60×60부터 250×250 등 많은 제품을 응용하여 사용할 수 있는 제품입니다.
효율적이긴 하나 소재가 커지면 무거운 중량으로 인하여 다루기가 힘들고 안전사고의 위험이 따른다는 단점도 있습니다.

사각 다이(Multi Die)

가장 많이 사용하는 100×100 사각 다이(Multi Die)입니다.
100×100 제품의 경우는 6t 이하 소재를 굽힘 작업하는 제품입니다.

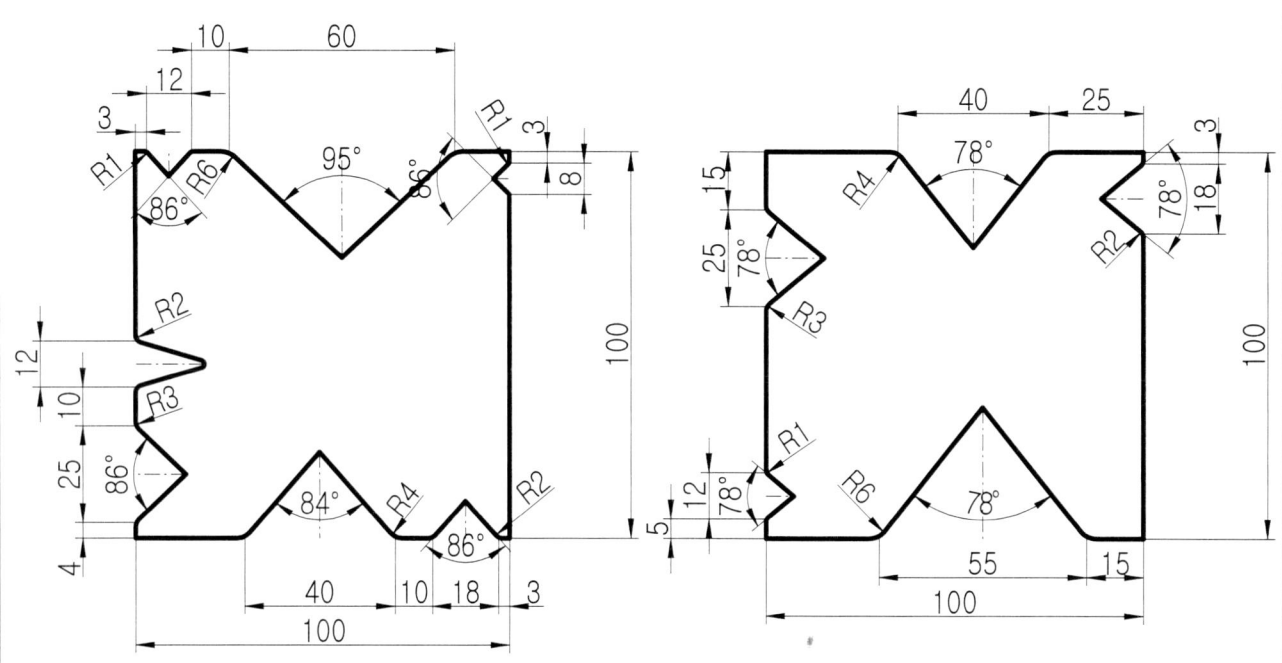

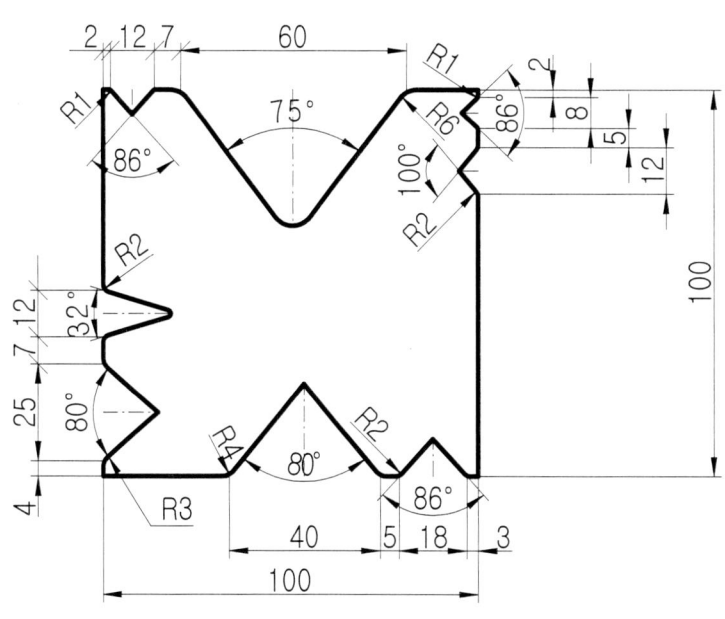

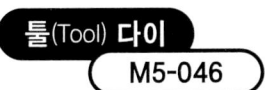

사각 다이(Multi Die)

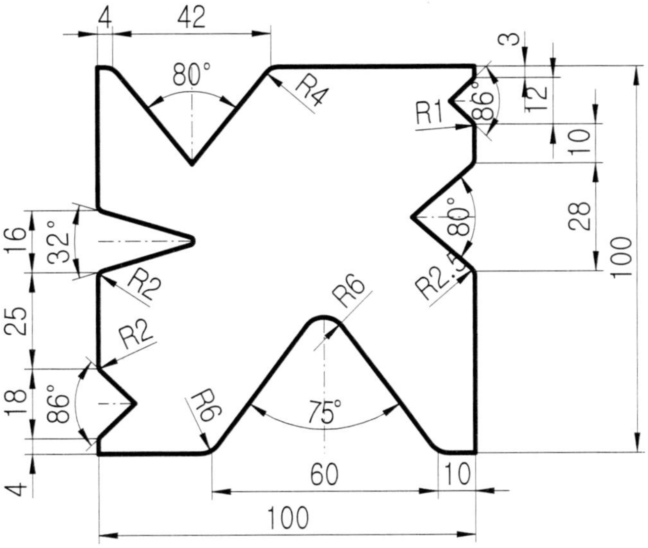

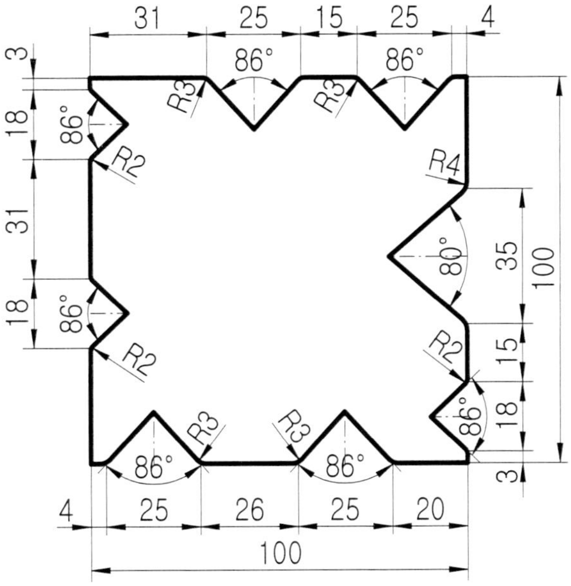

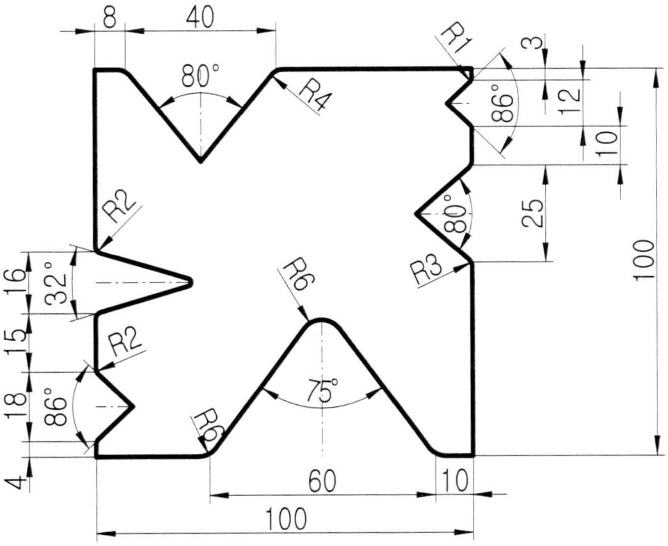

툴(Tool) 다이
M5-047
사각 다이(Multi Die)

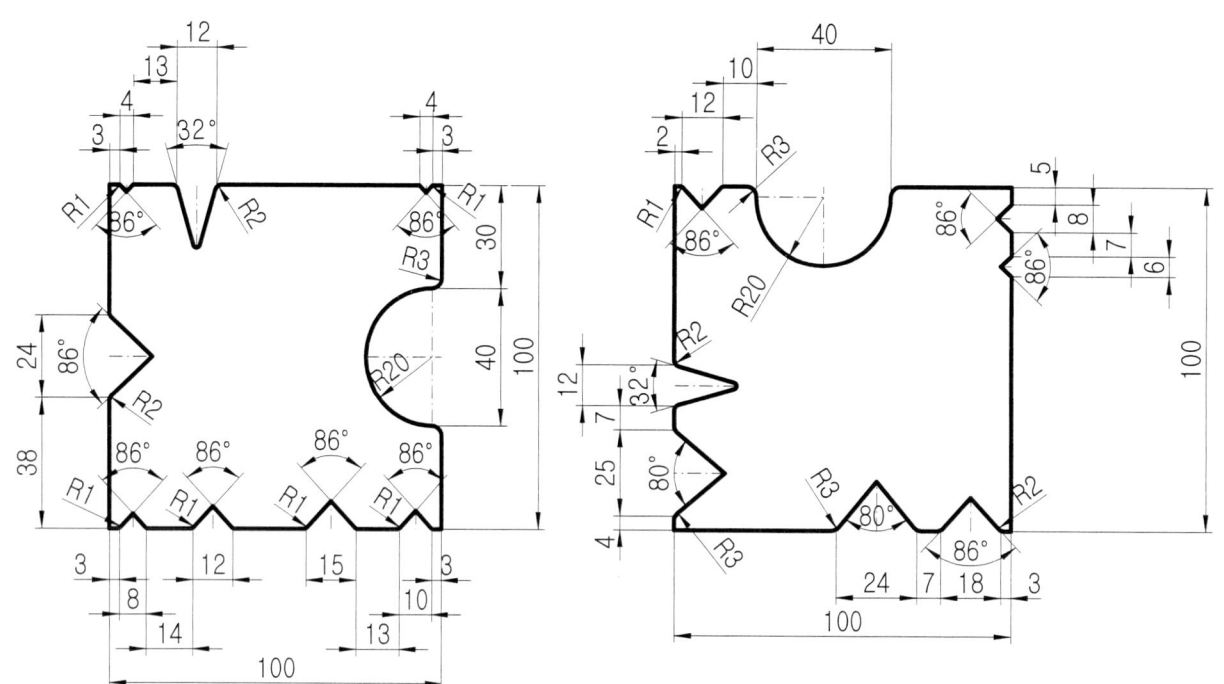

위의 제품들은 주방 업체에서 사용하는 제품입니다. R 굽힘 작업의 홈이 있는 제품입니다.
주방용품을 굽힘 작업하면서 일반 소재의 특성에 맞추어 조건을 충족할 수 있어서 많이 사용하고 있습니다.

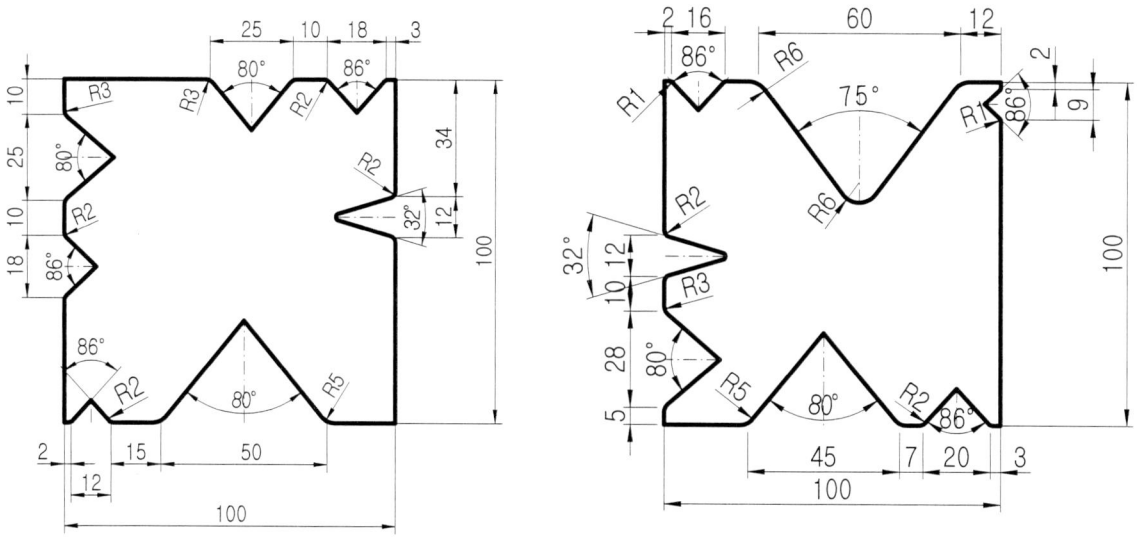

사각 다이(Multi Die)

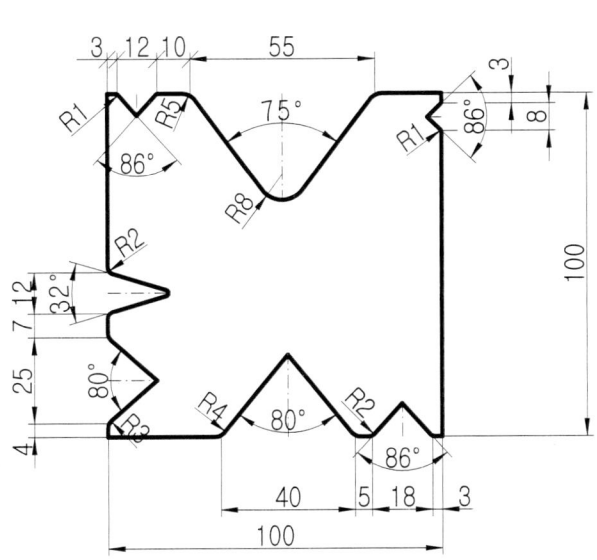
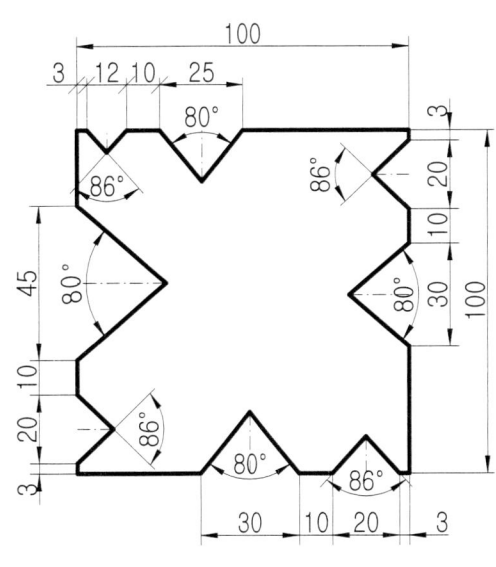
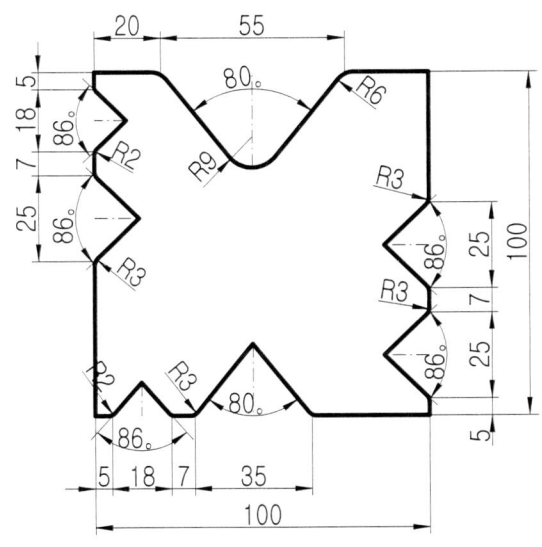
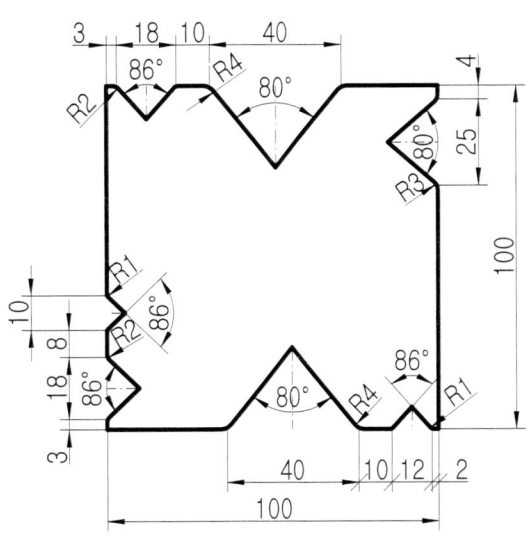

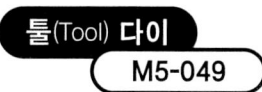

사각 다이 (Multi Die)

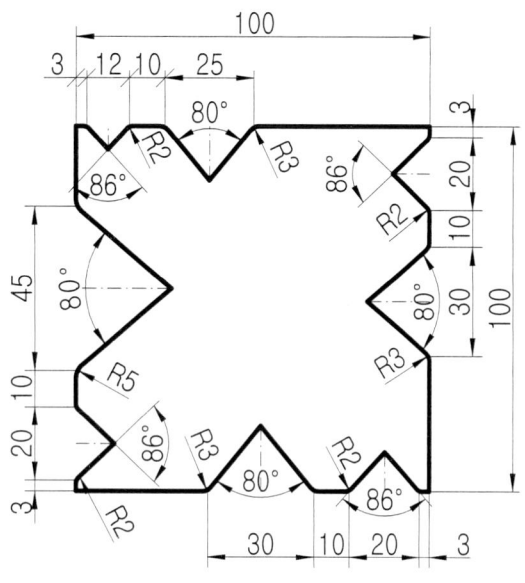
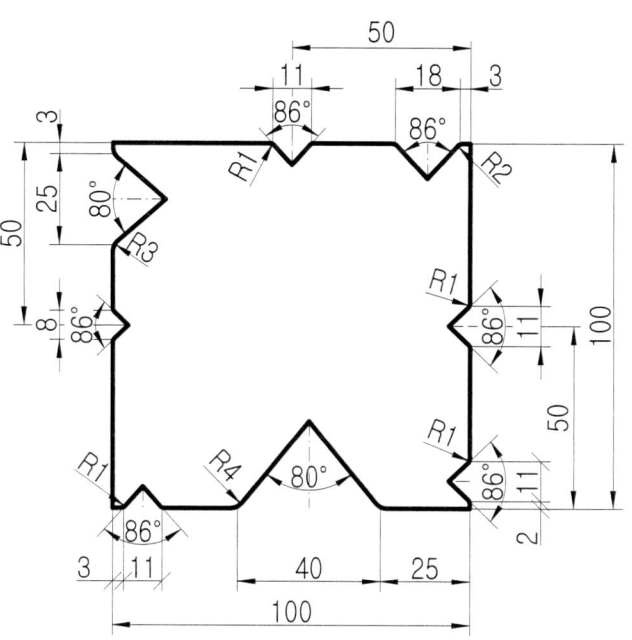
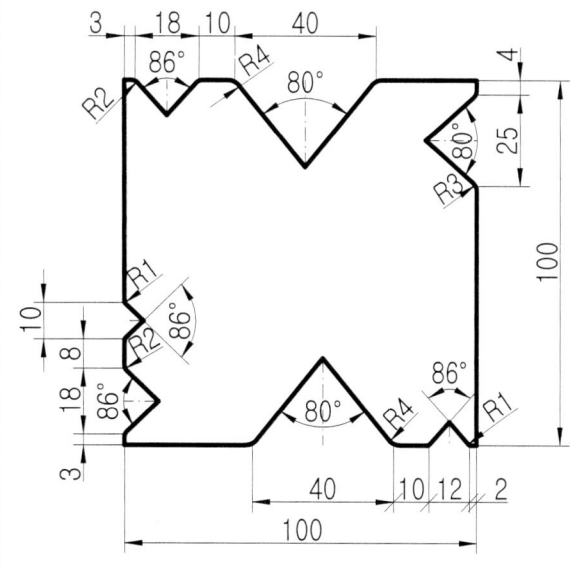
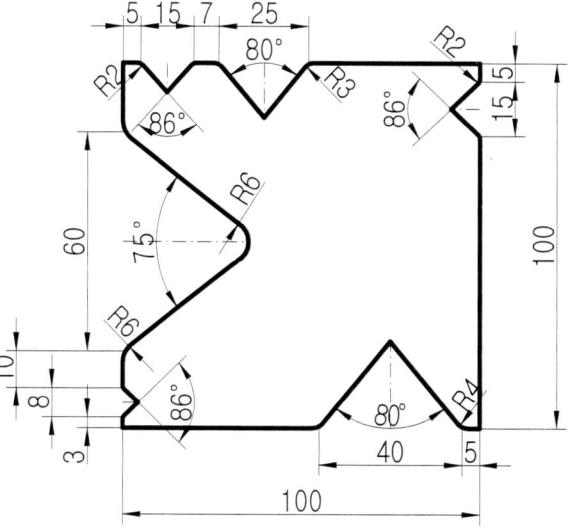

사각 다이(Multi Die)

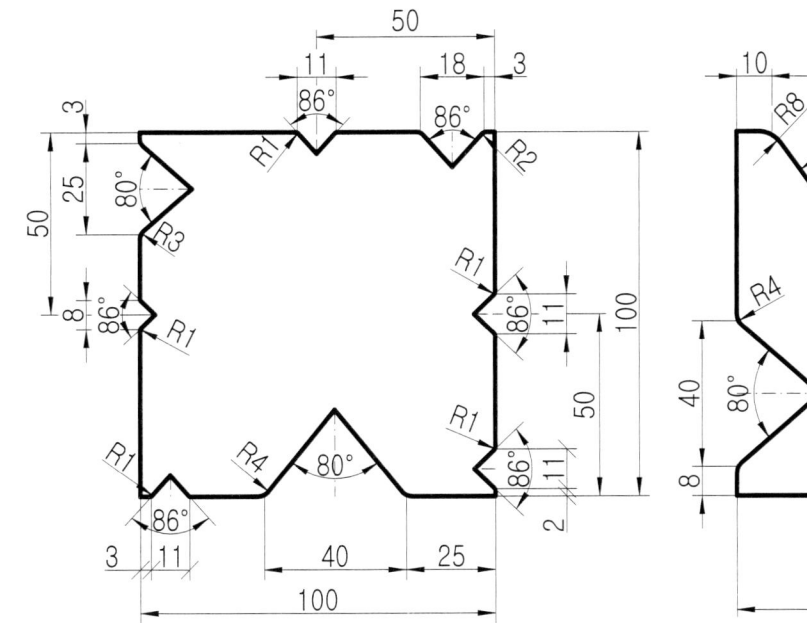
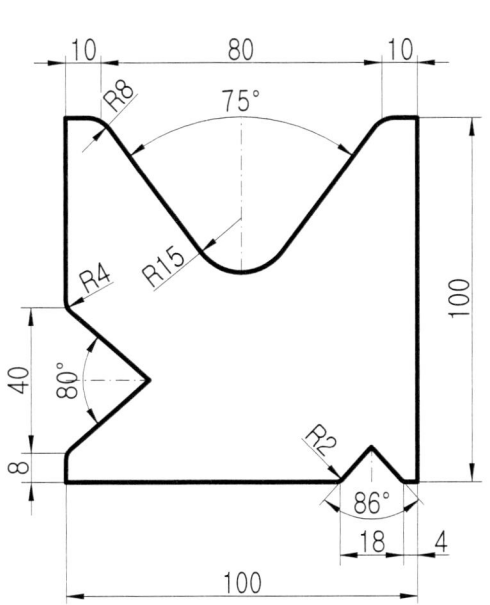
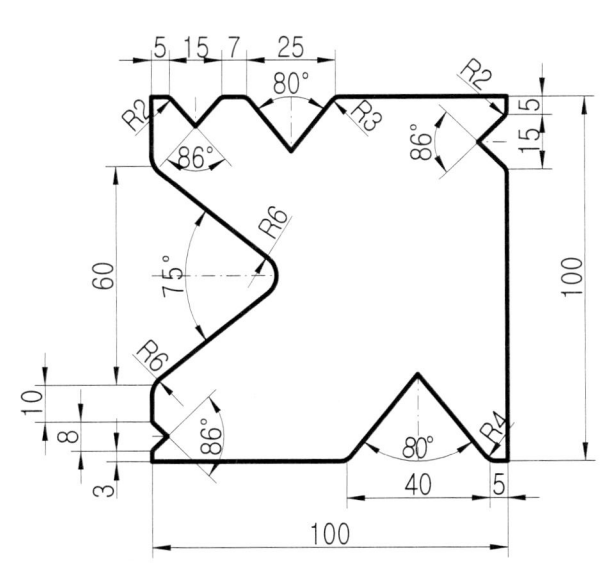
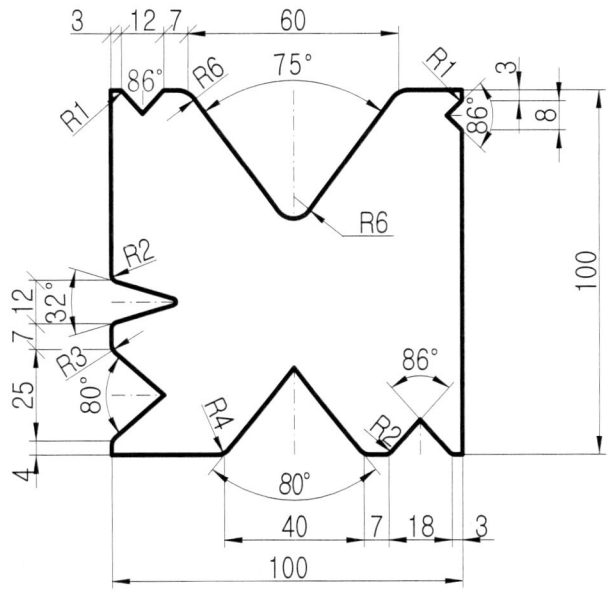

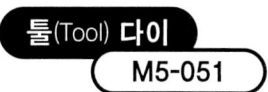

사각 다이(Multi Die)

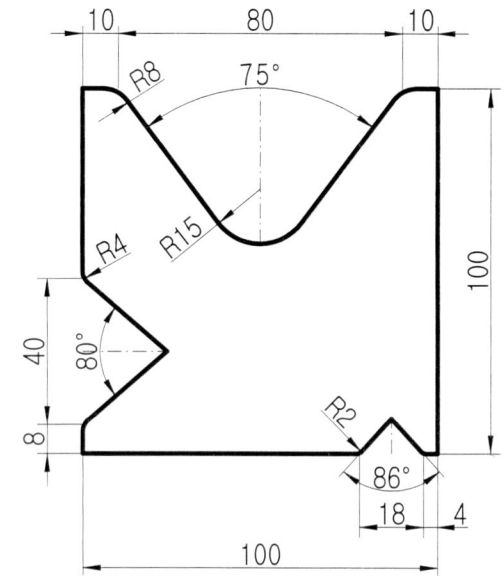
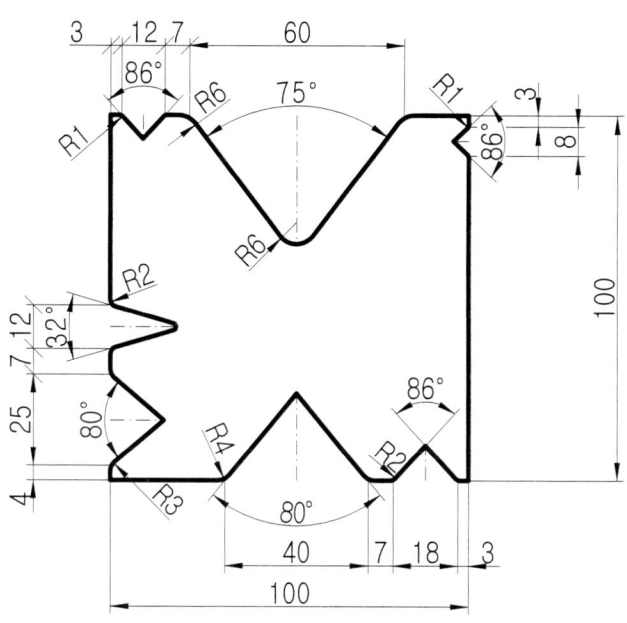
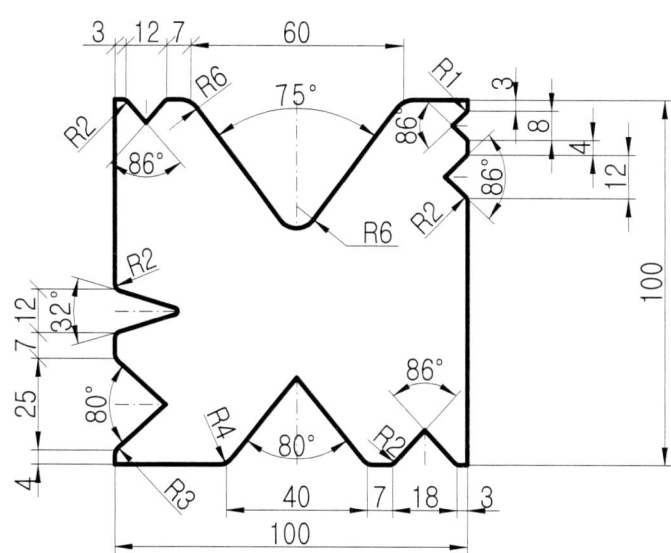

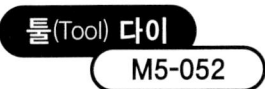

사각 다이(Multi Die)

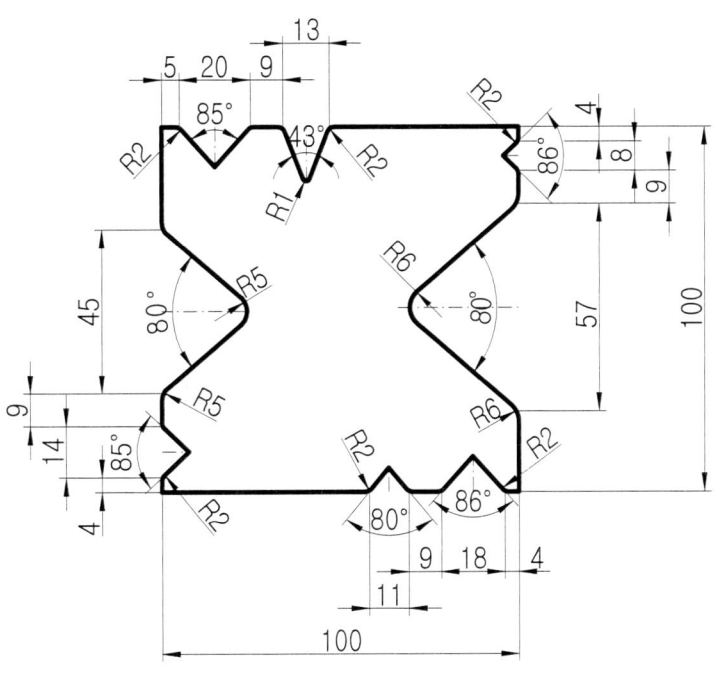

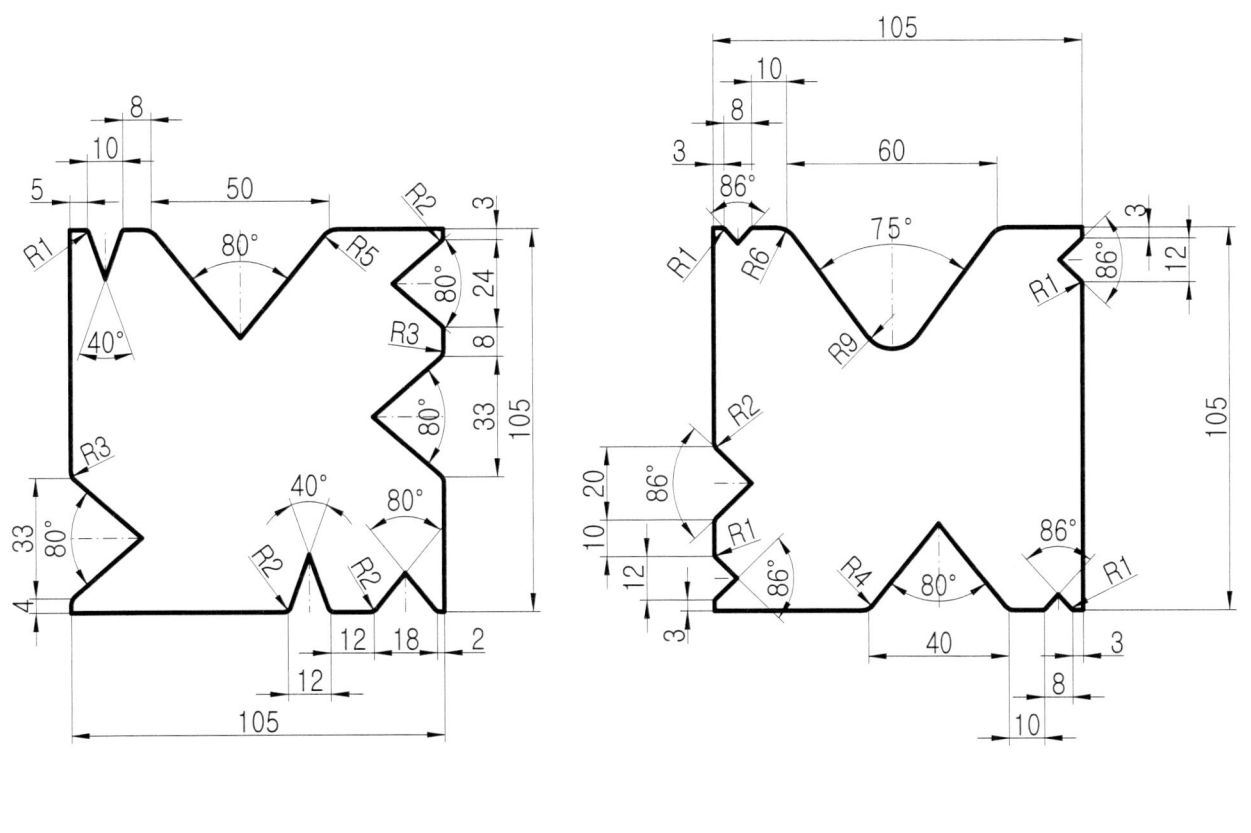

툴(Tool) 다이 M5-053
사각 다이(Multi Die)

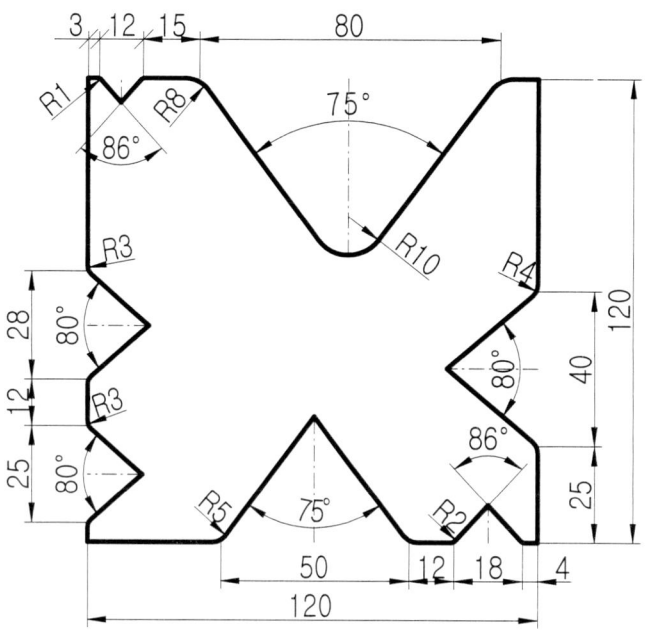

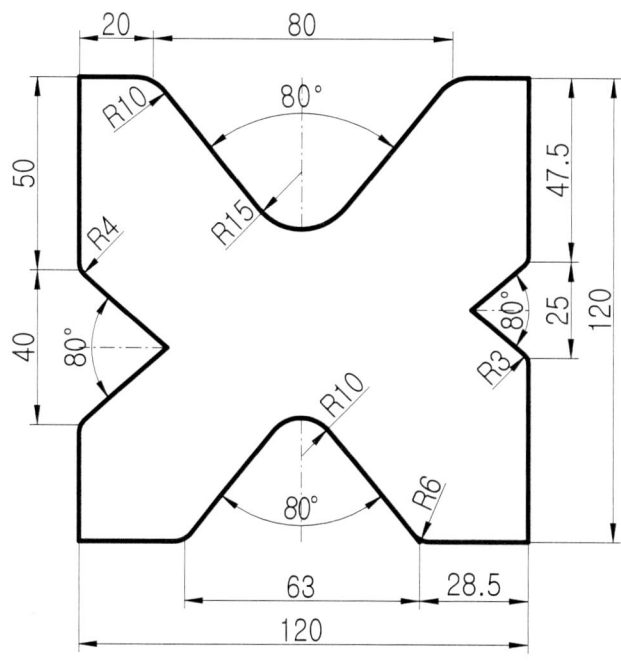

사각 다이(Multi Die)

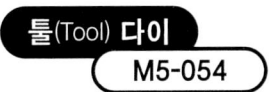
툴(Tool) 다이
M5-054

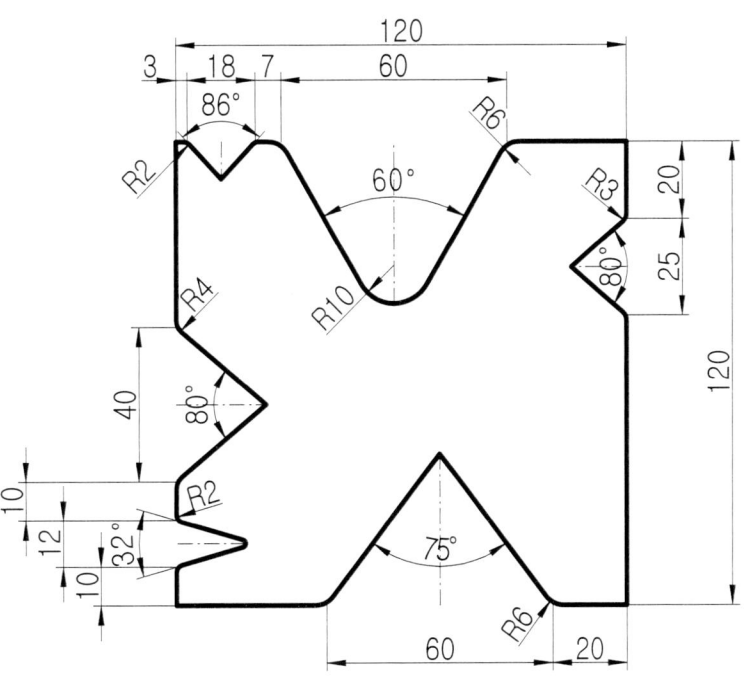

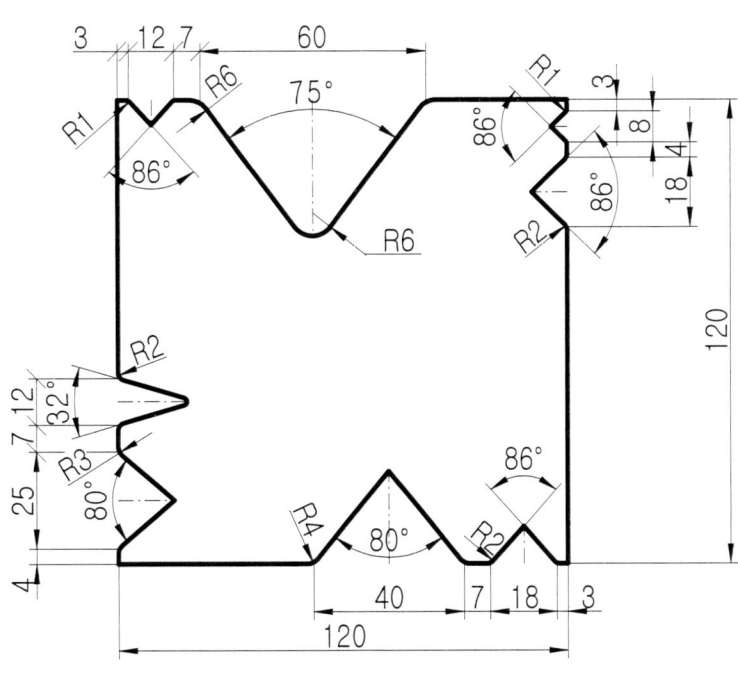

사각 다이(Multi Die)

툴(Tool) 다이
M5-055

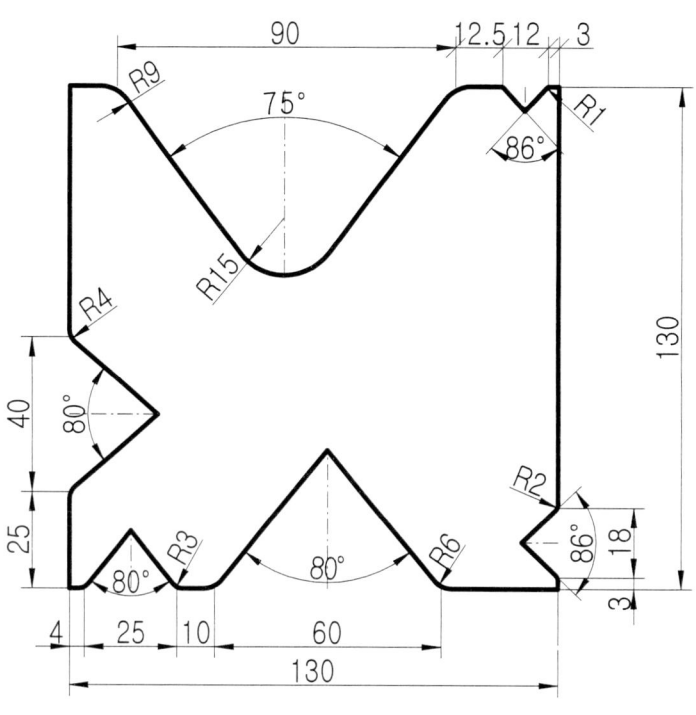

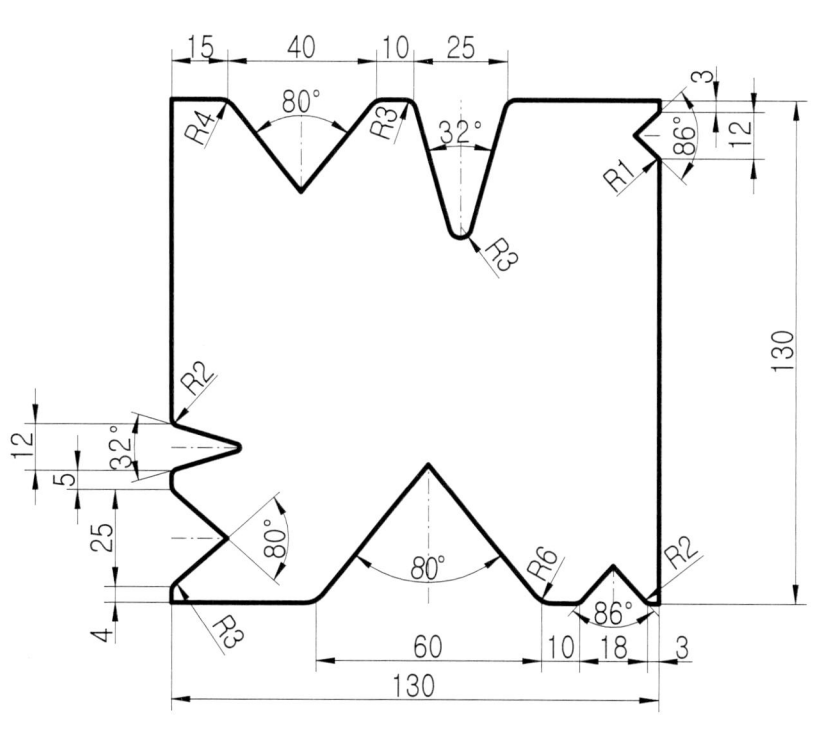

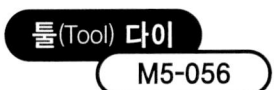

사각 다이(Multi Die)

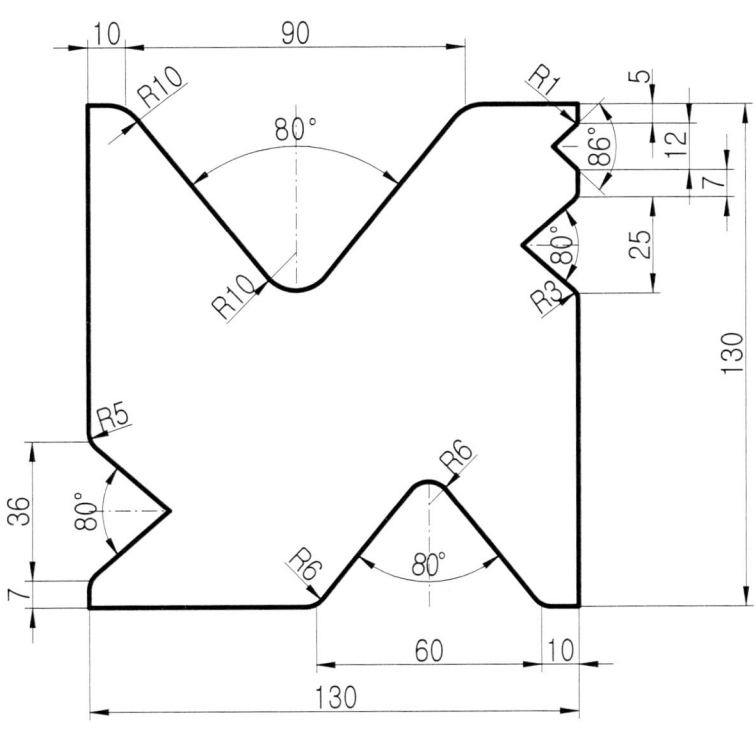

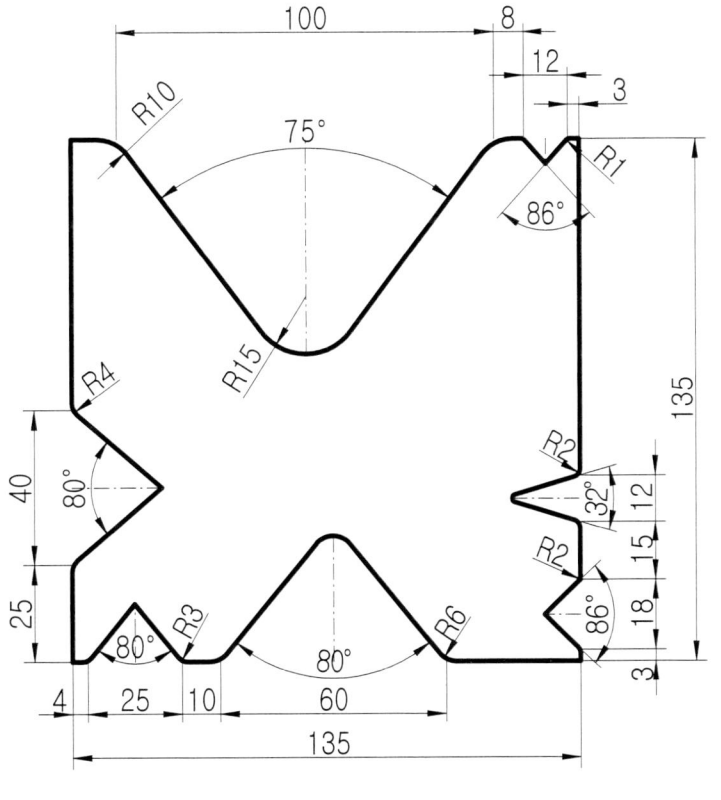

사각 다이(Multi Die)

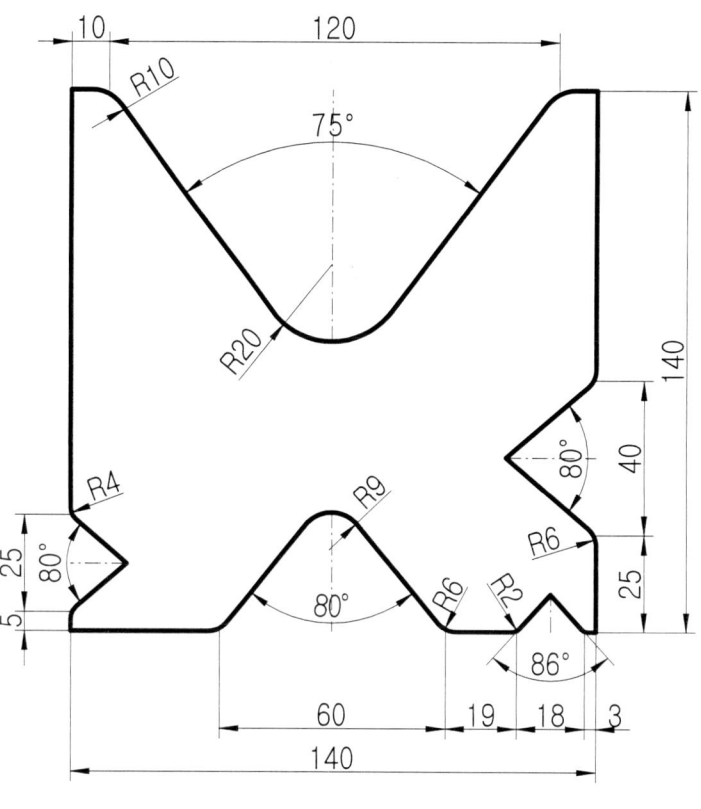

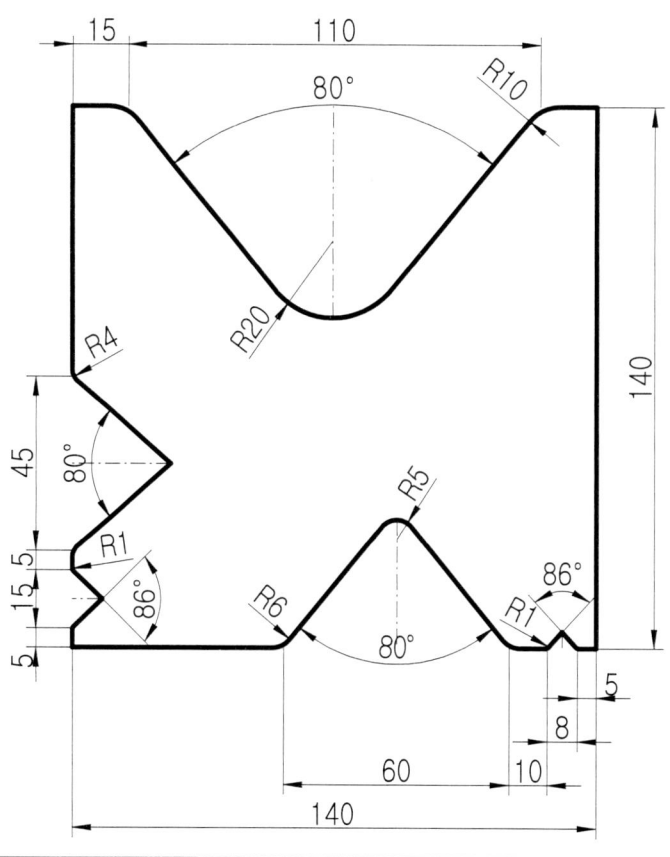

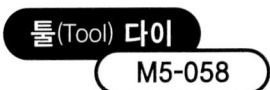

사각 다이(Multi Die)

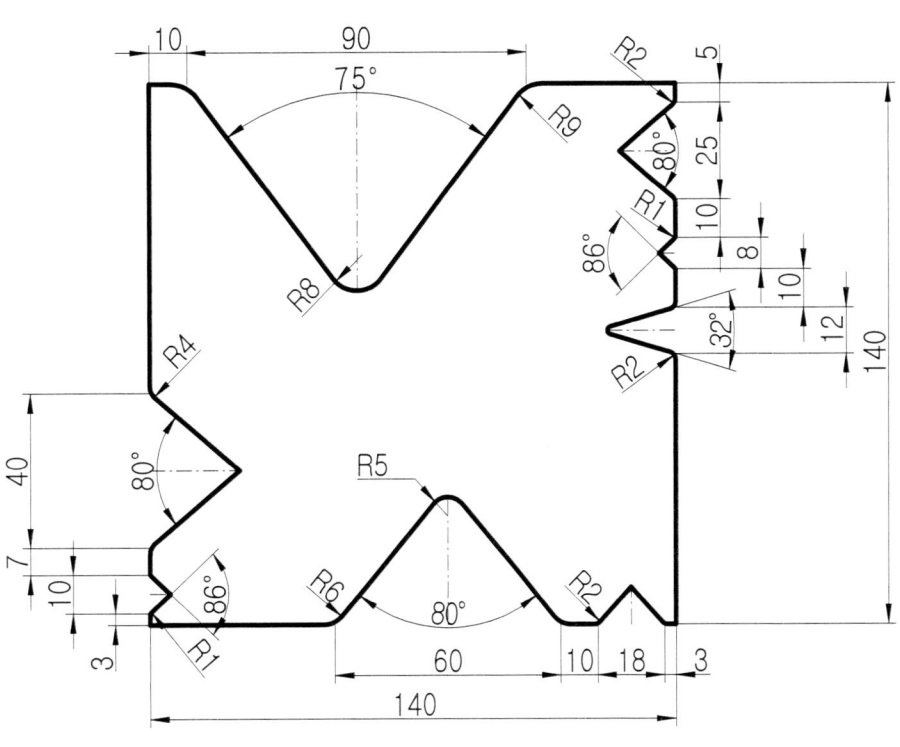

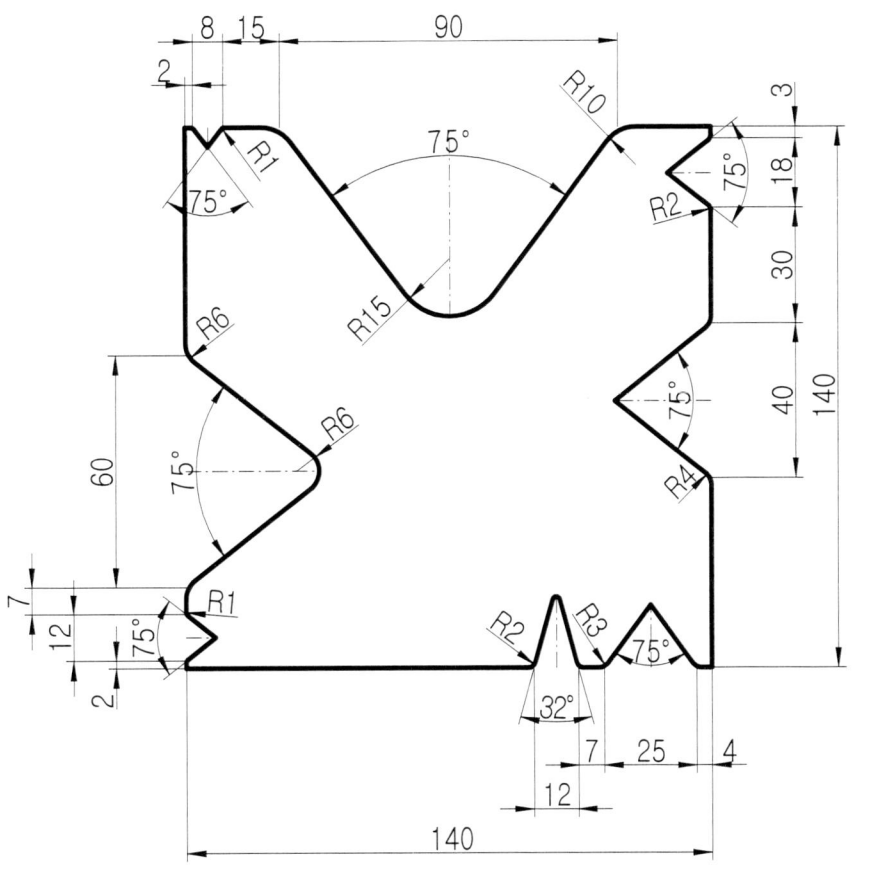

사각 다이 (Multi Die)

툴(Tool) 다이
M5-059

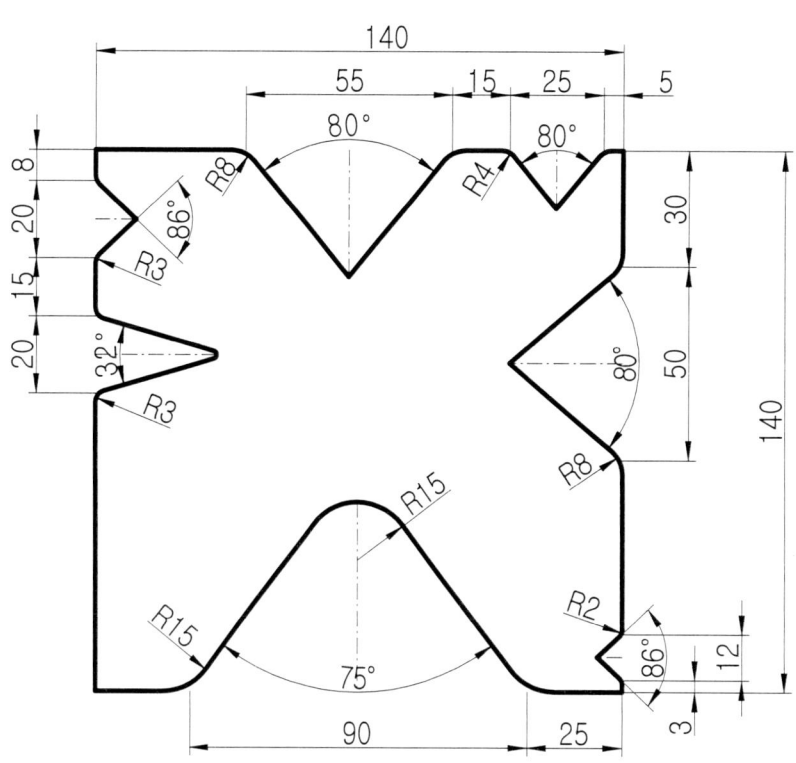

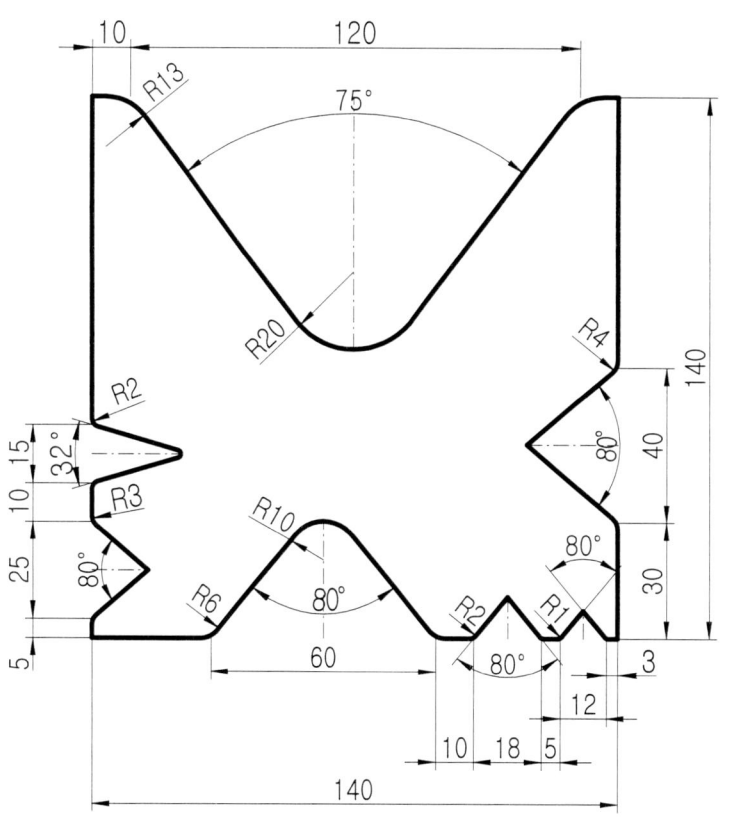

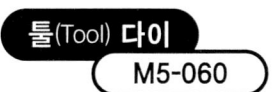

사각 다이(Multi Die)

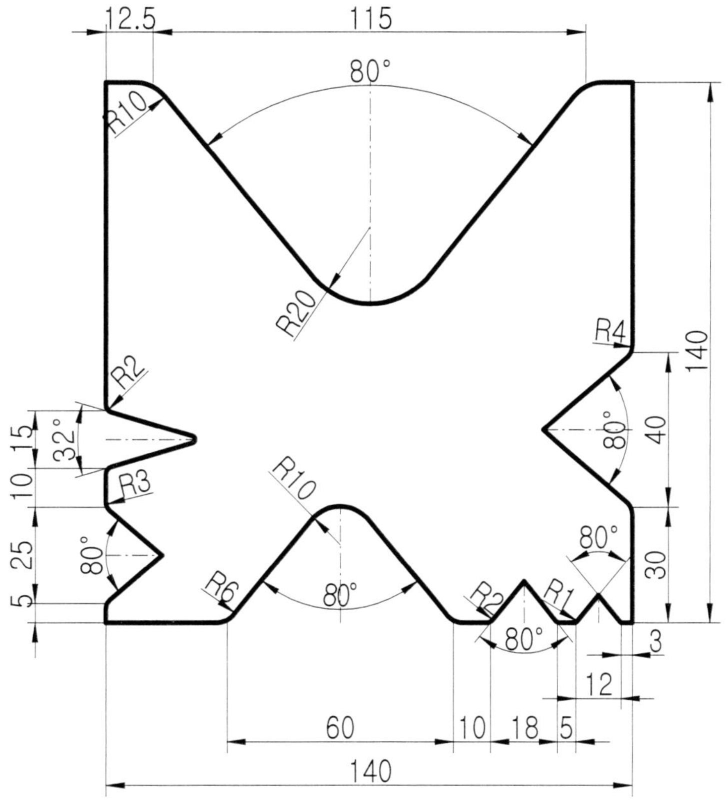

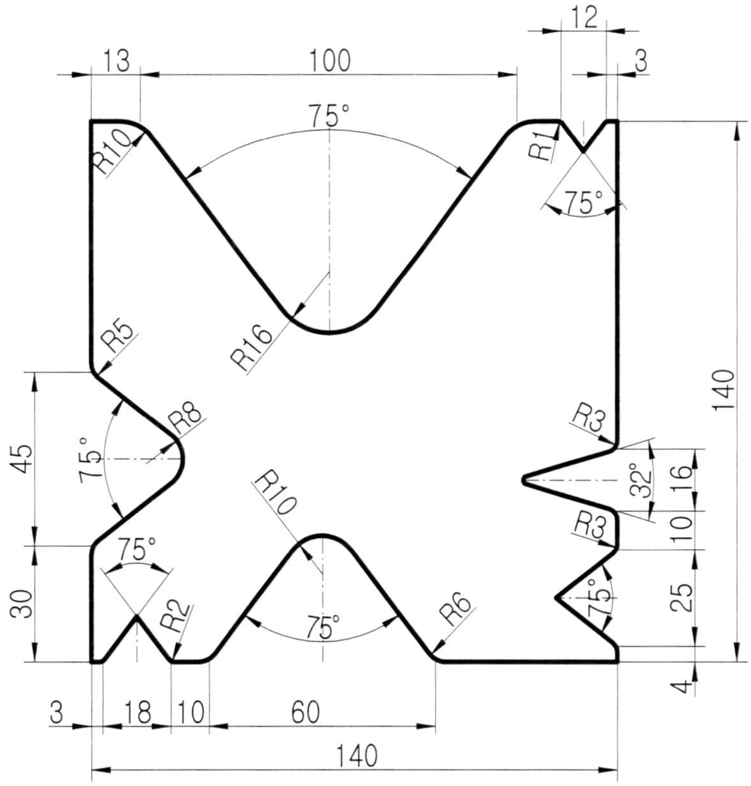

툴(Tool) 다이
M5-061

사각 다이(Multi Die)

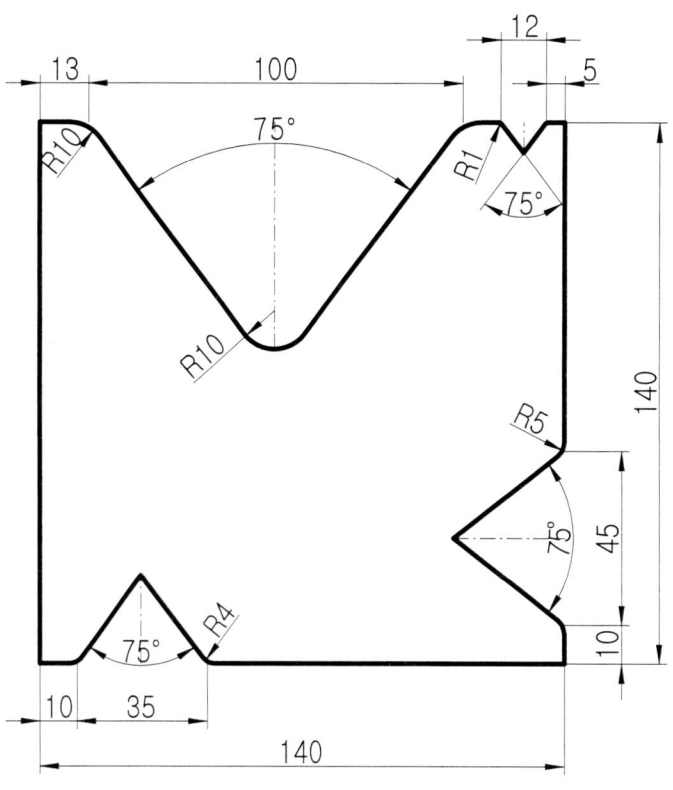

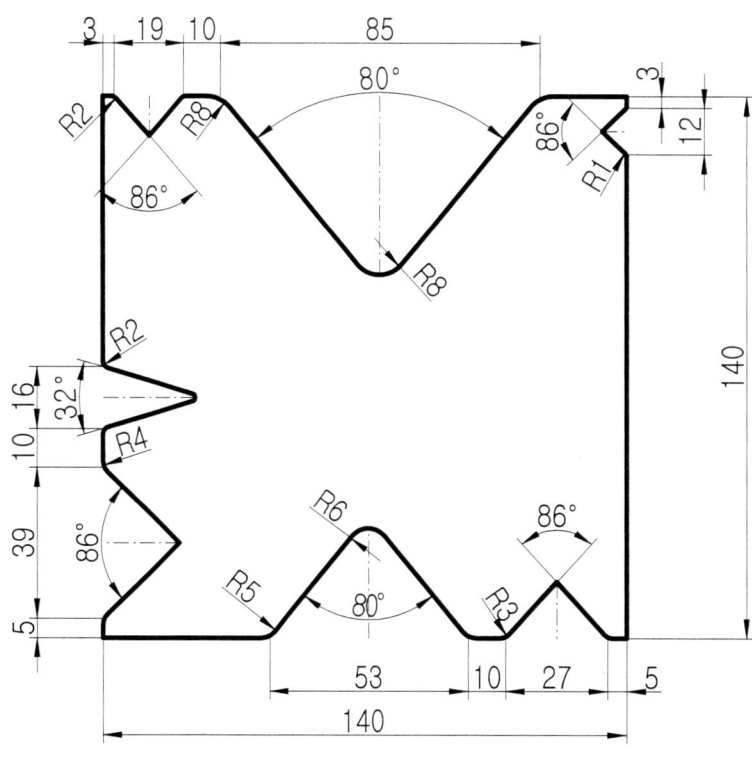

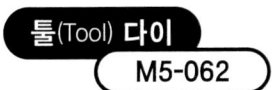

사각 다이(Multi Die)

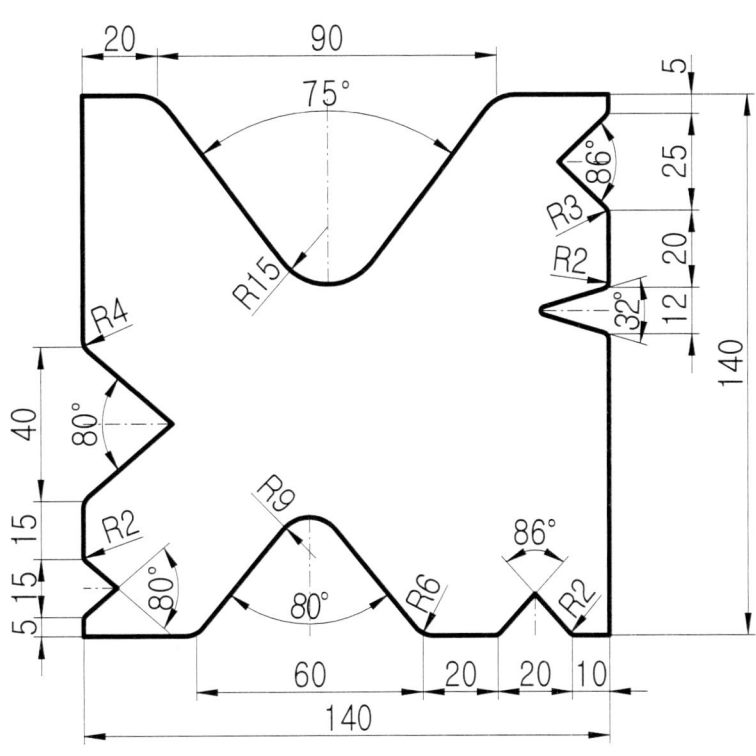

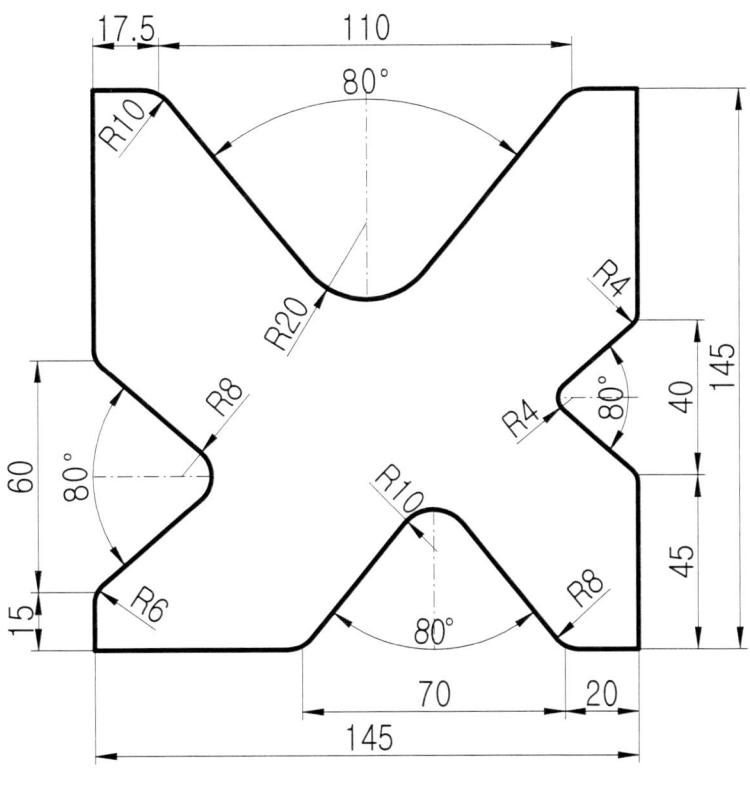

사각 다이 (Multi Die)

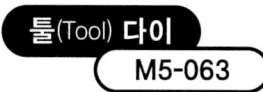
툴(Tool) 다이
M5-063

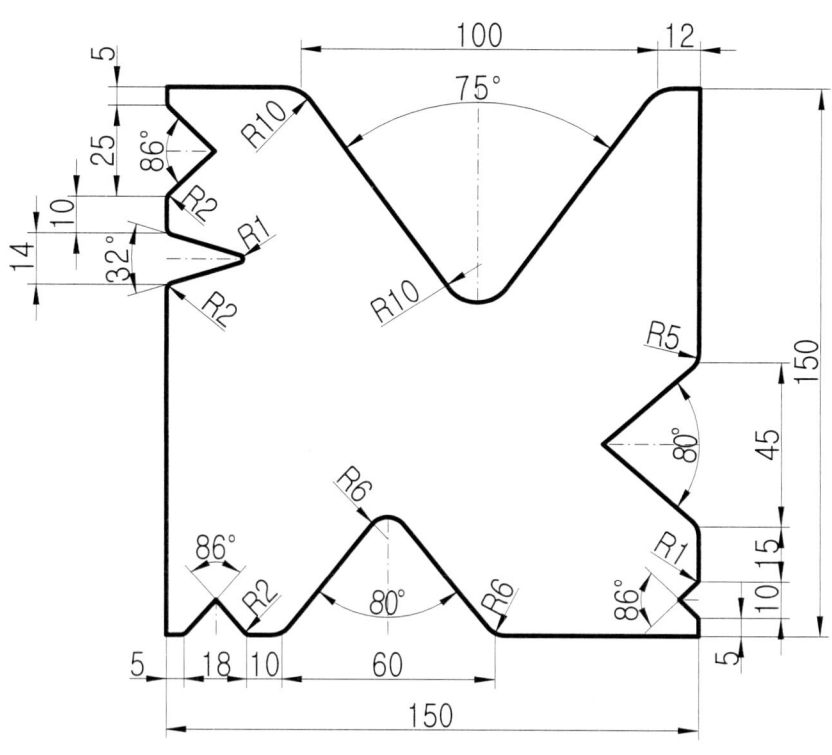

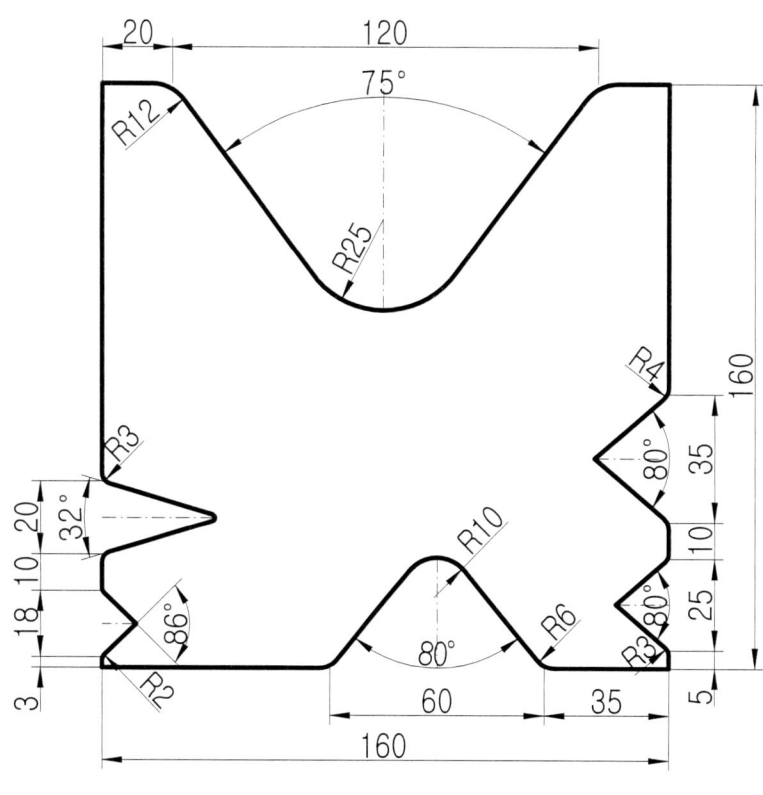

사각 다이(Multi Die)

툴(Tool) 다이 M5-064

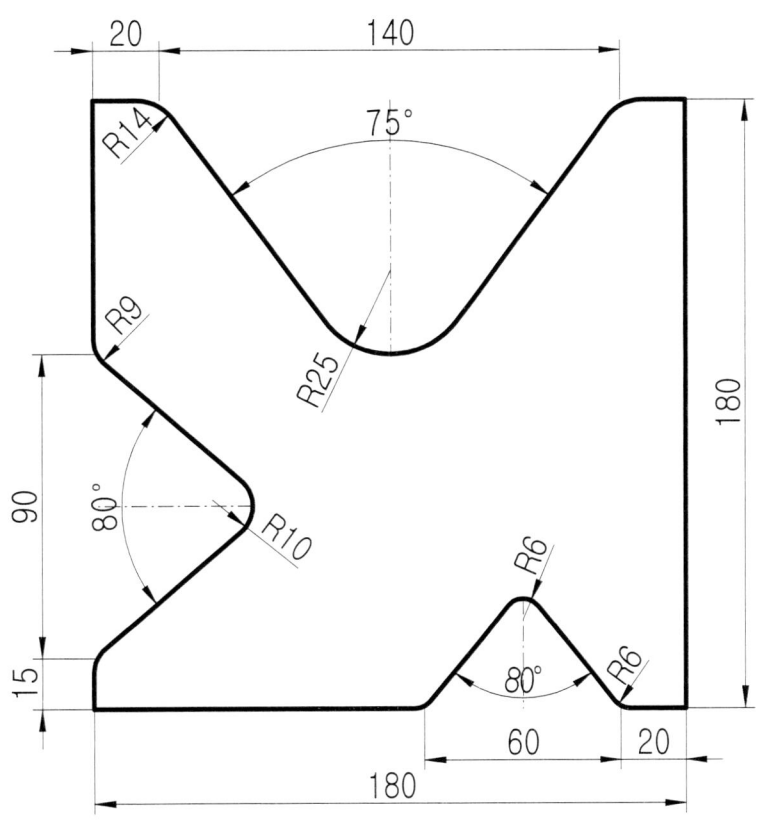

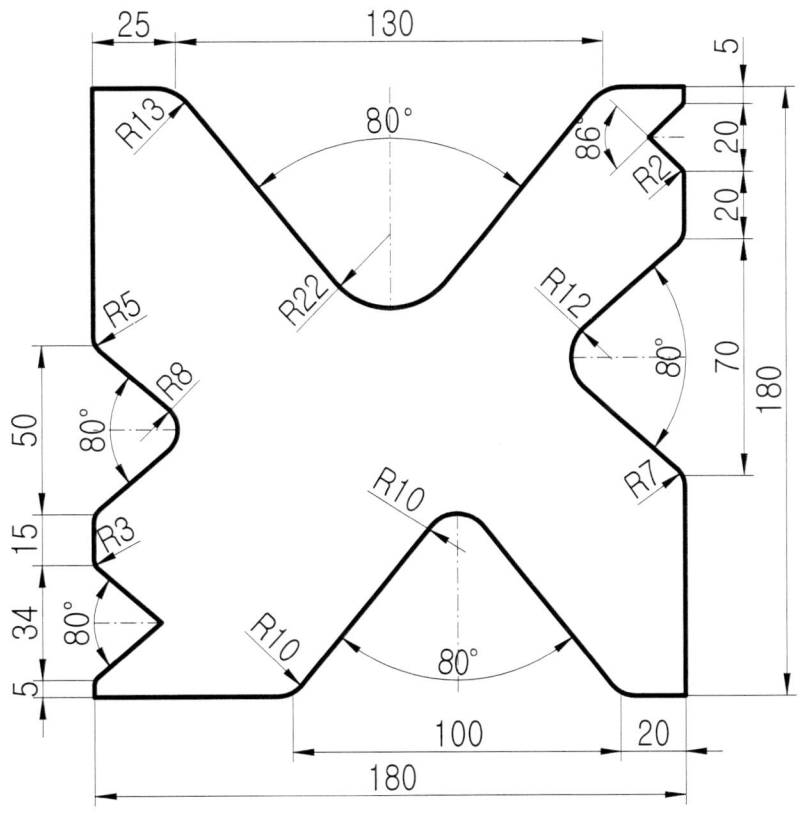

사각 다이(Multi Die)

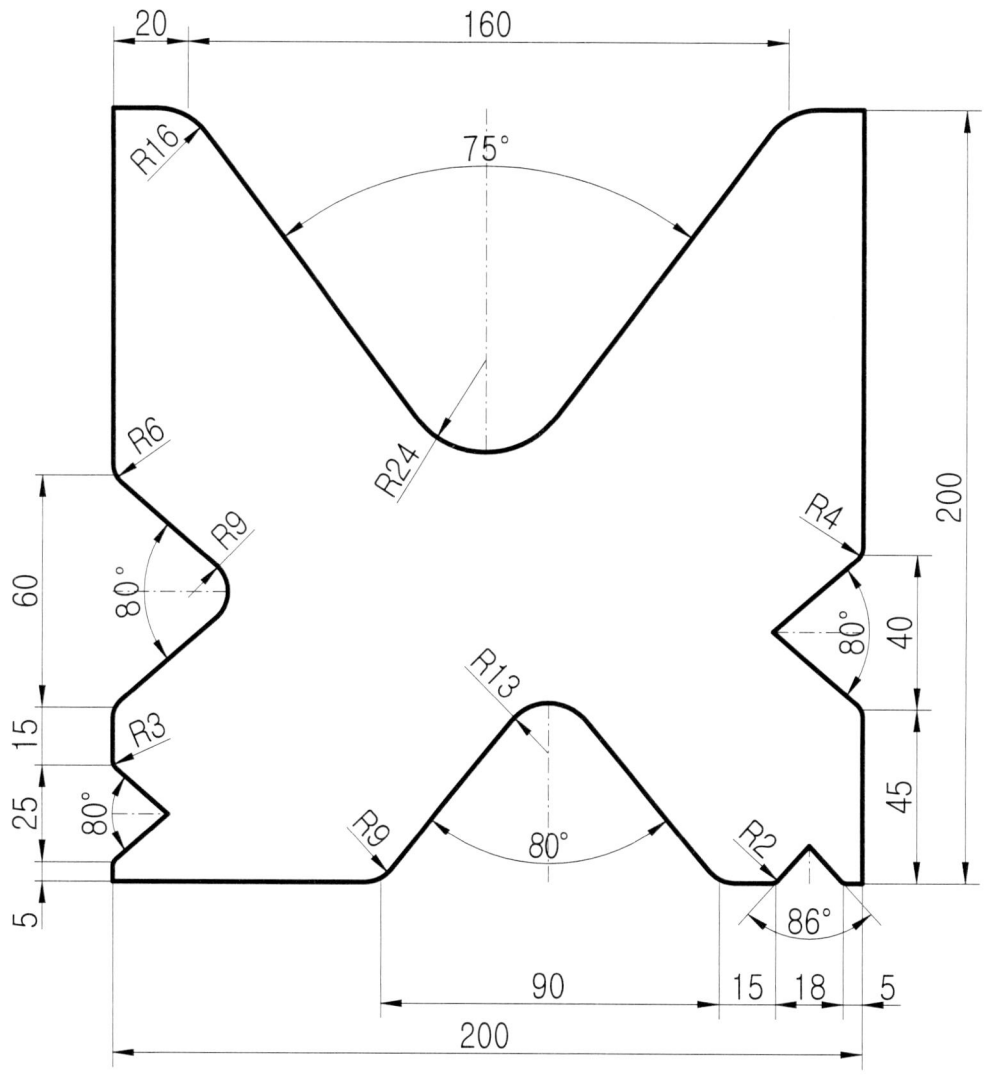

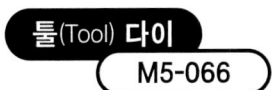

사각 다이(Multi Die)

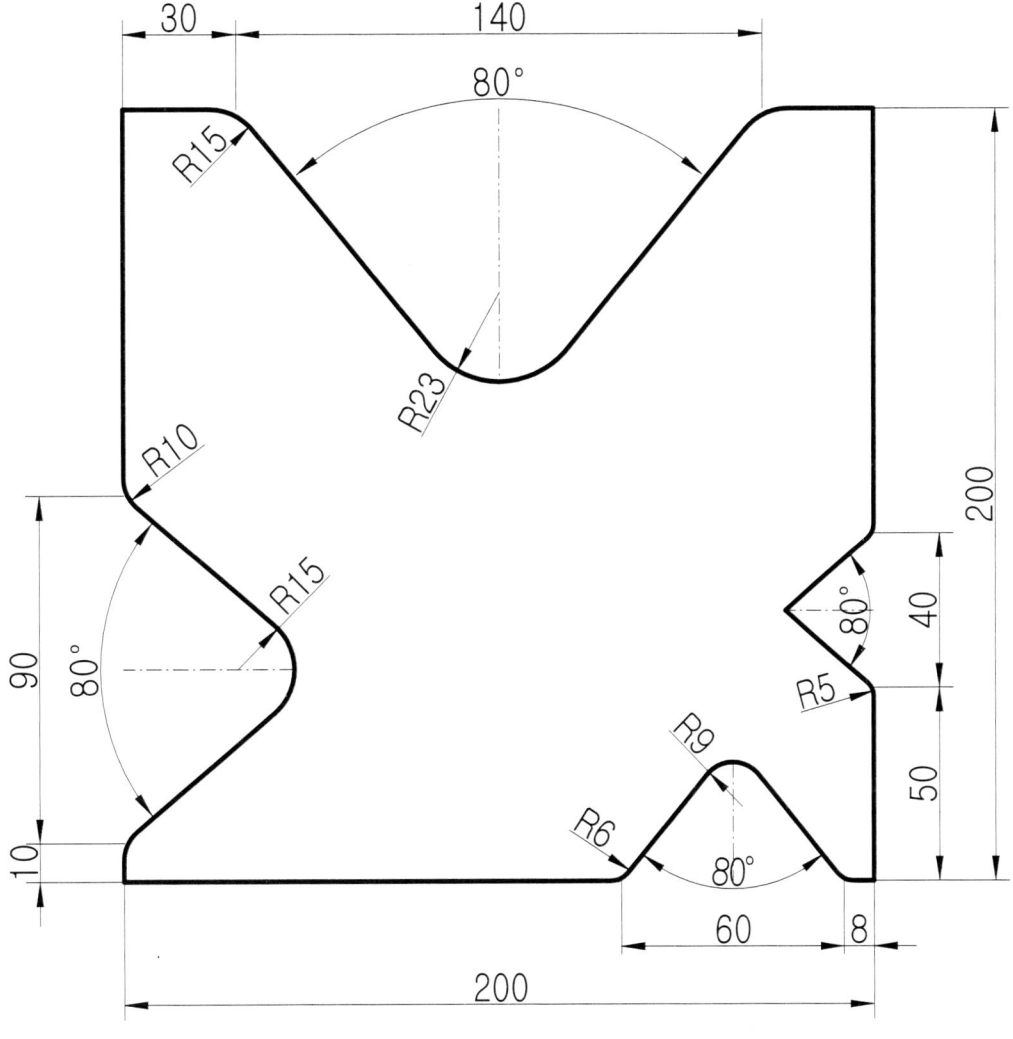

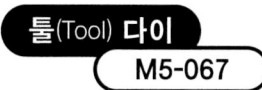

사각 다이(Multi Die)

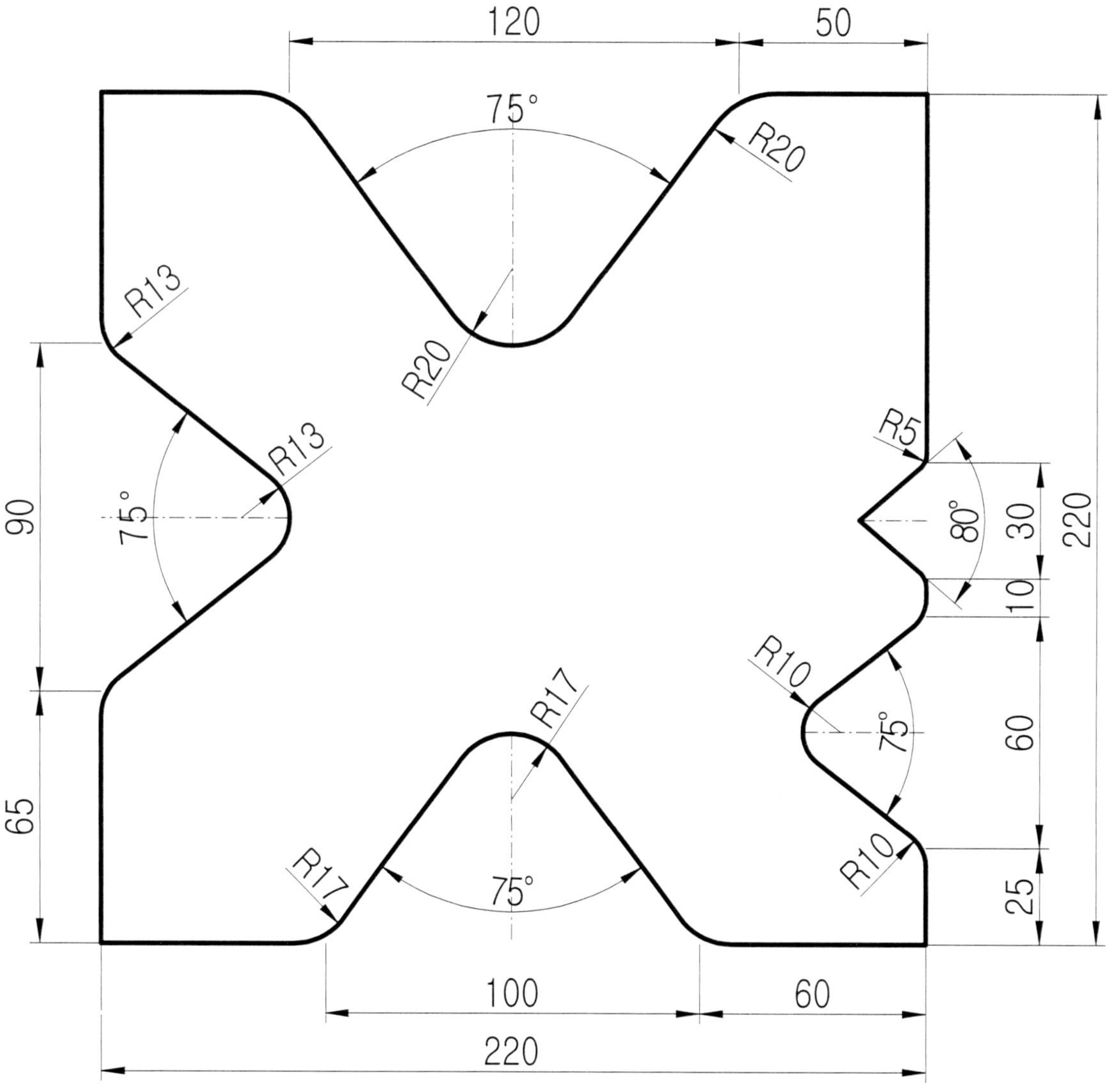

사각 다이 (Multi Die)

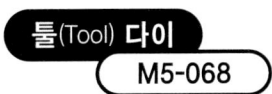

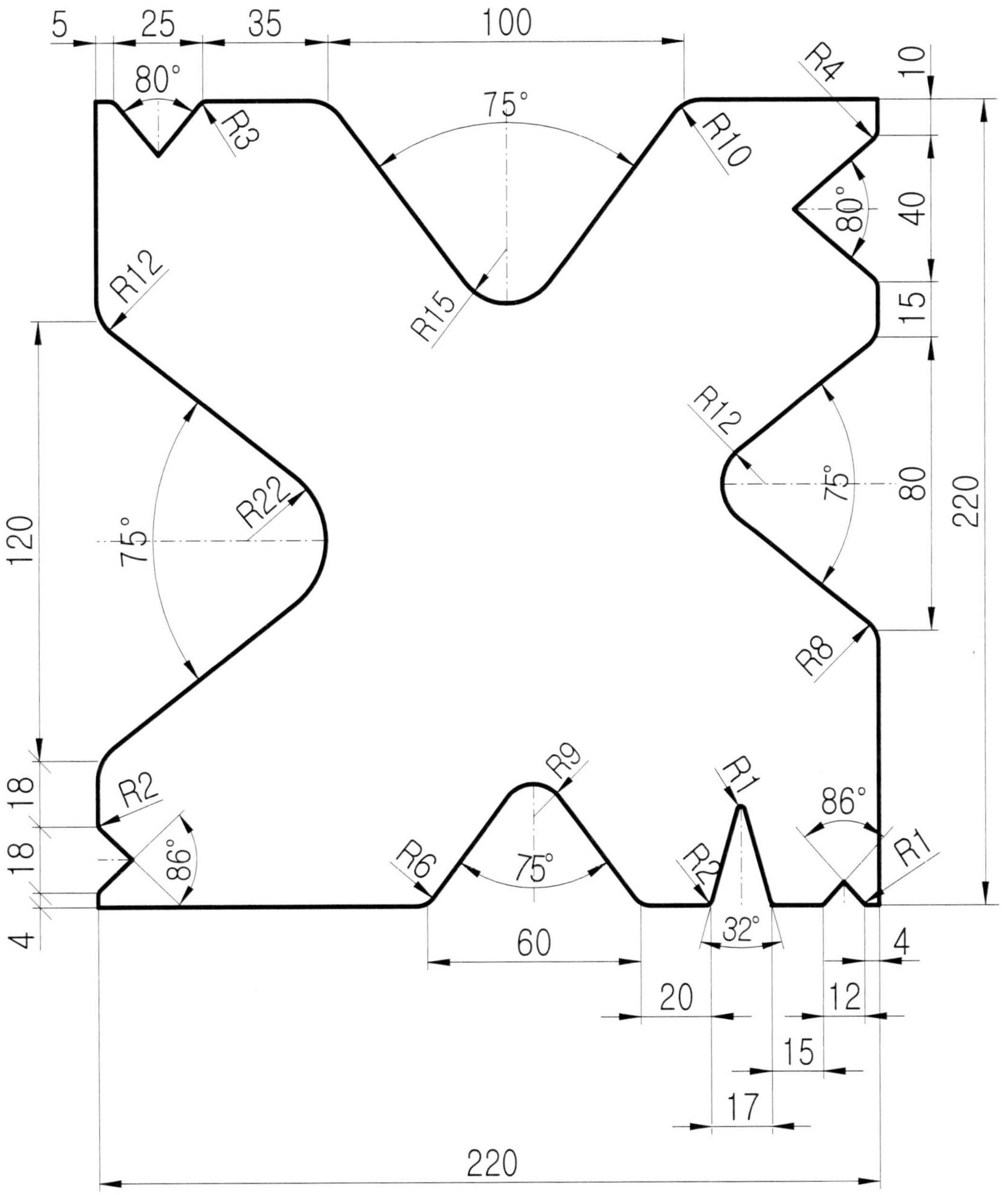

사각 다이 (Multi Die)

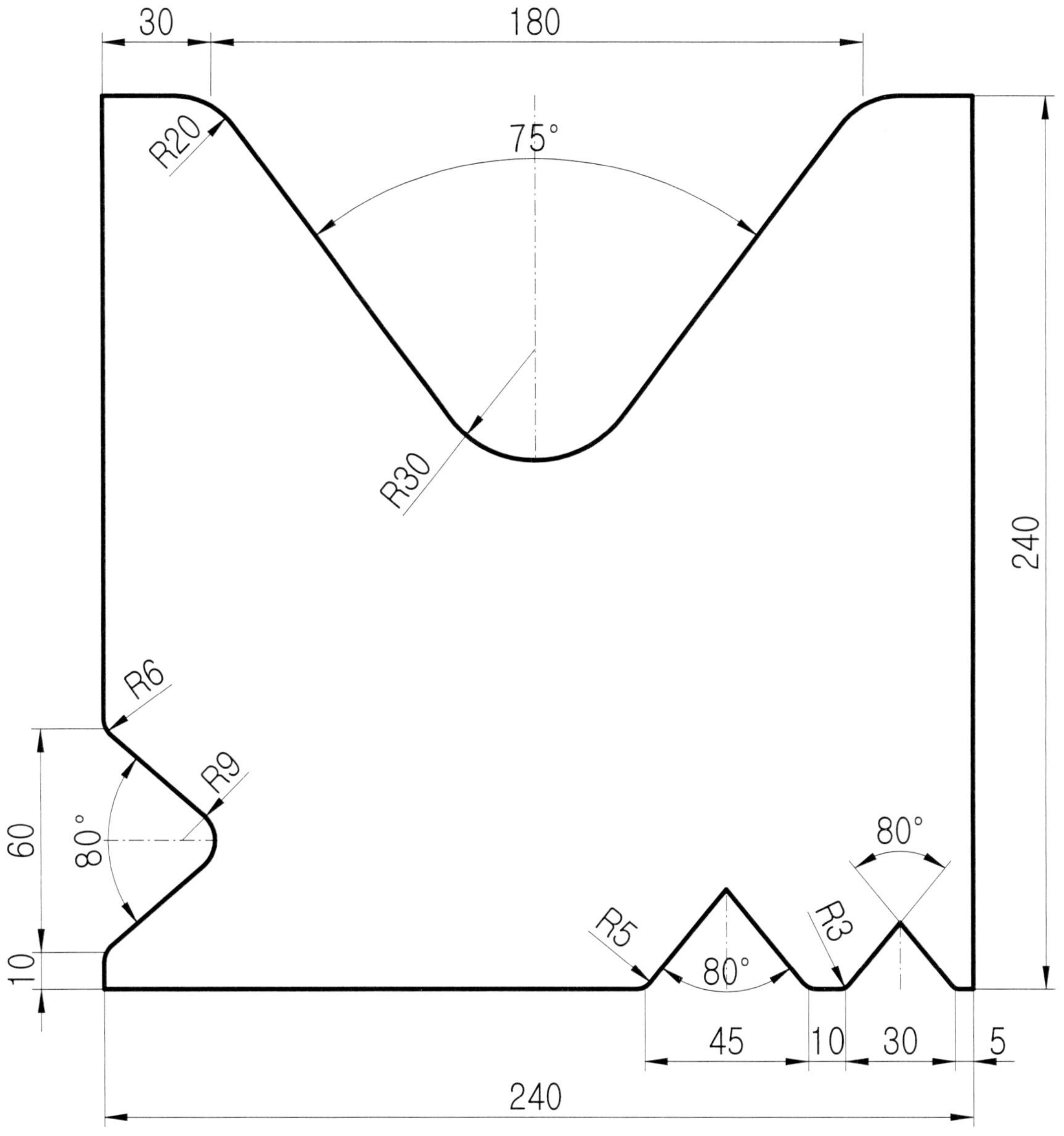

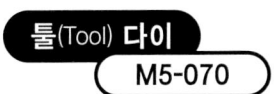

사각 다이(Multi Die)

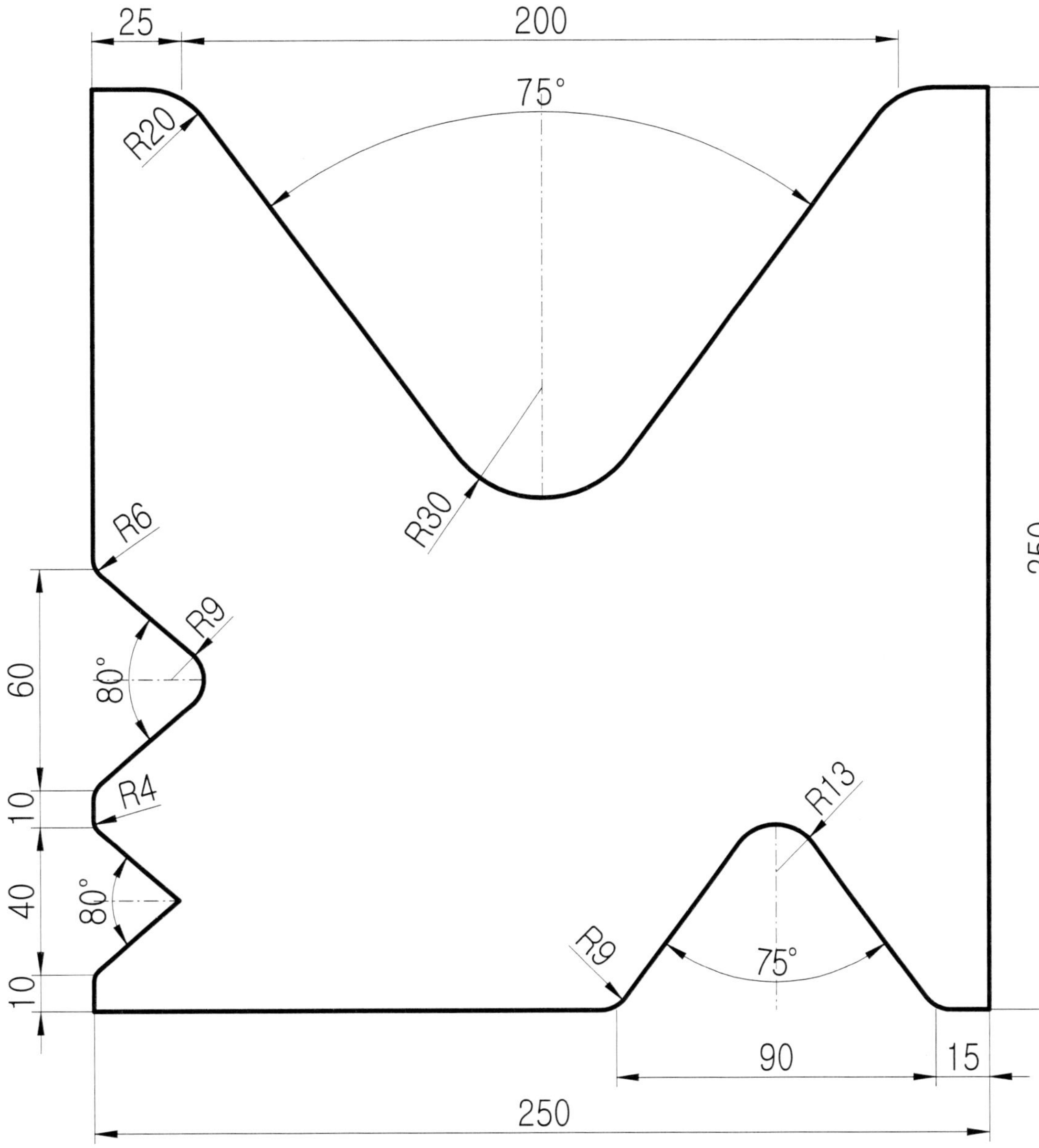

사각 다이(Multi Die)

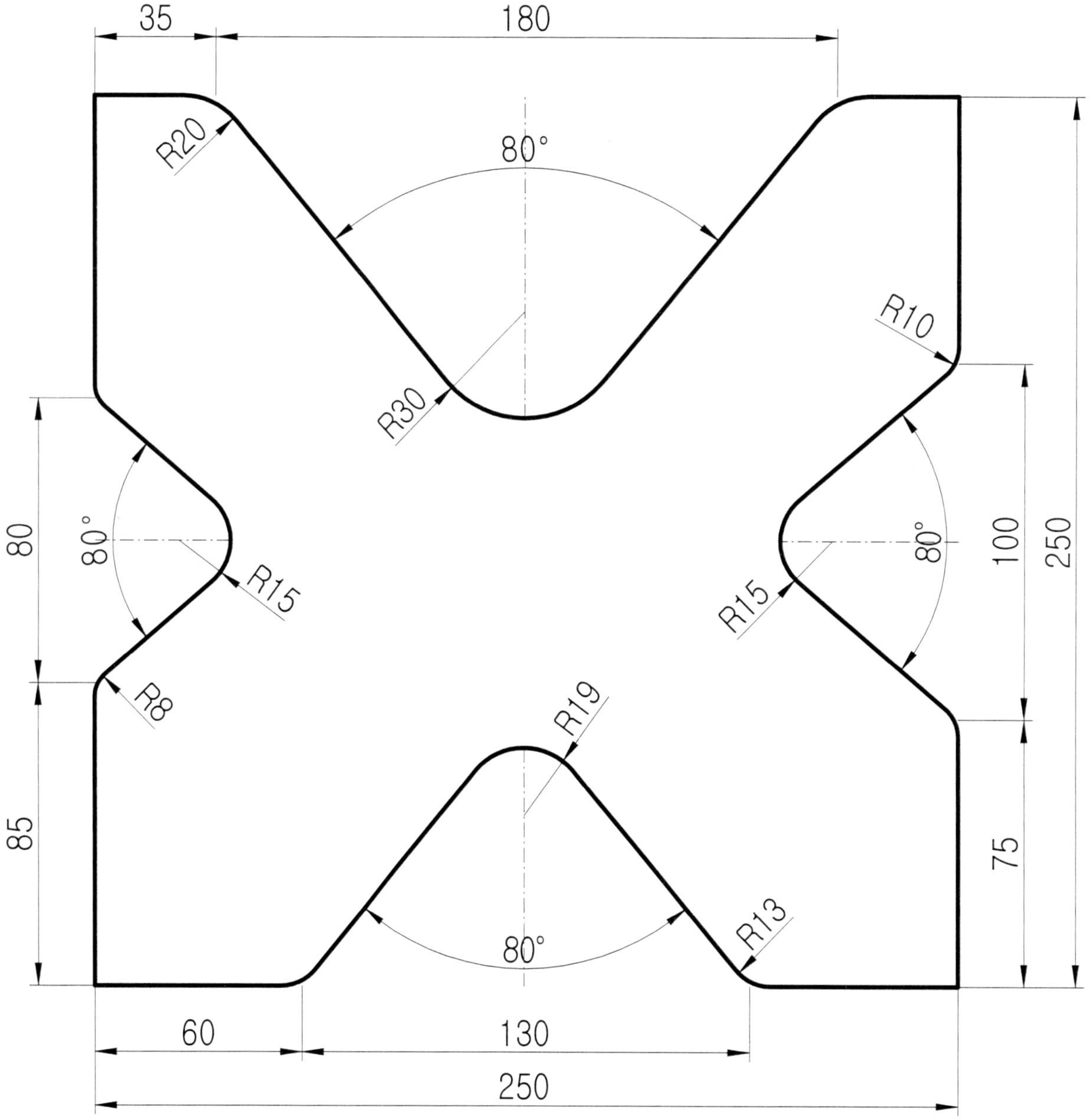

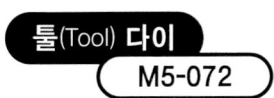

사각 다이(Multi Die)

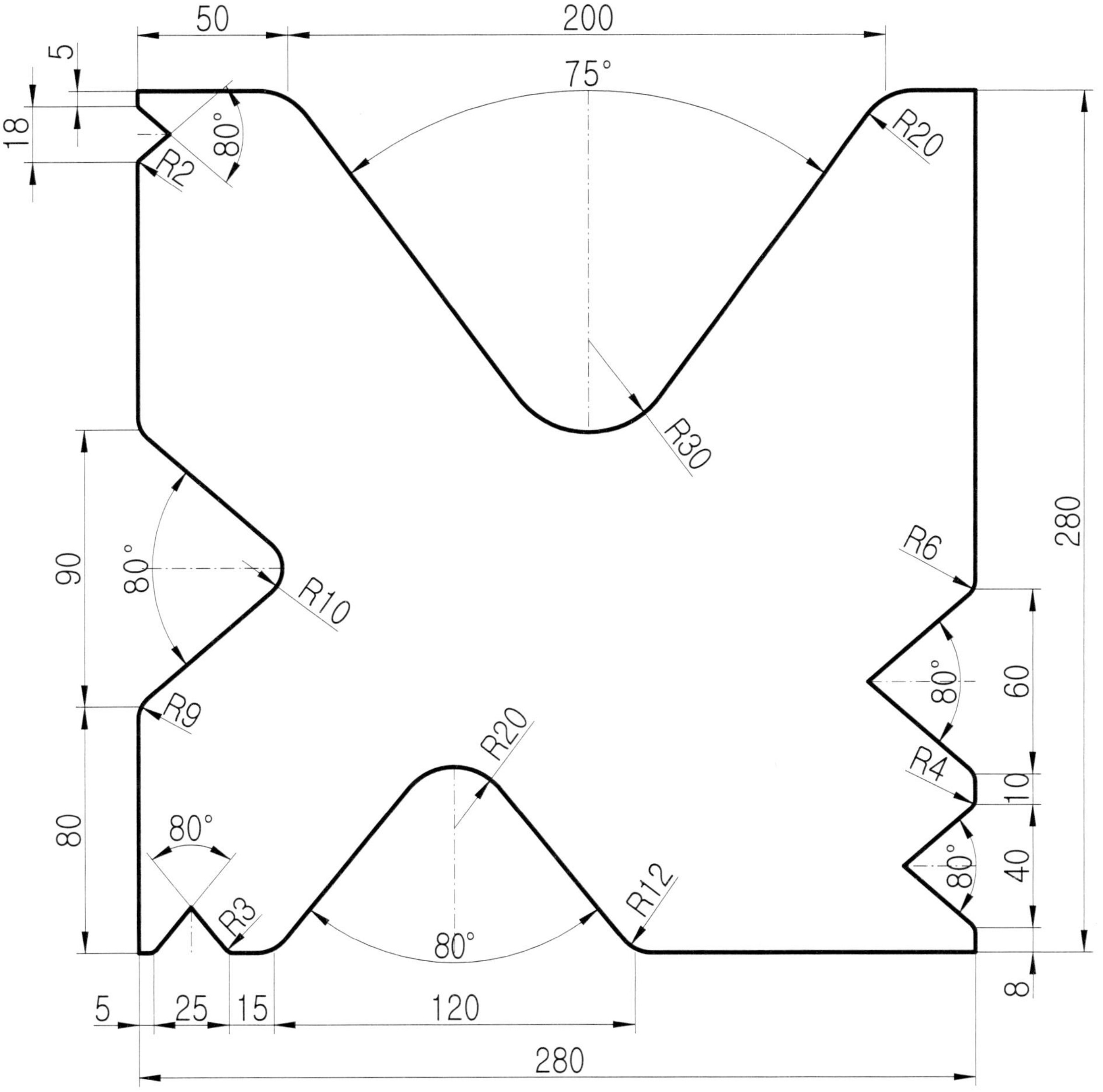

굽힘 작업의 편치(Punch)

1. 일반 굽힘

일반 굽힘에 많이 보급되어 있으며 그 이유는 많은 작업을 하는 펀치의 종류이기 때문입니다.

일반적으로 기본형 또는 ㄱ형 펀치, 뒷면 형상이 둥근 모양인 C형 펀치, 펀치 소재를(ㄷ형) 굽힘 작업을 하는 형상의 ㄷ형, D형 펀치라고 명칭을 정해봅니다.

굽힘 작업의 기본 작업이나 첫 작업을 하는 펀치이므로 ㄱ형(G형) 펀치, C형 펀치, ㄷ형(D형) 펀치로 사용하면 좋을 것으로 생각됩니다.

[그림 4] 일반 굽힘 펀치 종류

공정수가 많은 90°의 굽힘이고 따라서 사용하는 툴(Tool)의 종류 또한 많습니다.

그러나 업계에는 수십 년을 기종명이나 기호로 나타내는 경향이 정착되어 있습니다.

그런데 명칭에서는 업체의 특성에 따라 조금씩 다르게 나타내고 있으므로 통합된 명칭이 있어야 한다고 보아서 나타내봅니다.

제품의 길이는 보편적으로 맞추고 있으나 제품의 명칭 표준화를 시킬 수 있었으면 하는 바람입니다.

2. 일반 굽힘 펀치의 분할도

펀치의 분할도는 ㄱ(G)형 펀치, 씨(C)형 펀치, ㄷ(D)형 펀치 3종의 경우가 일반적으로 많이 사용하는 경우입니다.

배전반이나 박스(Box) 등 4면이 다 막혀 있는 제품을 굽힘 작업하는 경우 제품 형상에 따라 펀치 길이를 맞추어 작업하여야 하며, 제품에 간섭을 안 받고 빠져나올 수 있도록 하는 방안으로 한쪽 또는 양쪽의 끝부분을 일정 치수의 귀따기 형상으로 절단하여 만들어주어야 합니다.

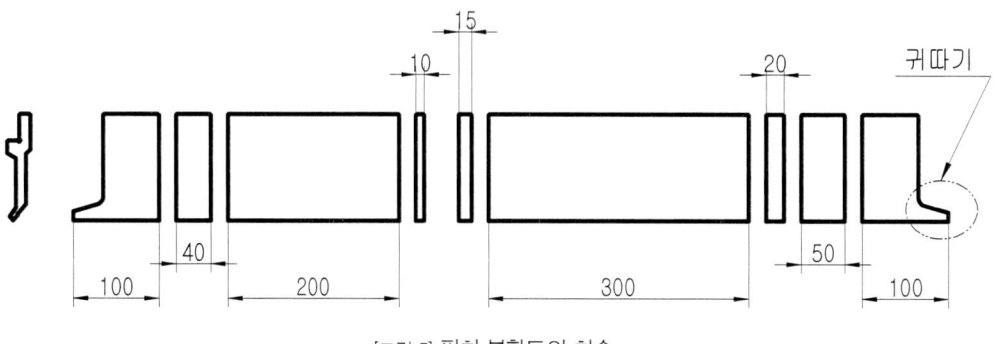

[그림 5] 펀치 분할도의 치수

절곡 툴(Tool) 체결 요건

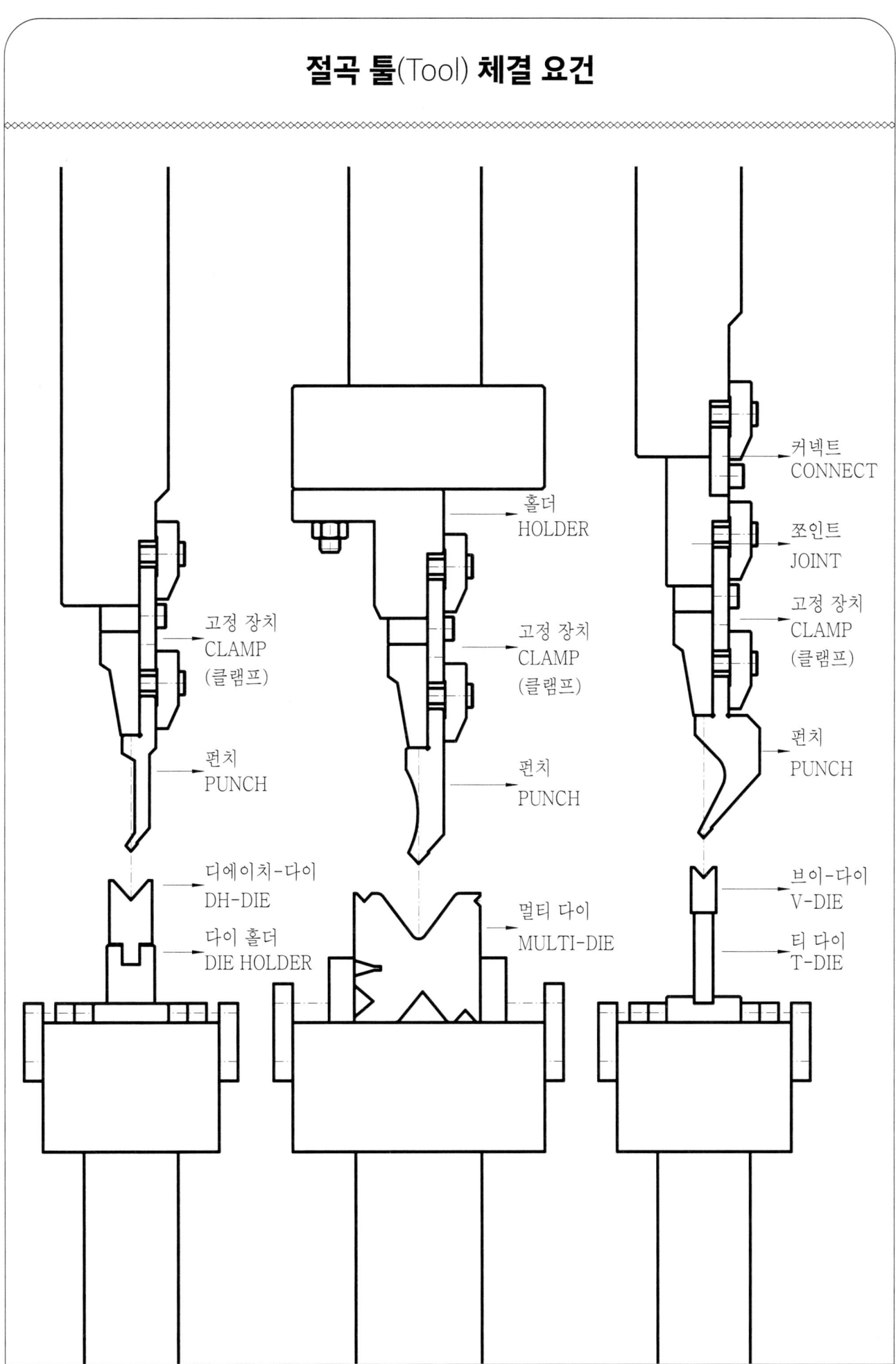

ㄱ(G)형 펀치

툴(Tool) 펀치
P6-073

펀치 중 가장 많이 사용하는 제품이며 특성에 따라 사양이 많이 변하는 제품입니다.
T-형과 Taper-형은 고정 장치(Clamp)의 조립 형식에 따라 다르기 때문에 일반형, T-형, Taper-형을 구분하여 발주 시 유의해야 하는 사양입니다.

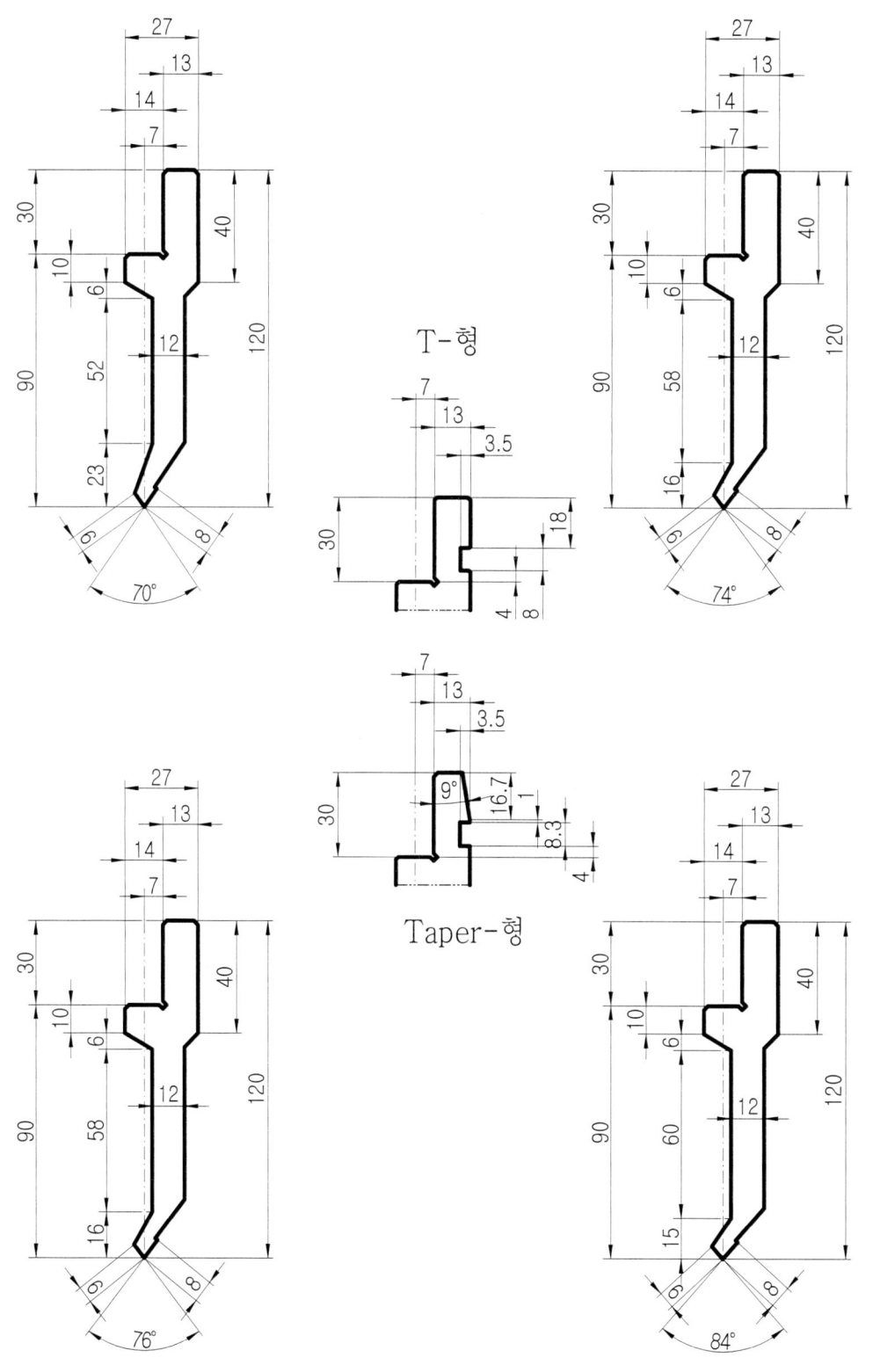

ㄱ(G)형 펀치

툴(Tool) 펀치
P6-074

기계의 작동 거리(스트로크, Stroke)가 적은 경우 사용하거나, 때에 따라 제품의 형상 때문에 다이가 높아질 경우 펀치의 높이를 줄여서 사용하는 제품입니다. 경우에 따라 H80에서 H100으로 높이를 만듭니다.

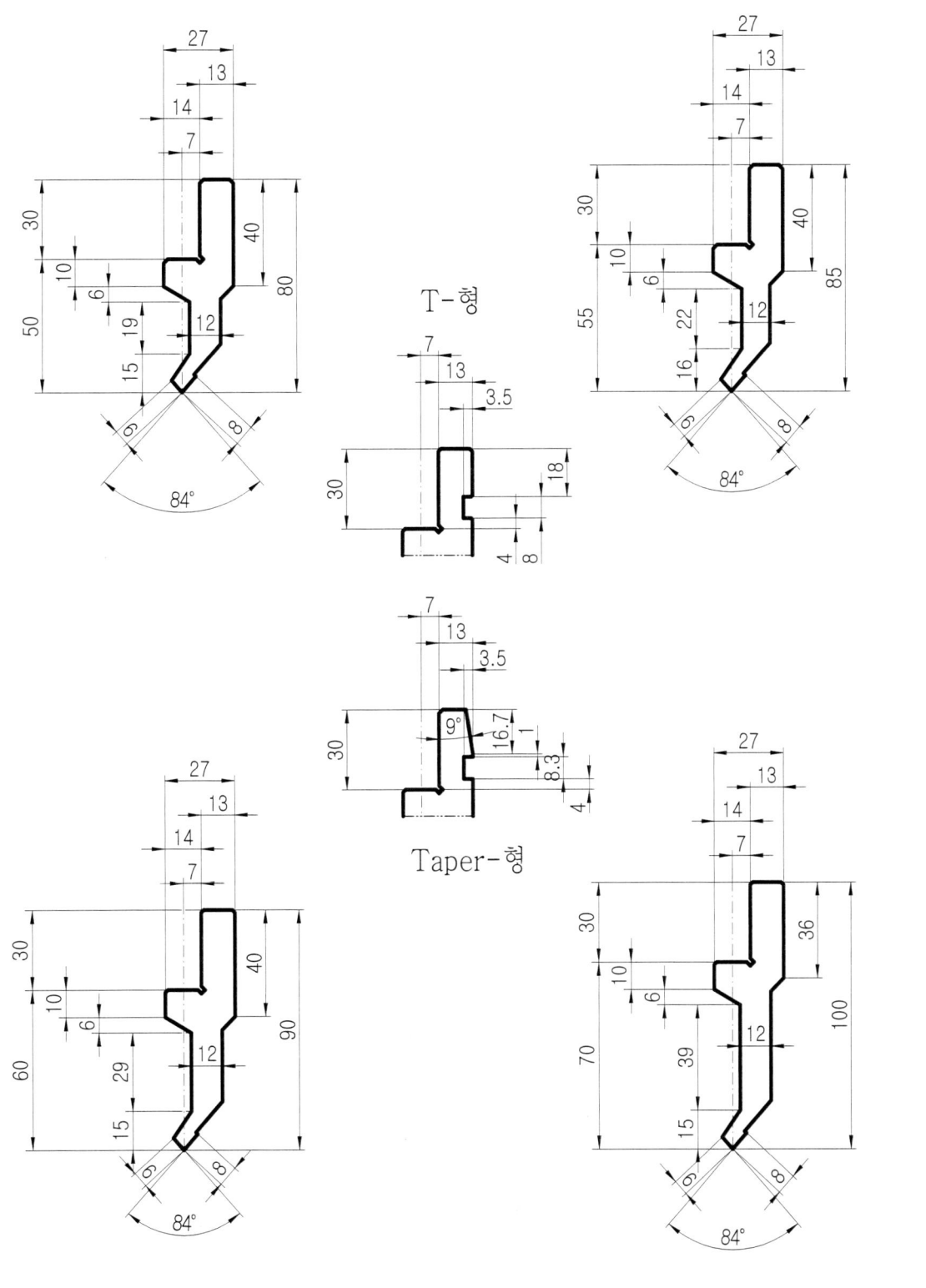

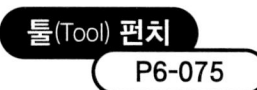

ㄱ(G)형 펀치

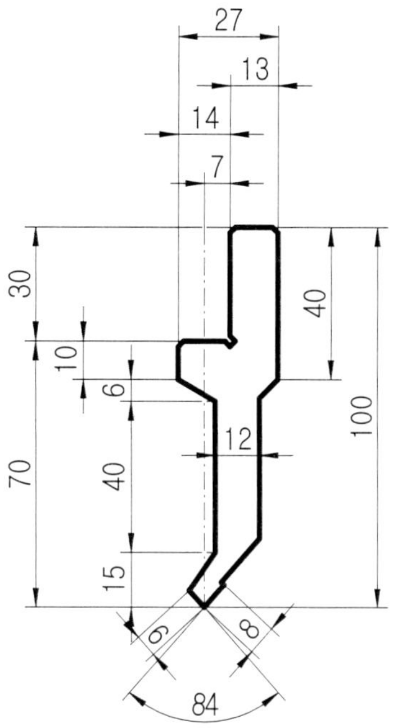

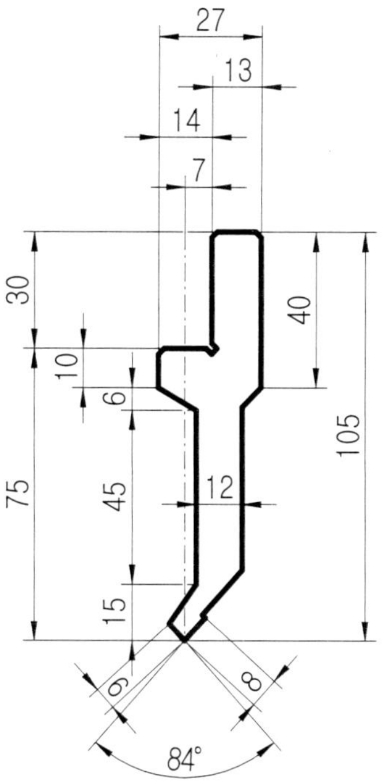

T-형

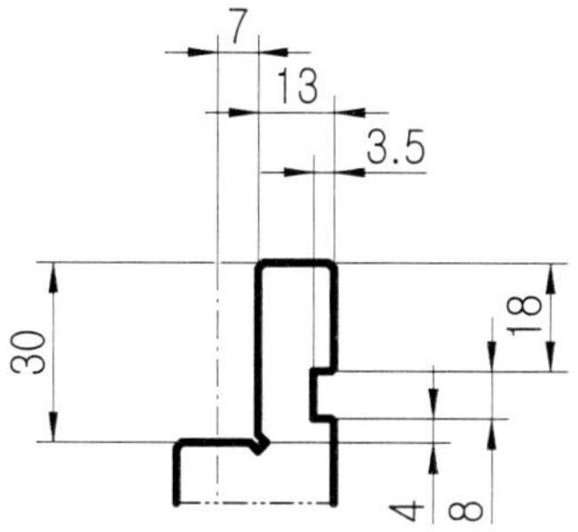

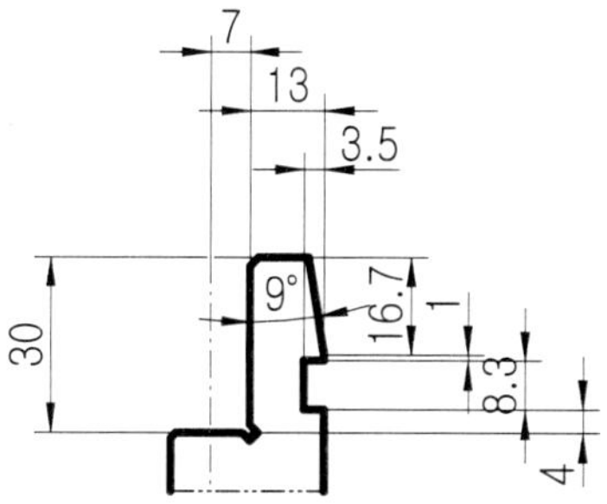

Taper-형

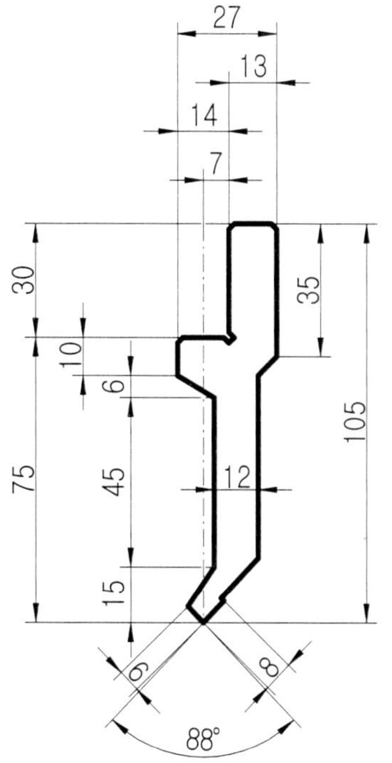

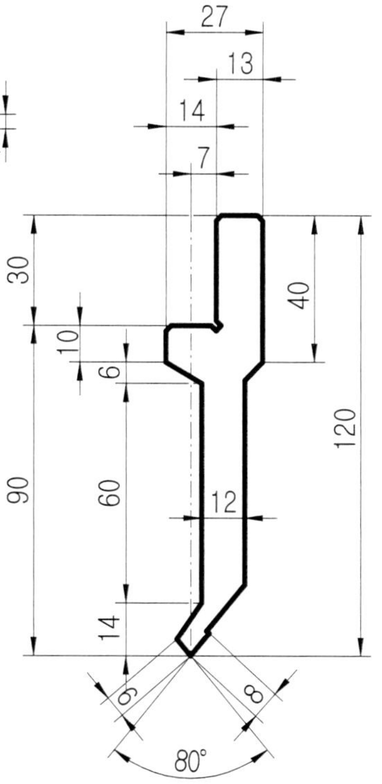

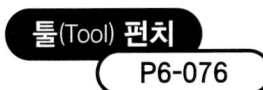

ㄱ(G)형 펀치

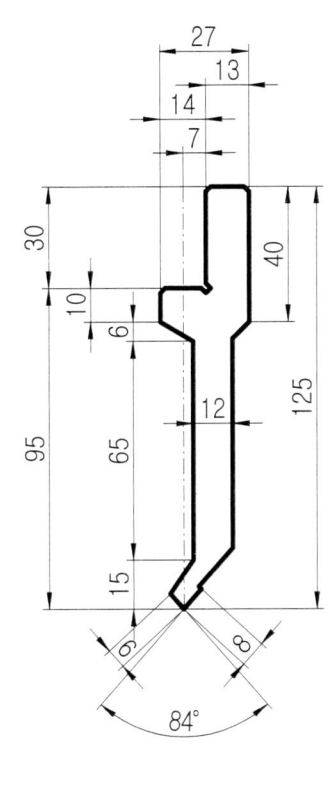
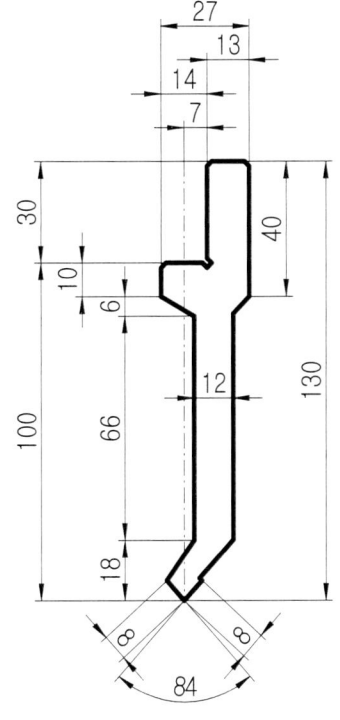

T-형
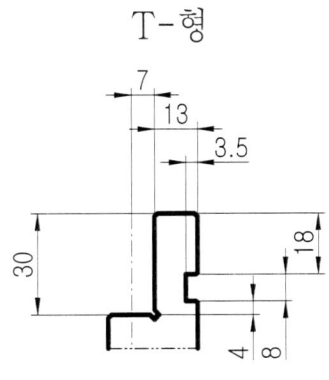

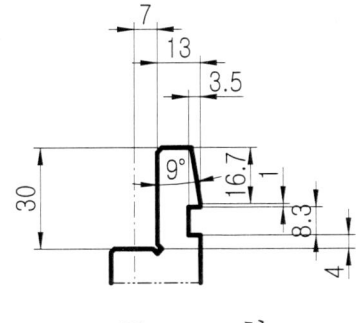
Taper-형

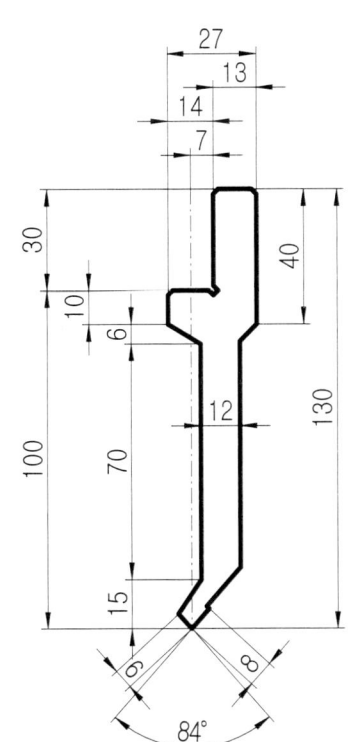
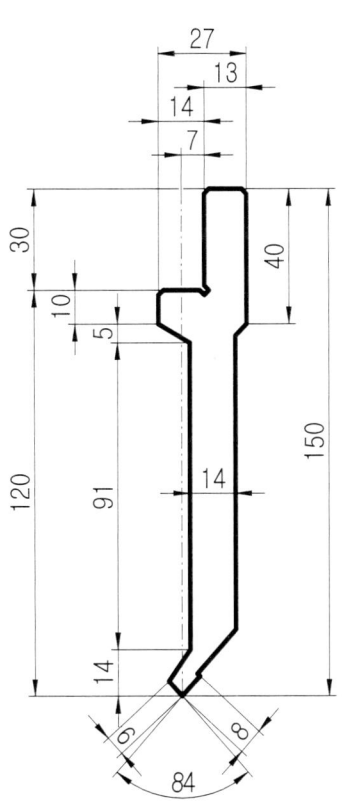

ㄷ(D)형 펀치

툴(Tool) 펀치 P6-077

굽힘 제품의 ㄷ 형상 날개 부분이 안쪽으로 깊이 접히는 굽힘 제품의 펀치(Punch) 제품입니다.

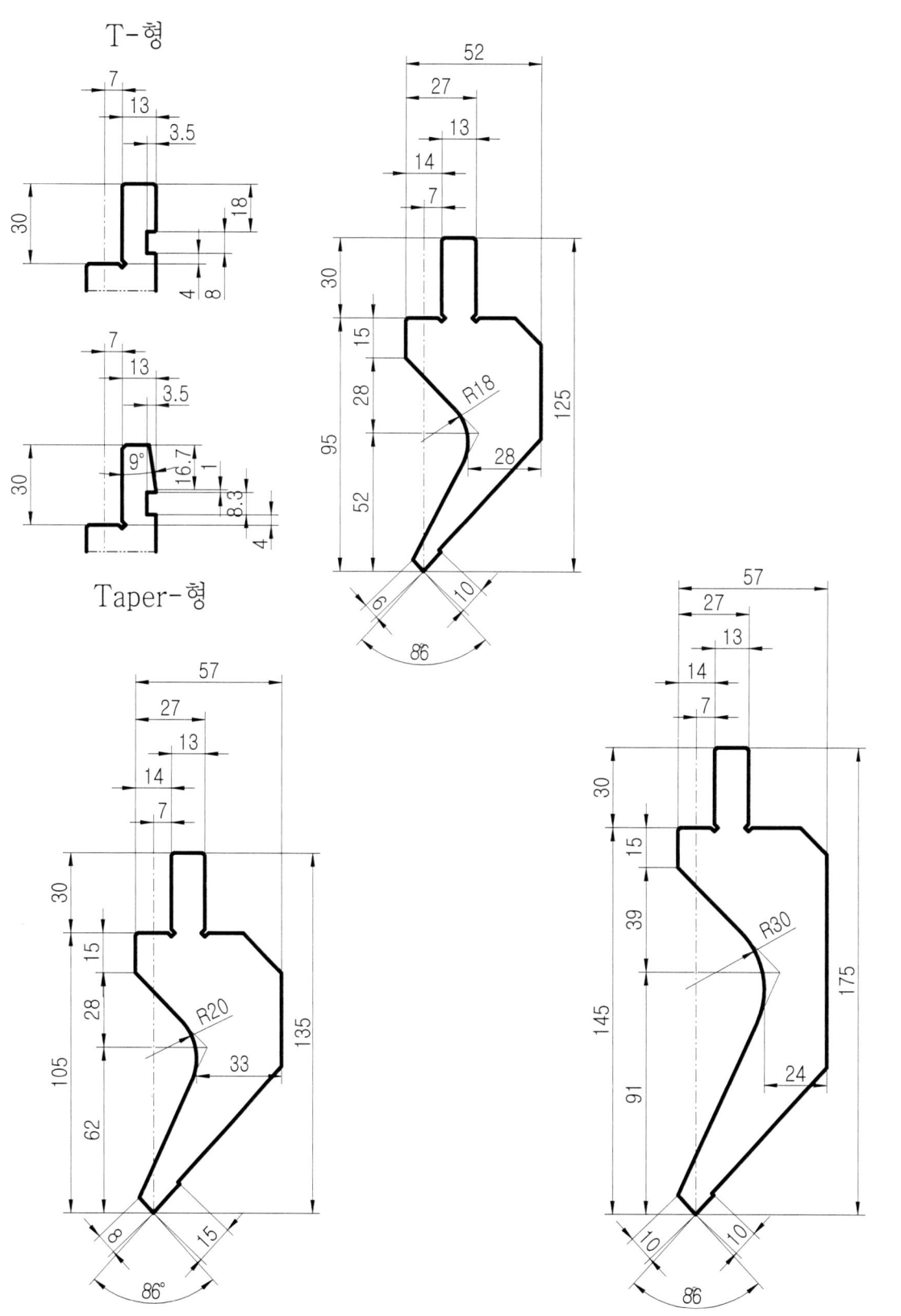

ㄷ(D)형 펀치

P6-078

ㄷ(D)형 펀치 기본형에서 R의 형상에 따른 변화 형상을 나타낸 것입니다.

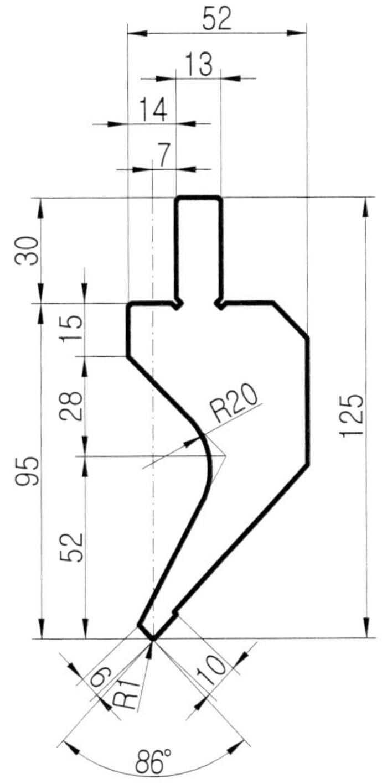

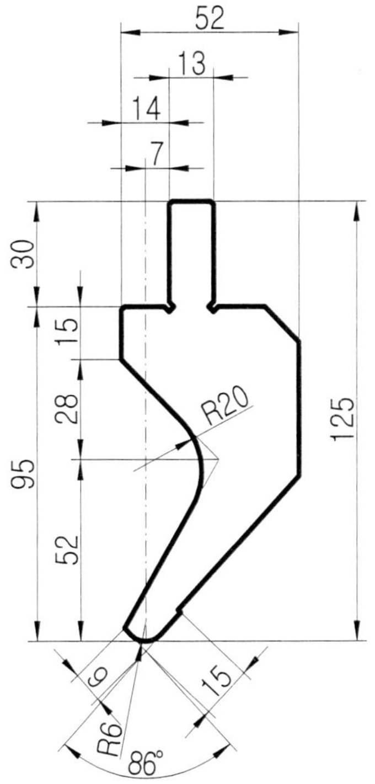

T-형

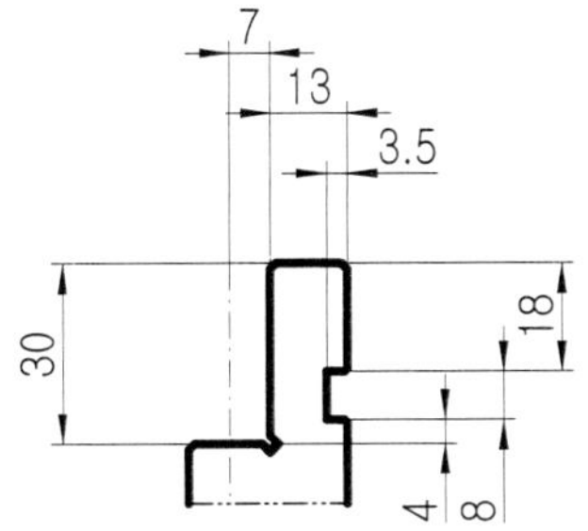

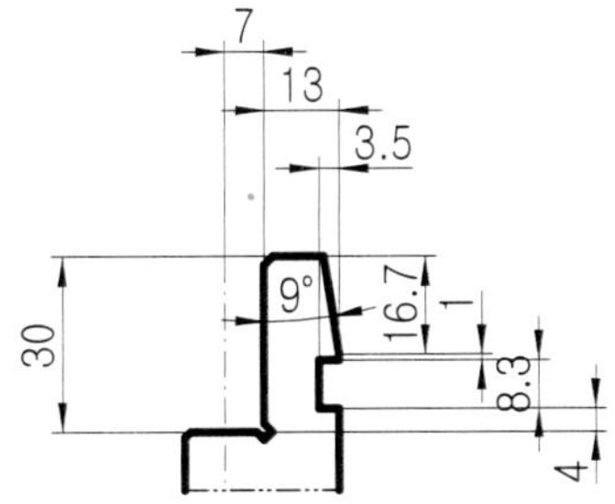

Taper-형

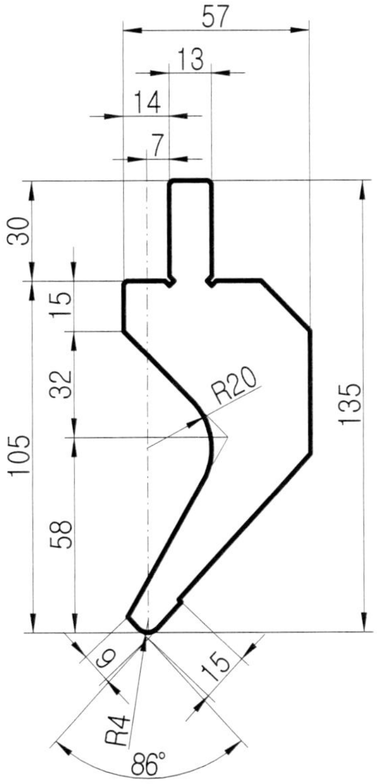

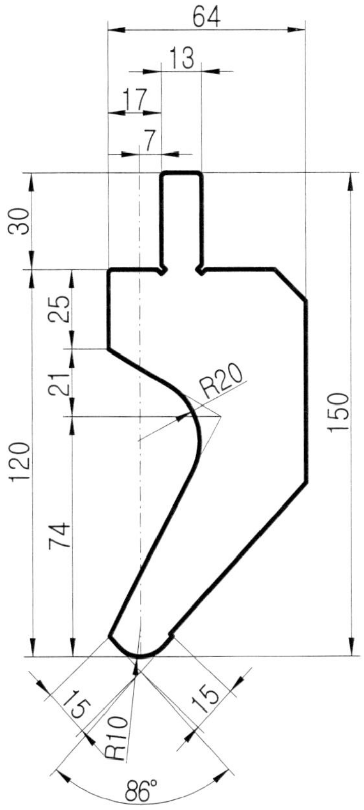

ㄷ(D)형 펀치

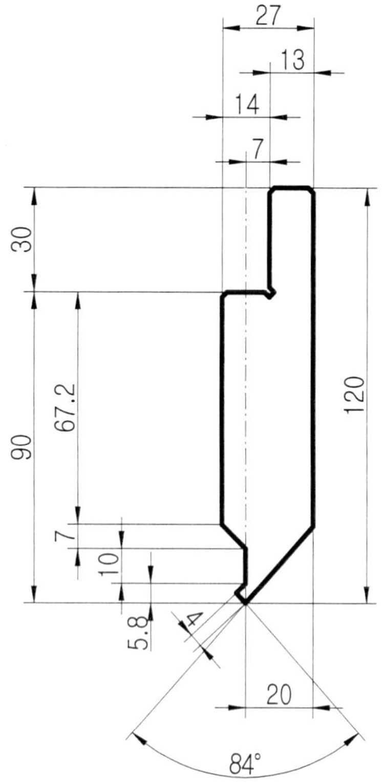

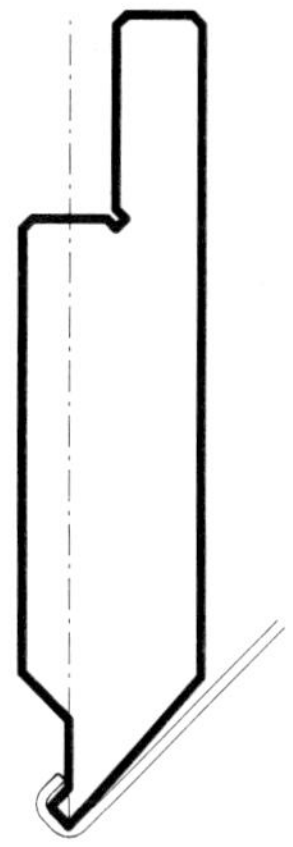

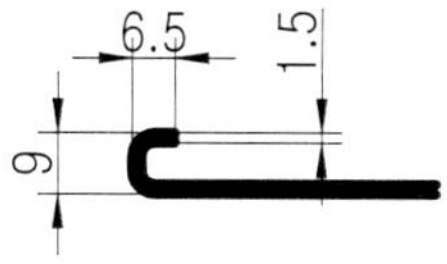

1.5t ㄷ형 굽힘 제품입니다.
제품도의 간섭을 받지 않게
접을 수 있는 제품입니다.

T-형

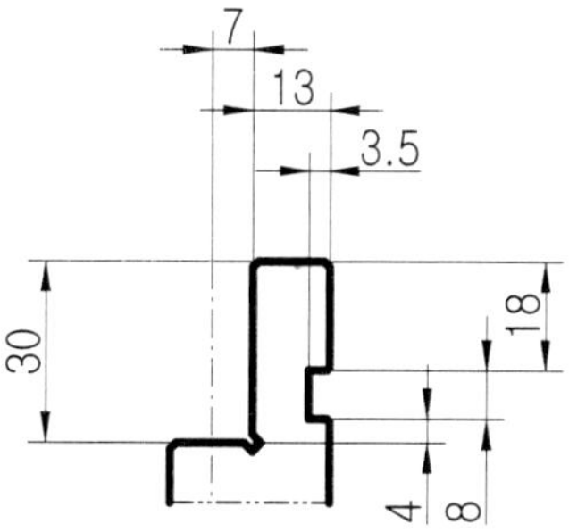

Taper-형

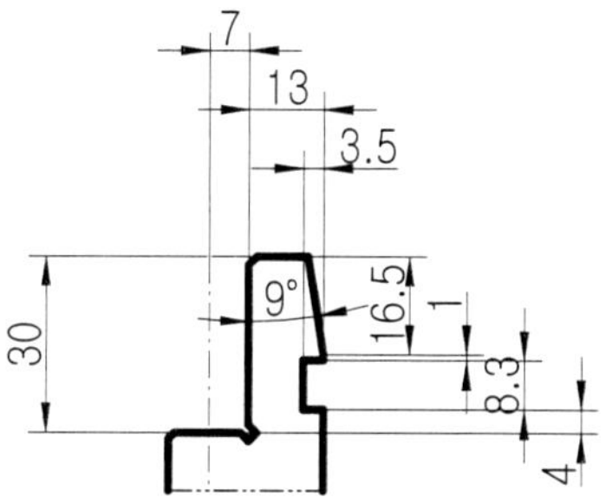

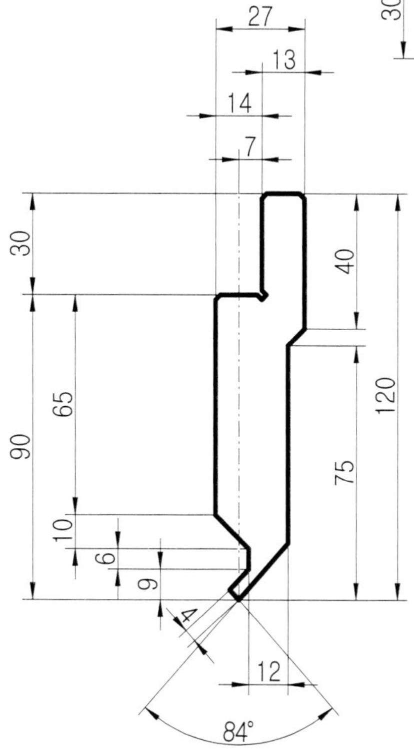

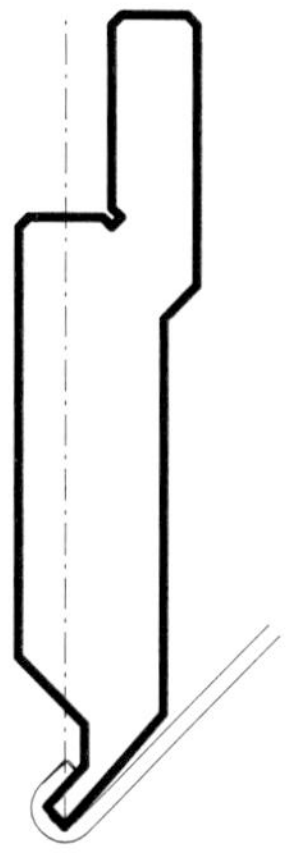

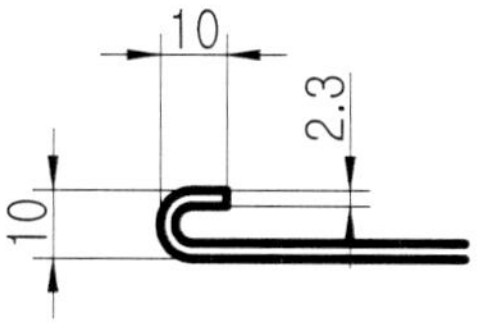

2.3t ㄷ형 굽힘 제품입니다.
제품도의 간섭을 받지 않게
접을 수 있는 제품입니다.

ㄷ(D)형 펀치

툴(Tool) 펀치 P6-080

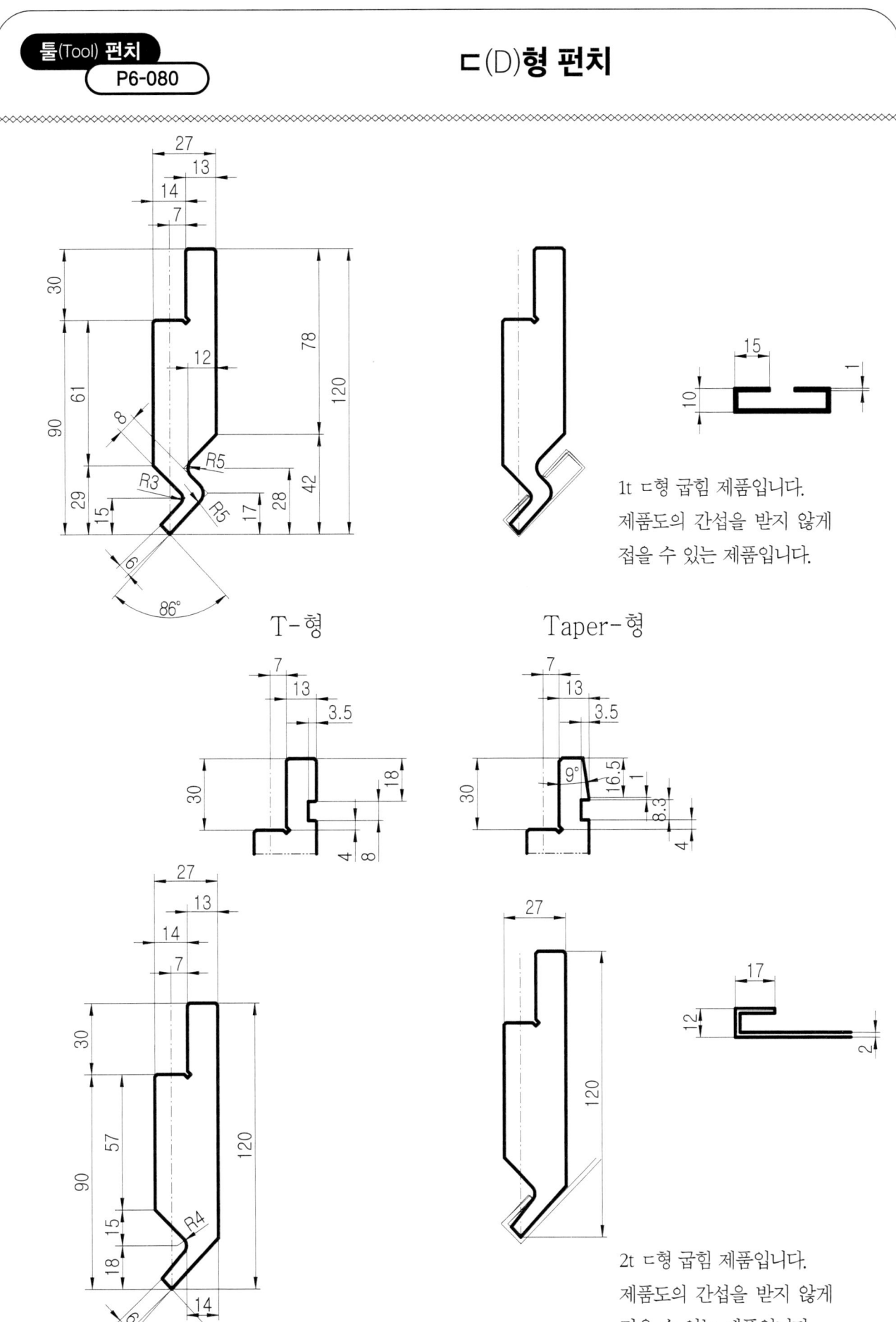

1t ㄷ형 굽힘 제품입니다.
제품도의 간섭을 받지 않게
접을 수 있는 제품입니다.

T-형   Taper-형

2t ㄷ형 굽힘 제품입니다.
제품도의 간섭을 받지 않게
접을 수 있는 제품입니다.

ㄷ(D)형 펀치

툴(Tool) 펀치
P6-081

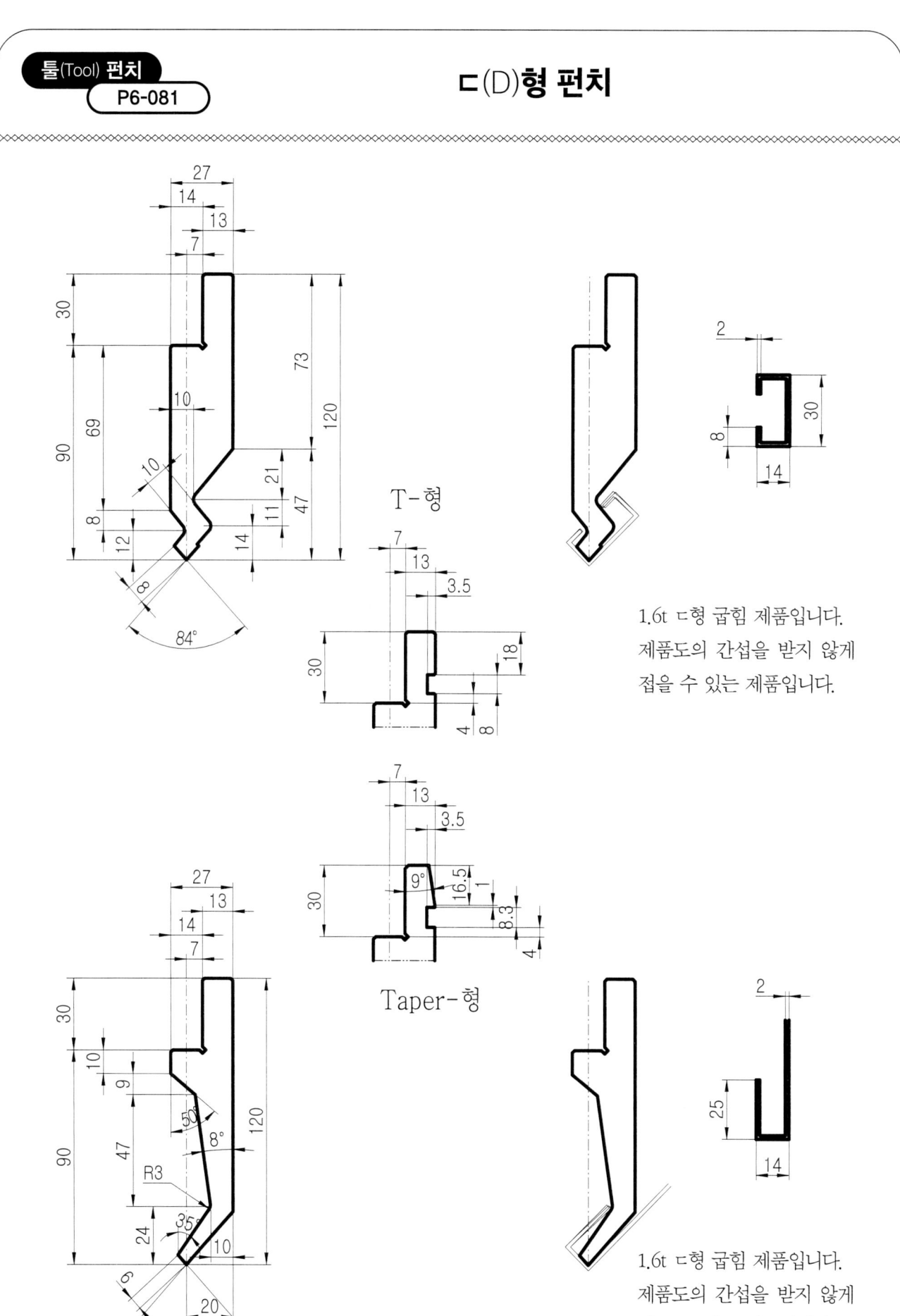

T-형

Taper-형

1.6t ㄷ형 굽힘 제품입니다.
제품도의 간섭을 받지 않게
접을 수 있는 제품입니다.

1.6t ㄷ형 굽힘 제품입니다.
제품도의 간섭을 받지 않게
접을 수 있는 제품입니다.

ㄷ(D)형 펀치

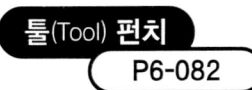

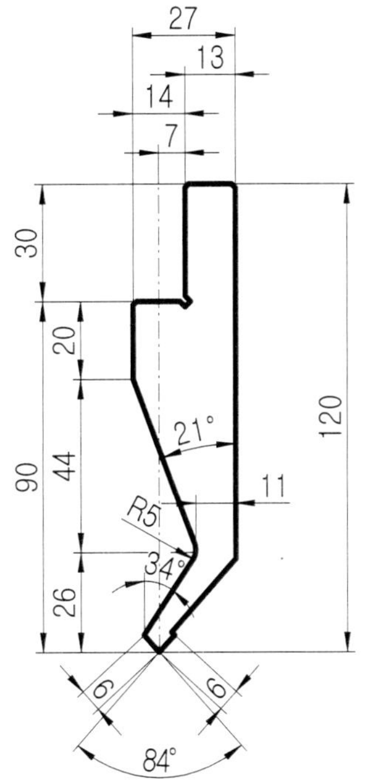

T-형

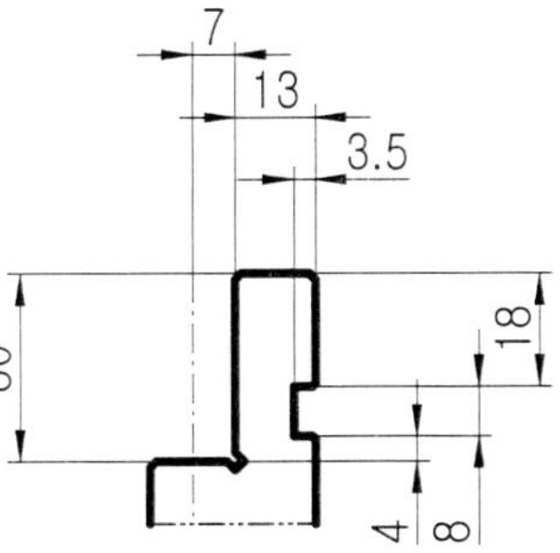

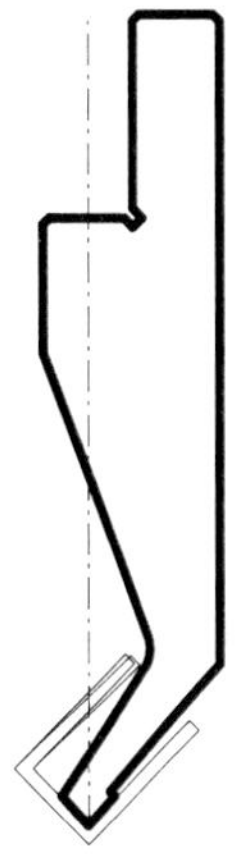

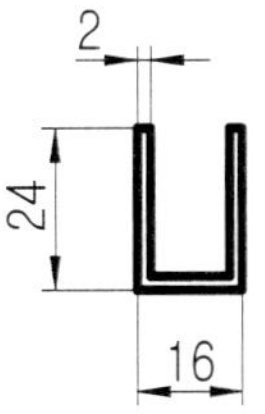

Taper-형

2t ㄷ형 굽힘 제품입니다.
제품도의 간섭을 받지 않게
접을 수 있는 제품입니다.

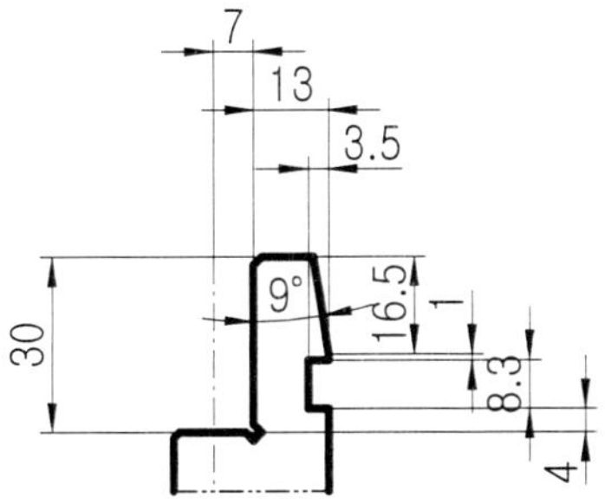

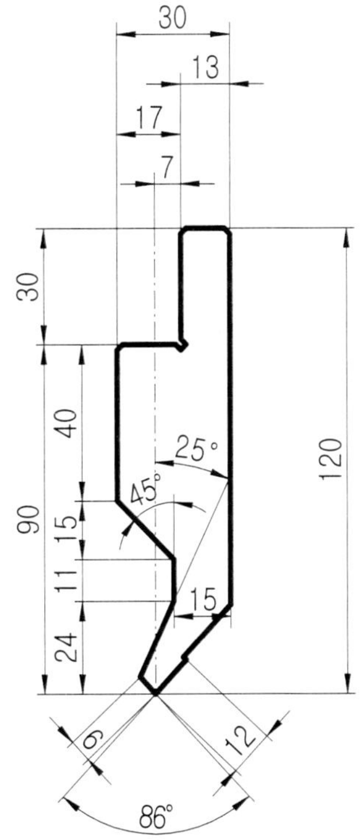

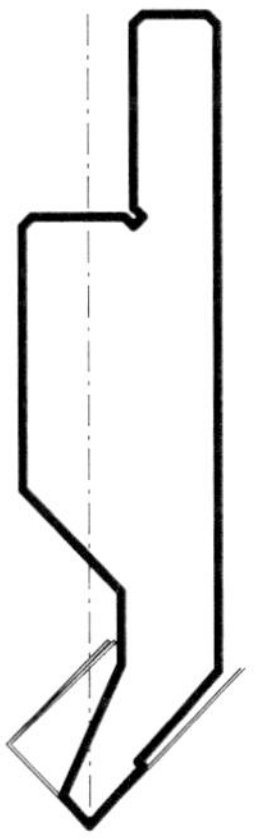

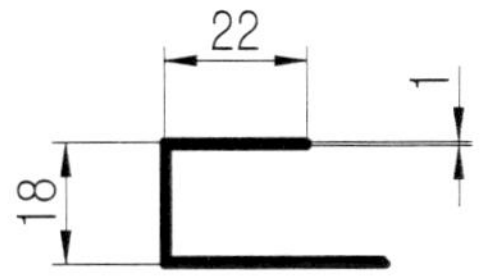

0.5t ㄷ형 굽힘 제품입니다.
제품도의 간섭을 받지 않게
접을 수 있는 제품입니다.

ㄷ(D)형 펀치

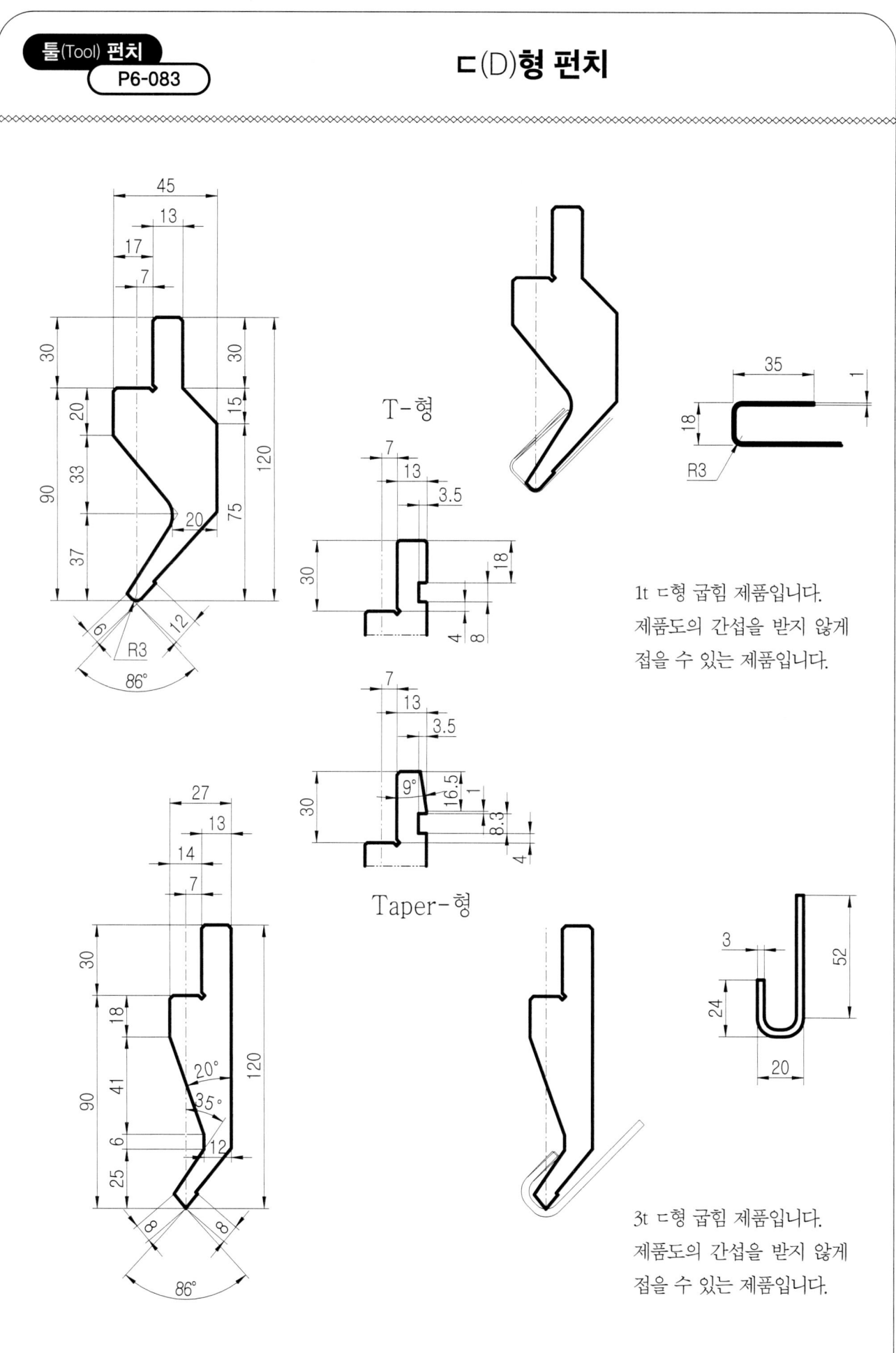

1t ㄷ형 굽힘 제품입니다.
제품도의 간섭을 받지 않게
접을 수 있는 제품입니다.

3t ㄷ형 굽힘 제품입니다.
제품도의 간섭을 받지 않게
접을 수 있는 제품입니다.

ㄷ(D)형 펀치

툴(Tool) 펀치 P6-084

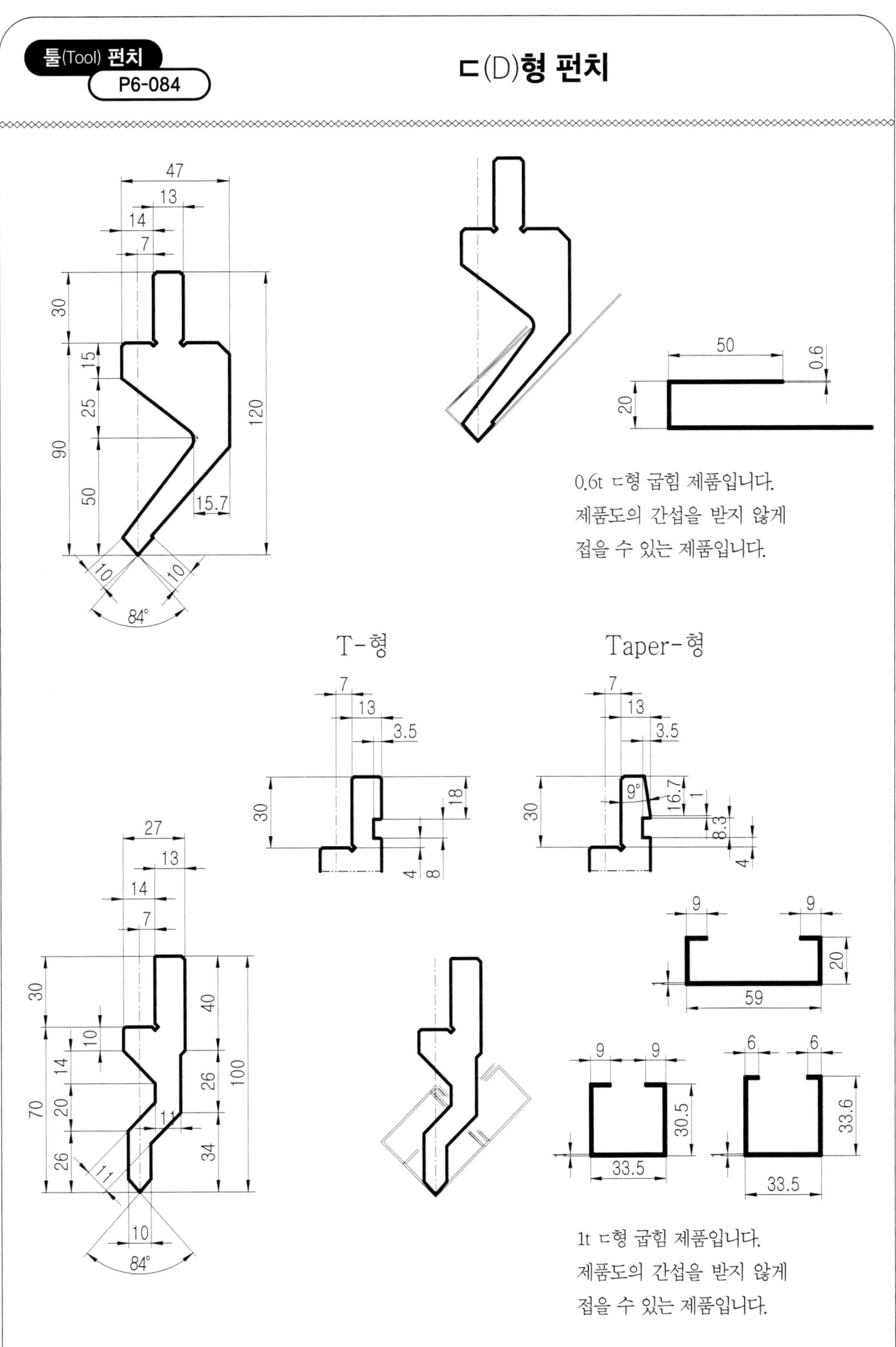

0.6t ㄷ형 굽힘 제품입니다.
제품도의 간섭을 받지 않게
접을 수 있는 제품입니다.

T-형   Taper-형

1t ㄷ형 굽힘 제품입니다.
제품도의 간섭을 받지 않게
접을 수 있는 제품입니다.

ㄷ(D)형 펀치

툴(Tool) 펀치 P6-085

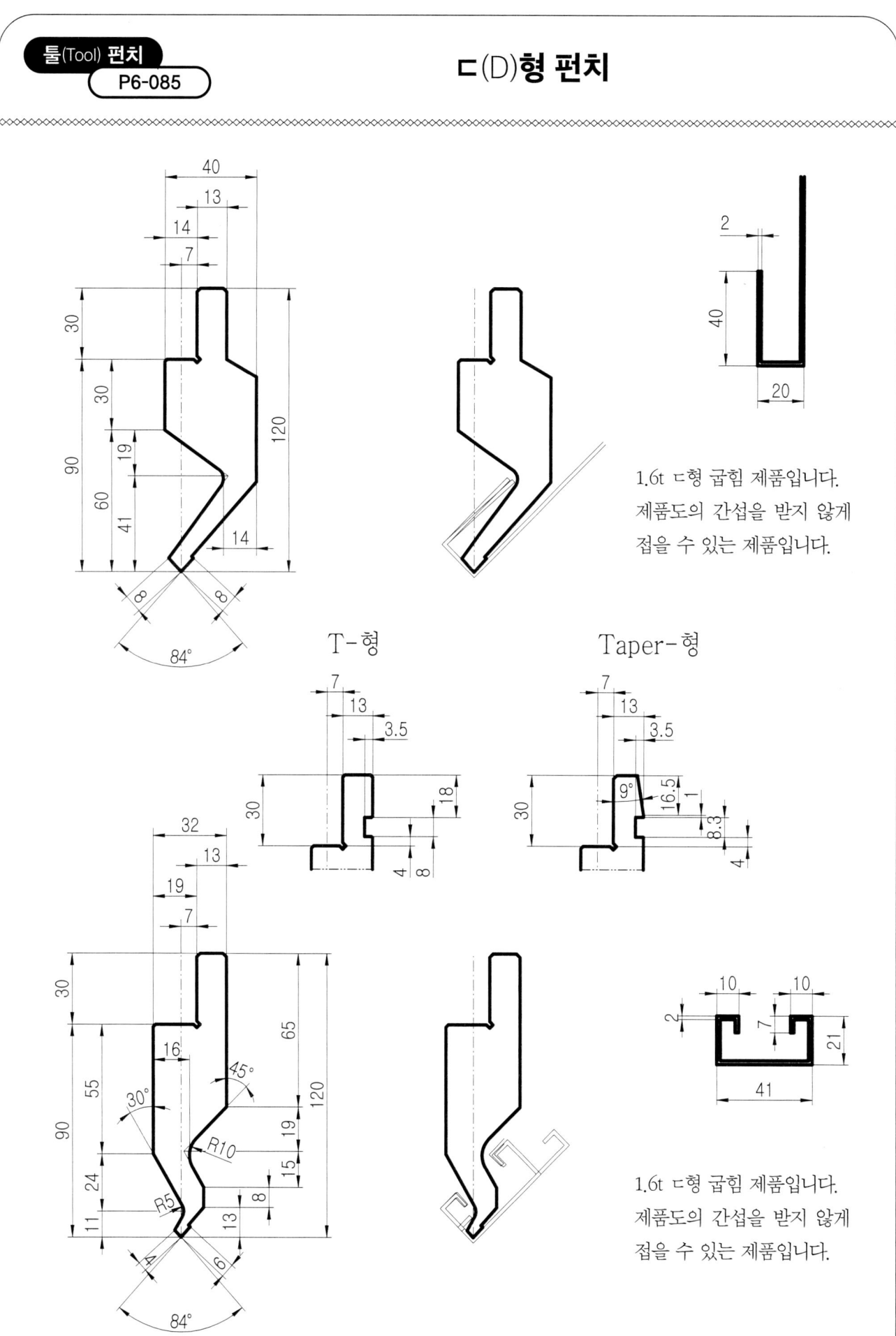

T-형

Taper-형

1.6t ㄷ형 굽힘 제품입니다.
제품도의 간섭을 받지 않게
접을 수 있는 제품입니다.

1.6t ㄷ형 굽힘 제품입니다.
제품도의 간섭을 받지 않게
접을 수 있는 제품입니다.

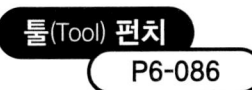

ㄷ(D)형 펀치

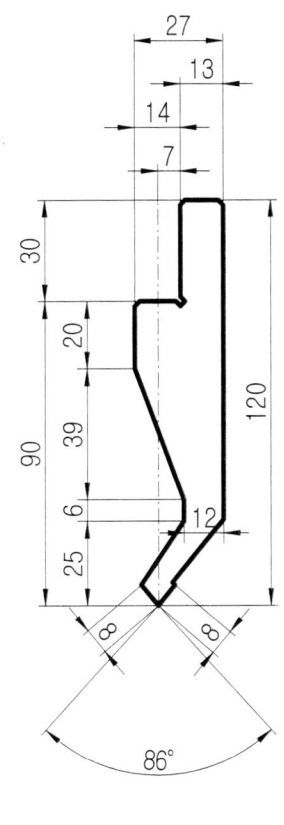
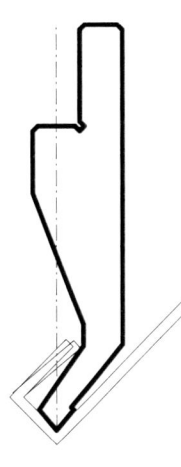
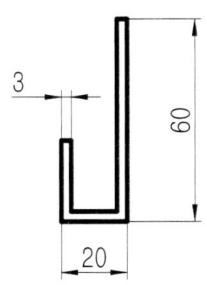

3t ㄷ형 굽힘 제품입니다.
제품도의 간섭을 받지 않게
접을 수 있는 제품입니다.

T-형
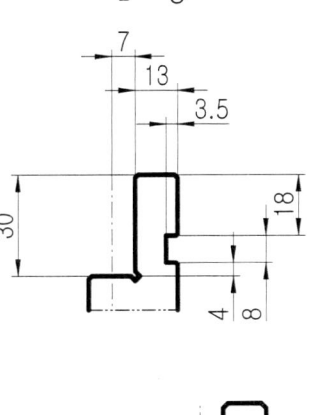

Taper-형
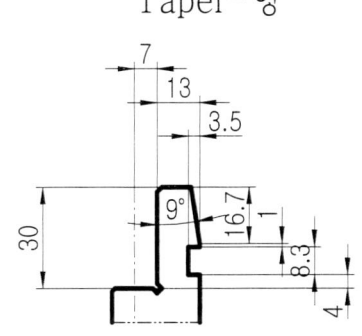

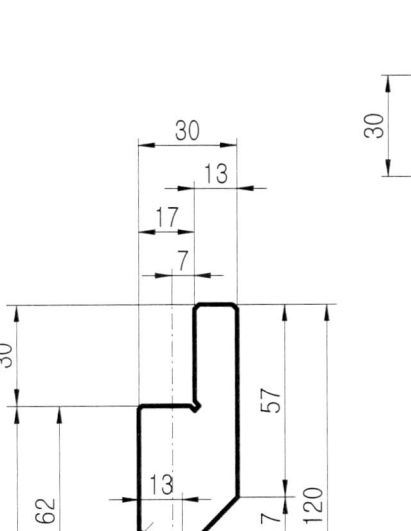
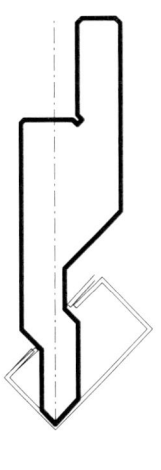
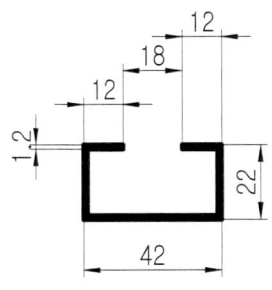

1.2t ㄷ형 굽힘 제품입니다.
제품도의 간섭을 받지 않게
접을 수 있는 제품입니다.

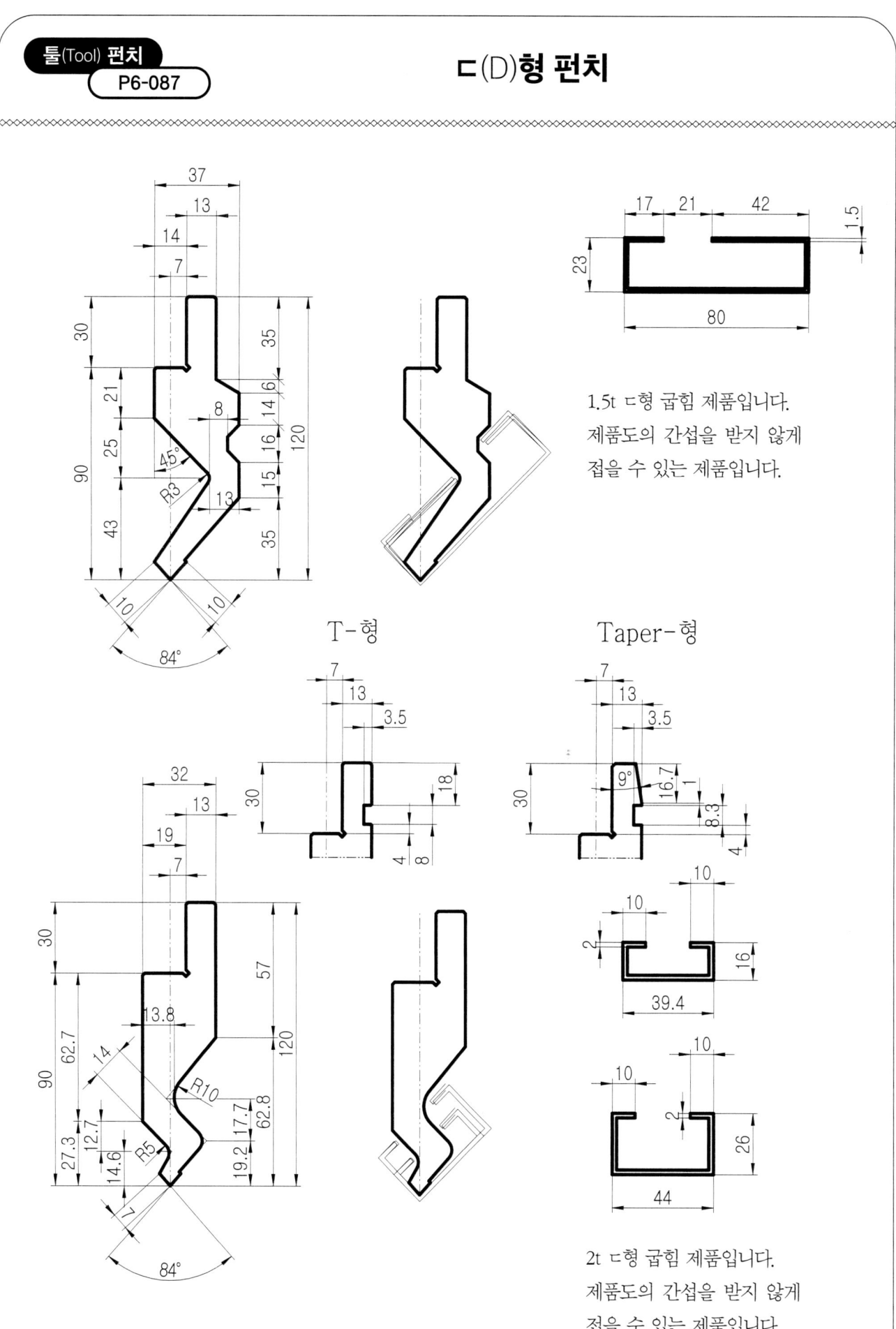

ㄷ(D)형 펀치

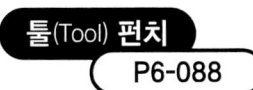
툴(Tool) 펀치
P6-088

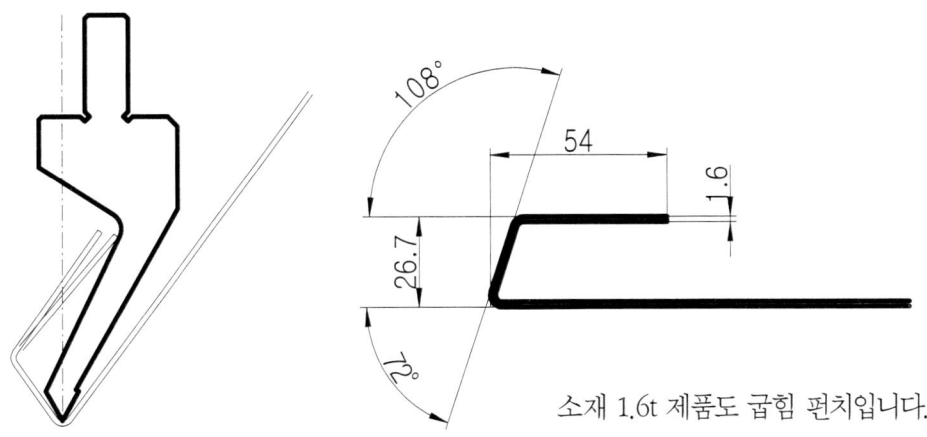

소재 1.6t 제품도 굽힘 펀치입니다.

T-형 / Taper-형

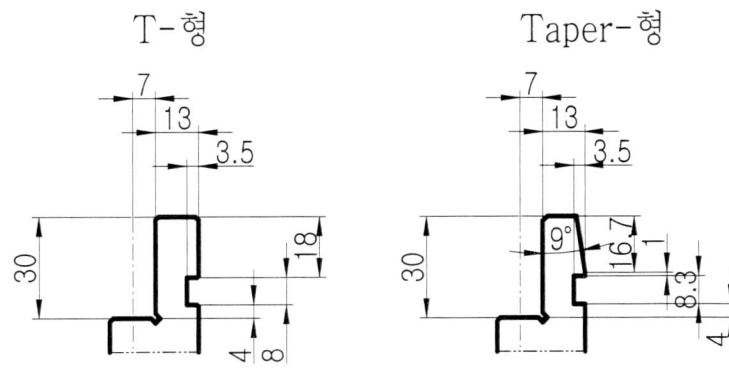

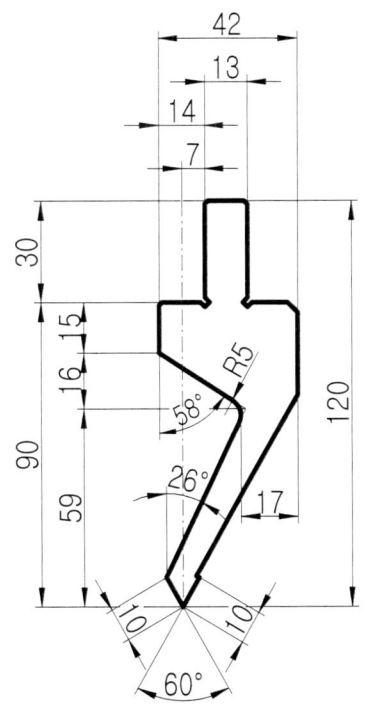

ㄷ(D)형 펀치

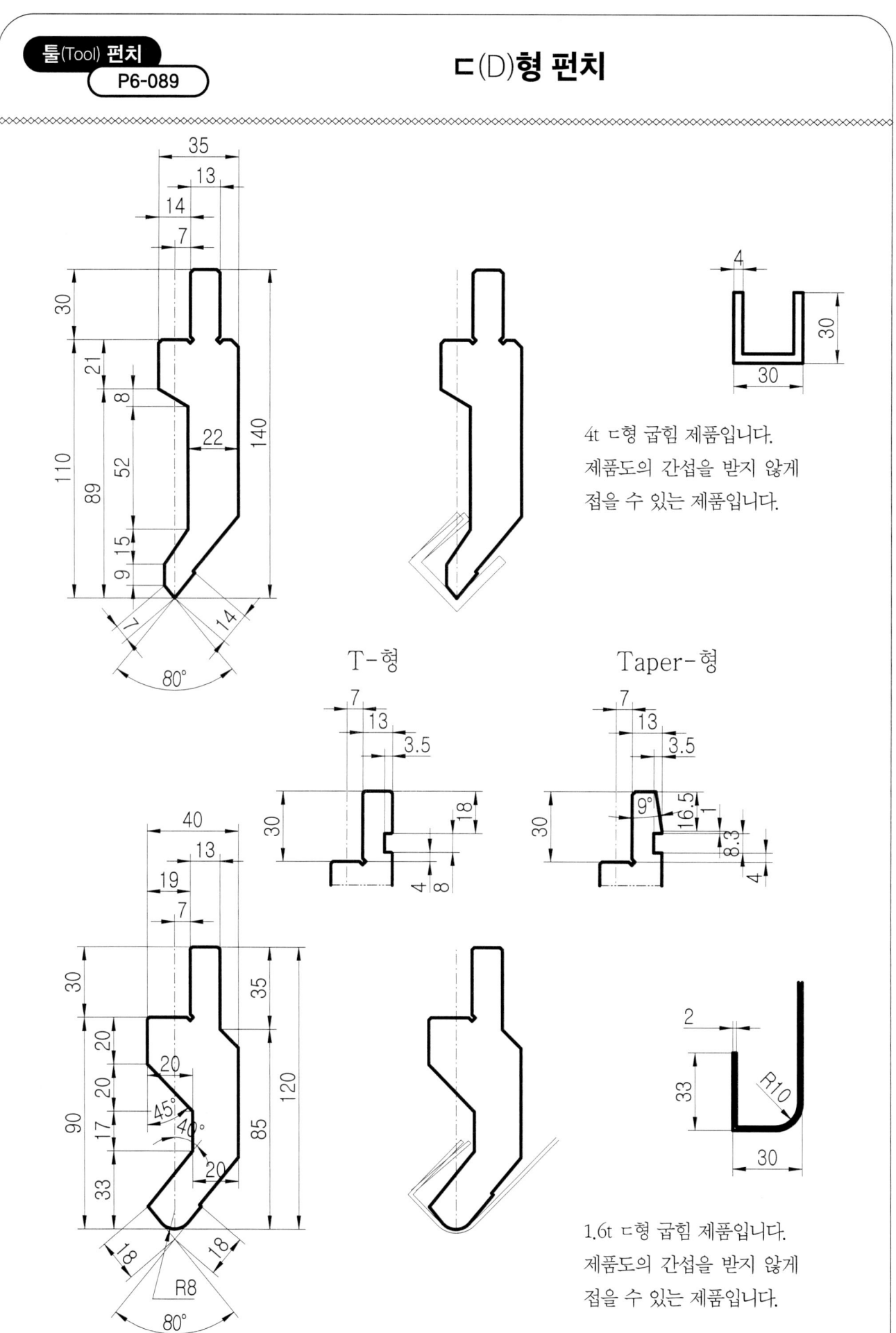

4t ㄷ형 굽힘 제품입니다.
제품도의 간섭을 받지 않게
접을 수 있는 제품입니다.

T-형

Taper-형

1.6t ㄷ형 굽힘 제품입니다.
제품도의 간섭을 받지 않게
접을 수 있는 제품입니다.

ㄷ(D)형 펀치

툴(Tool) 펀치 P6-090

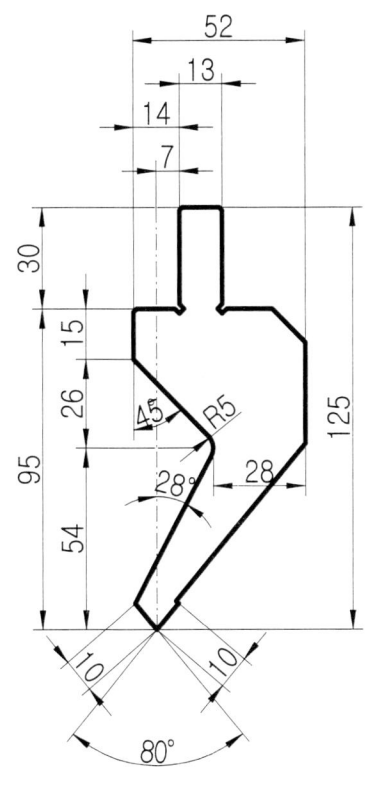
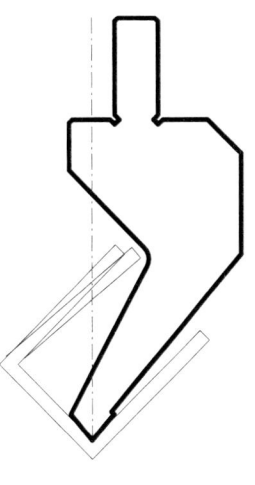
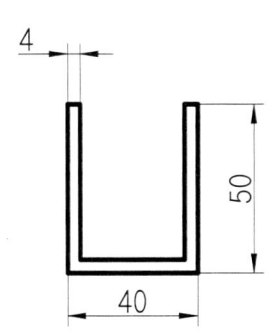

1.6t ㄷ형 굽힘 제품입니다.
제품도의 간섭을 받지 않게
접을 수 있는 제품입니다.

T-형   Taper-형

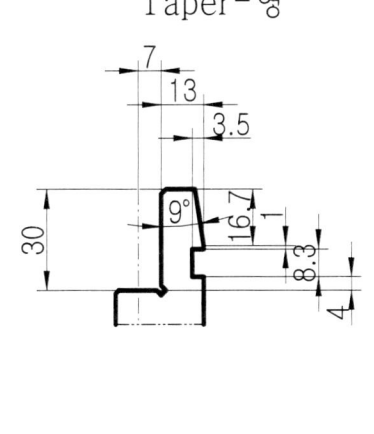

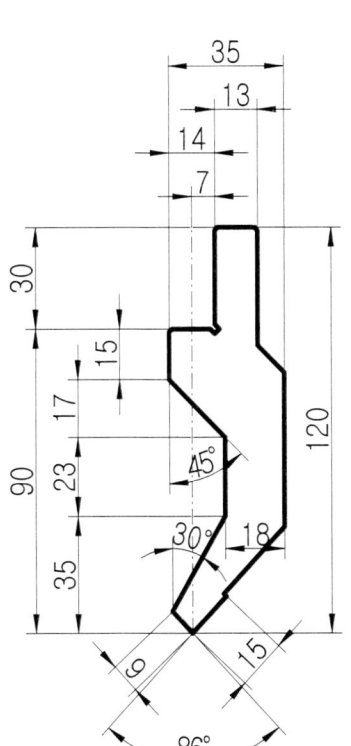
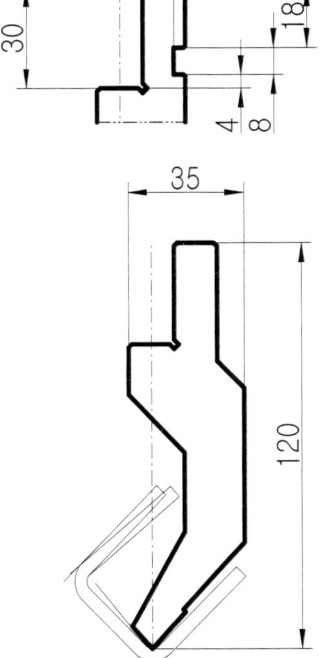
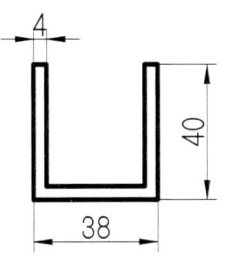

4t ㄷ형 굽힘 제품입니다.
제품도의 간섭을 받지 않게
접을 수 있는 제품입니다.

ㄷ(D)형 펀치

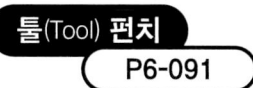

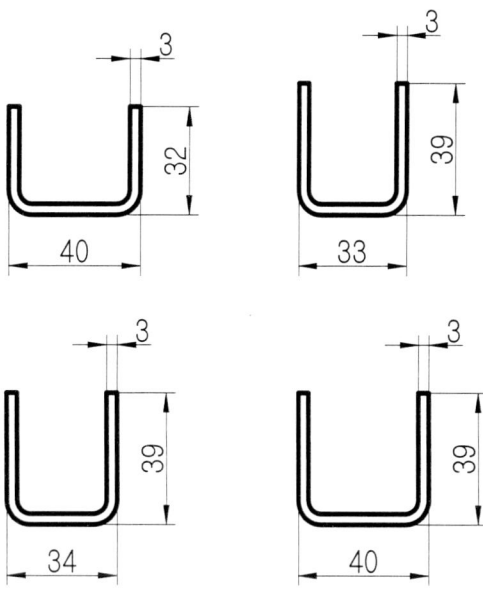

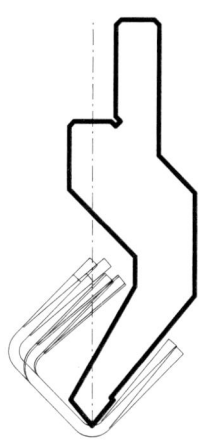

3.2t ㄷ형 굽힘 제품입니다.
제품도의 간섭을 받지 않게
접을 수 있는 제품입니다.

T-형

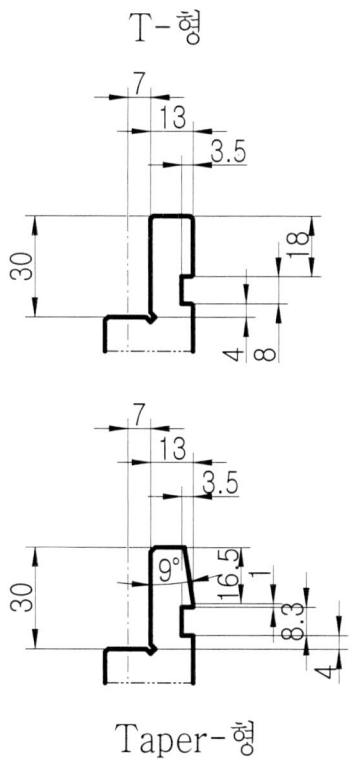

Taper-형

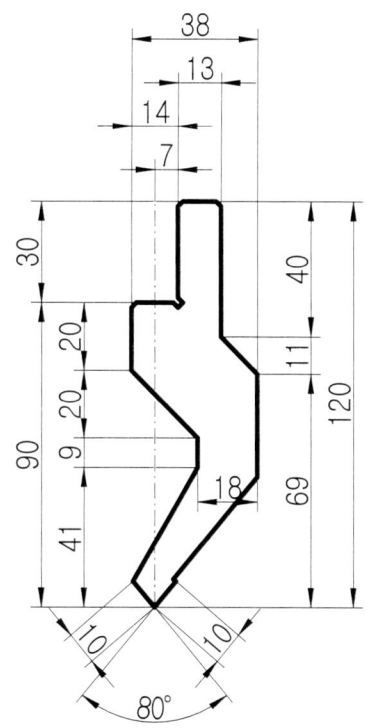

ㄷ(D)형 펀치

툴(Tool) 펀치 P6-092

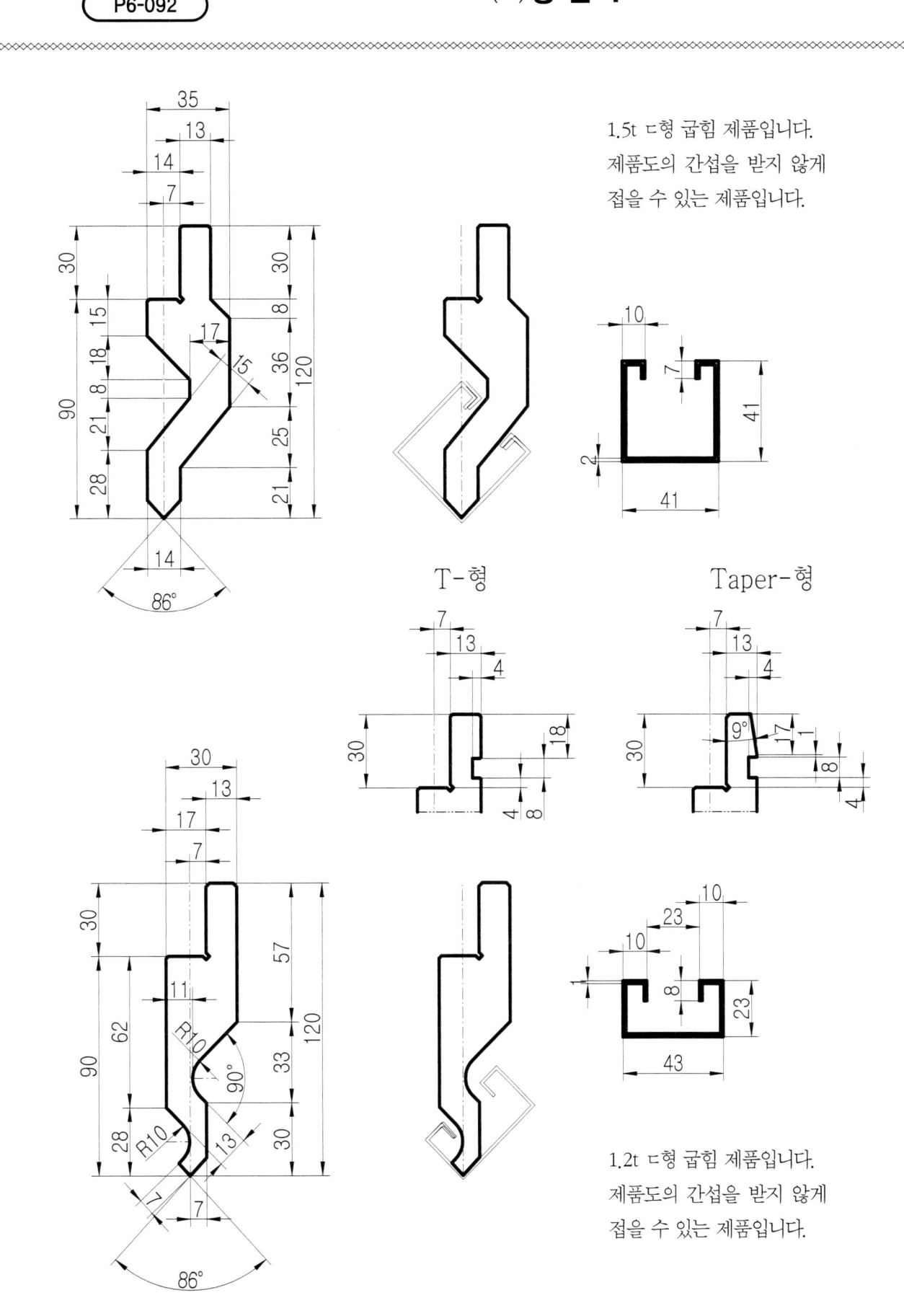

1.5t ㄷ형 굽힘 제품입니다.
제품도의 간섭을 받지 않게
접을 수 있는 제품입니다.

T-형   Taper-형

1.2t ㄷ형 굽힘 제품입니다.
제품도의 간섭을 받지 않게
접을 수 있는 제품입니다.

ㄷ(D)형 펀치

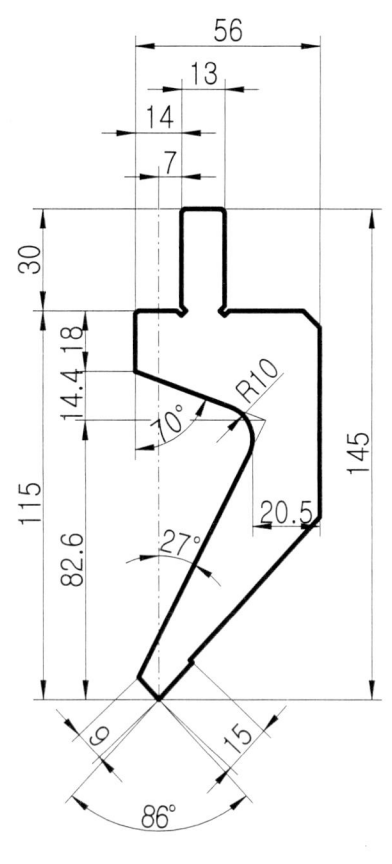

2t ㄷ형 굽힘 제품입니다.
제품도의 간섭을 받지 않게
접을 수 있는 제품입니다.

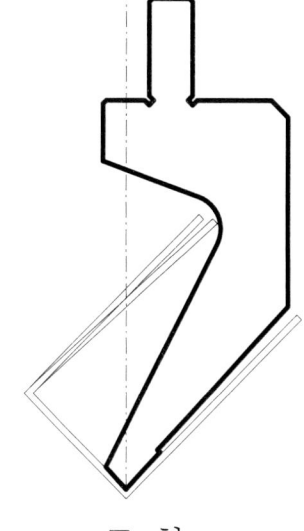

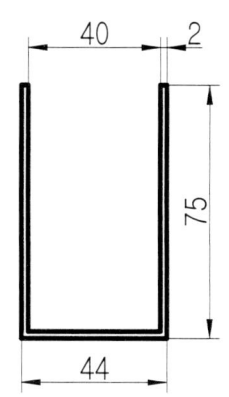

T-형

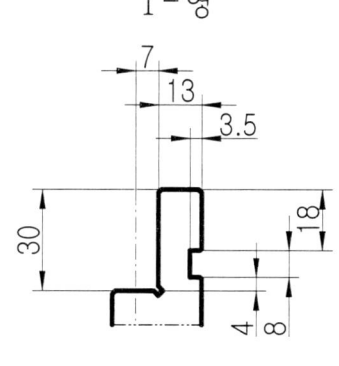

Taper-형

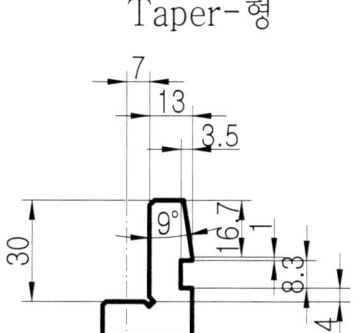

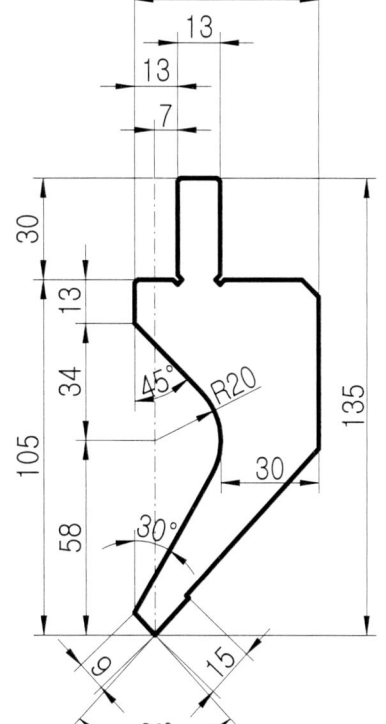

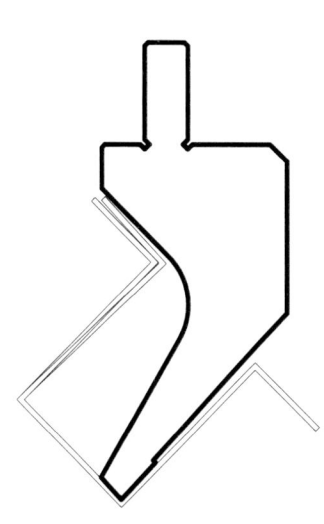

2t ㄷ형 굽힘 제품입니다.
제품도의 간섭을 받지 않게
접을 수 있는 제품입니다.

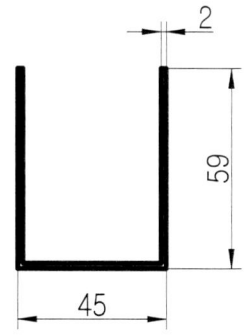

ㄷ(D)형 펀치

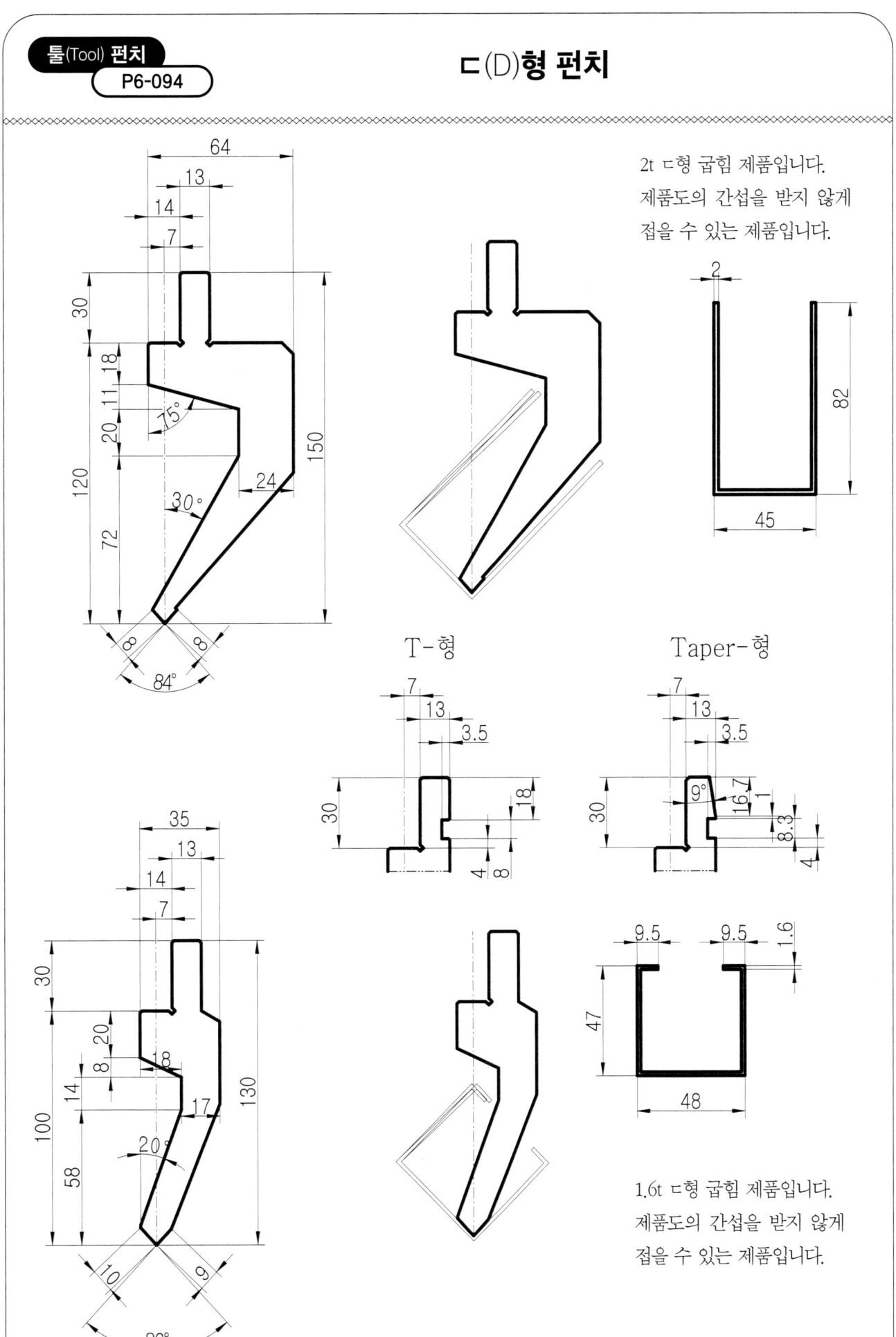

2t ㄷ형 굽힘 제품입니다.
제품도의 간섭을 받지 않게
접을 수 있는 제품입니다.

T-형   Taper-형

1.6t ㄷ형 굽힘 제품입니다.
제품도의 간섭을 받지 않게
접을 수 있는 제품입니다.

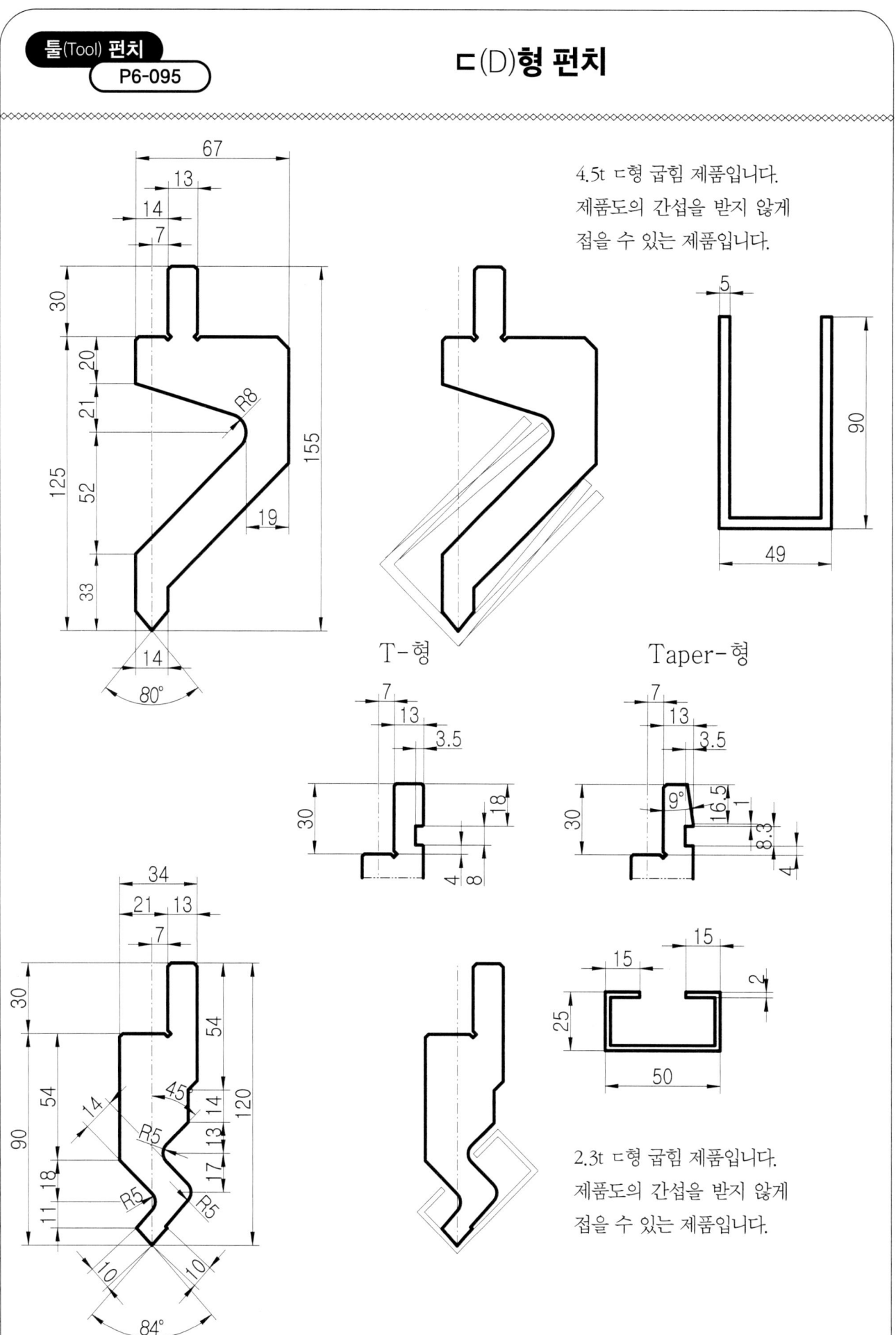

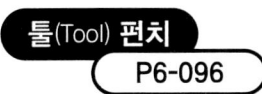

ㄷ(D)형 펀치

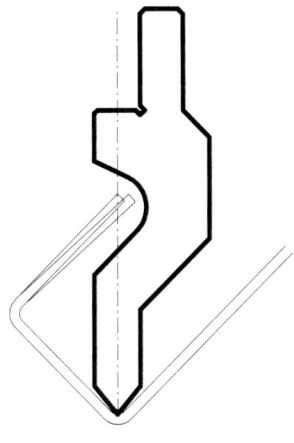
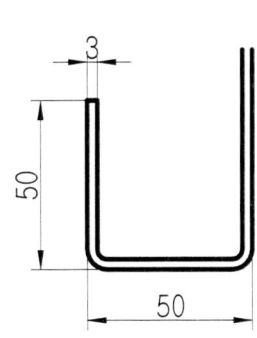

3t ㄷ형 굽힘 제품입니다.
제품도의 간섭을 받지 않게
접을 수 있는 제품입니다.

T-형

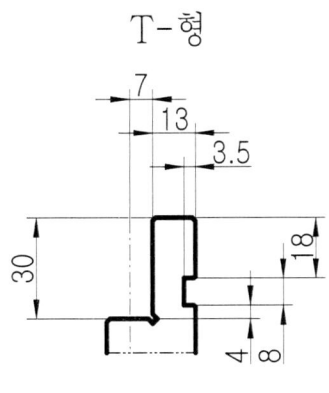

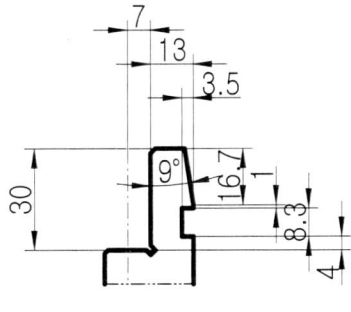

Taper-형

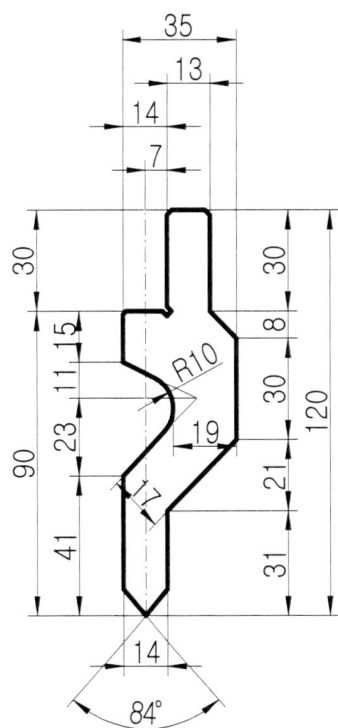

툴(Tool) 펀치
P6-097

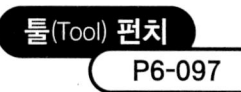

ㄷ(D)형 펀치

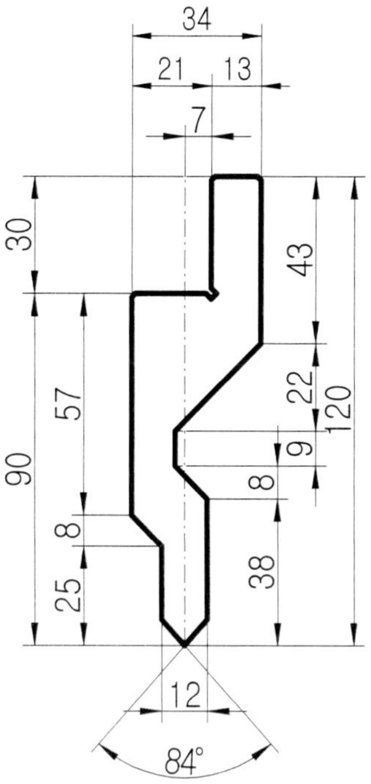

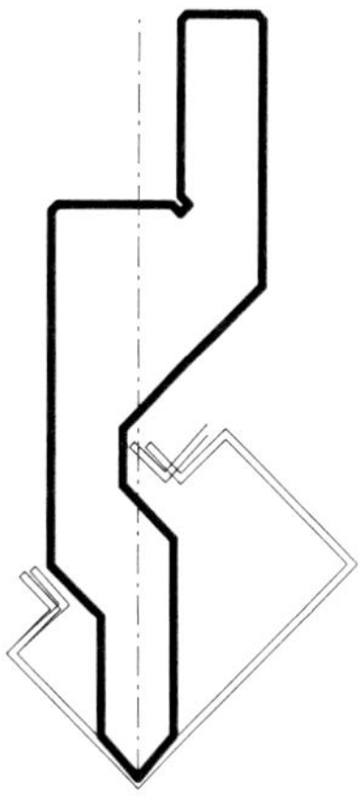

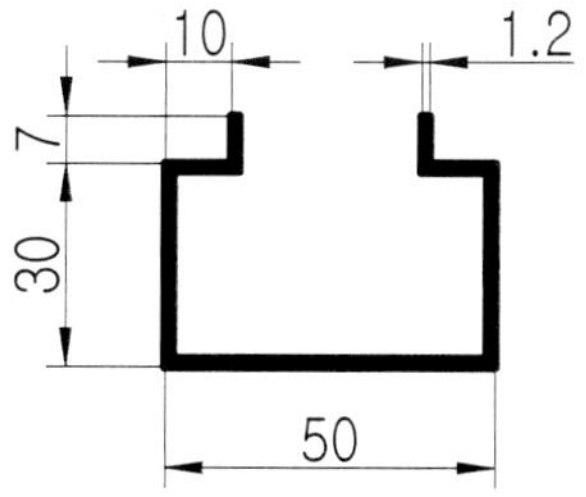

1.2t ㄷ형 굽힘 제품입니다.
제품도의 간섭을 받지 않게
접을 수 있는 제품입니다.

T-형

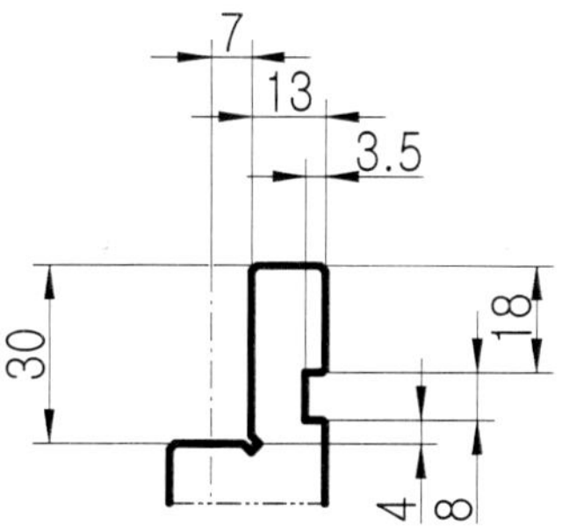

Taper-형

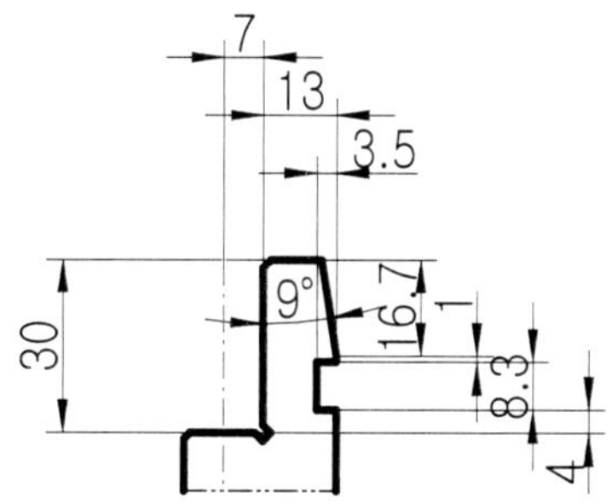

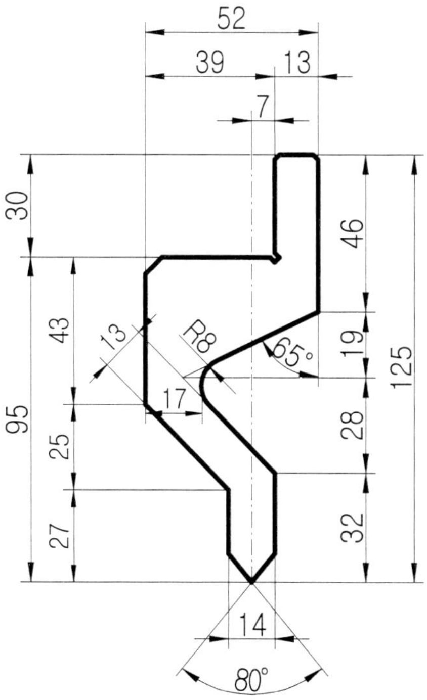

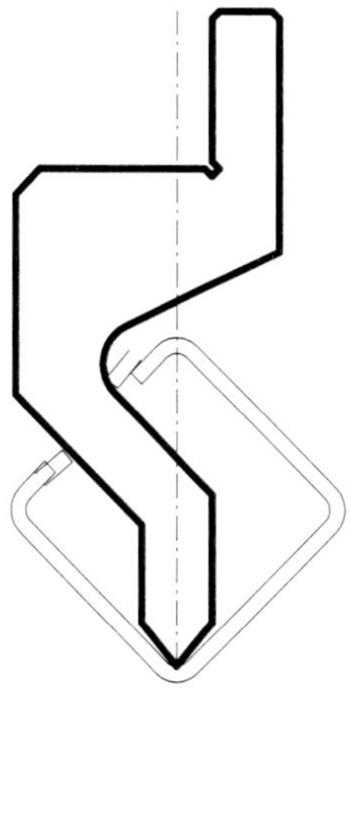

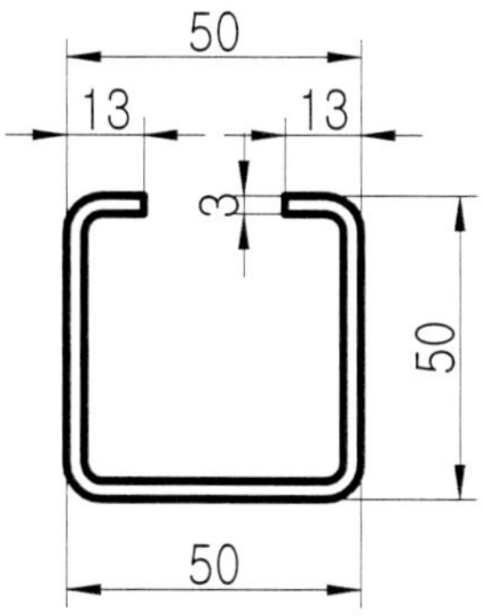

3t ㄷ형 굽힘 제품입니다.
제품도의 간섭을 받지 않게
접을 수 있는 제품입니다.

ㄷ(D)형 펀치

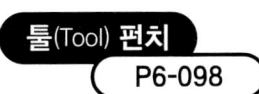

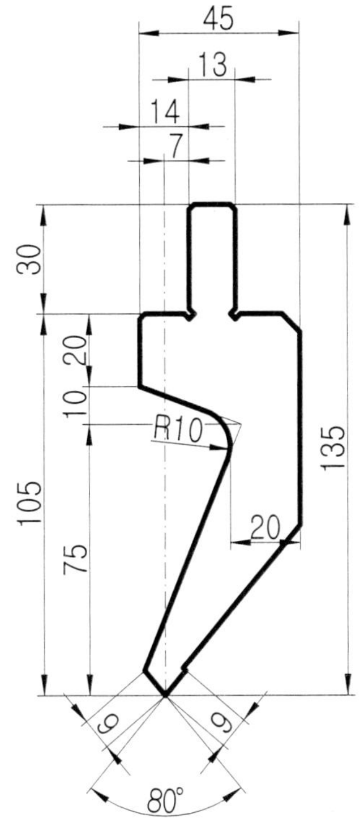

4t ㄷ형 굽힘 제품입니다.
제품도의 간섭을 받지 않게
접을 수 있는 제품입니다.

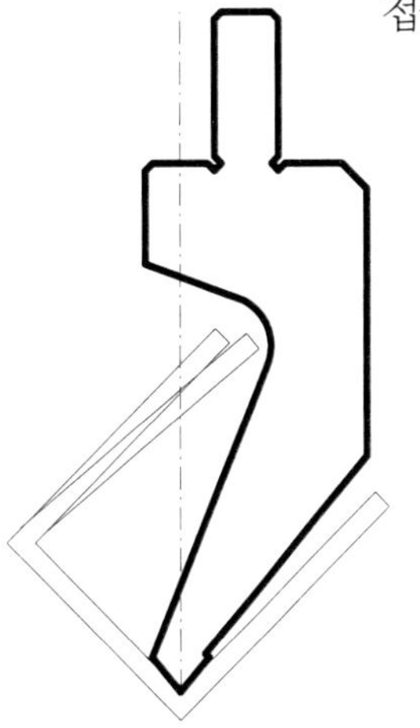

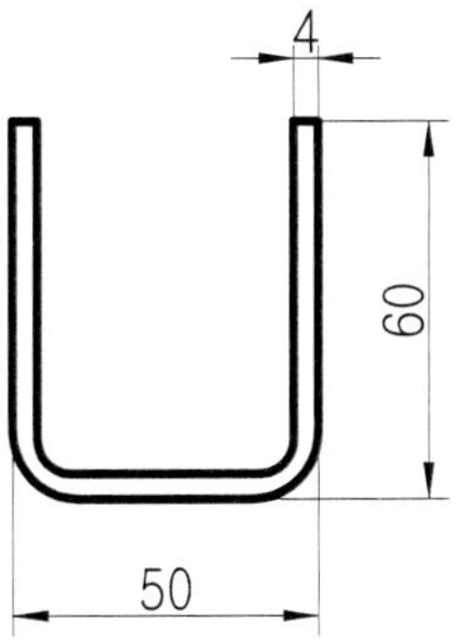

T-형 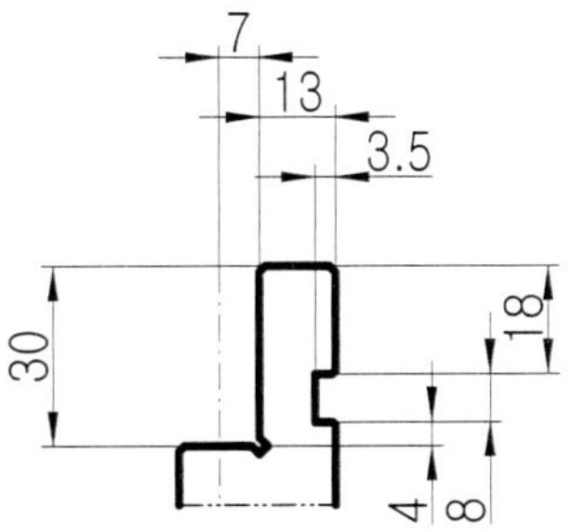   Taper-형

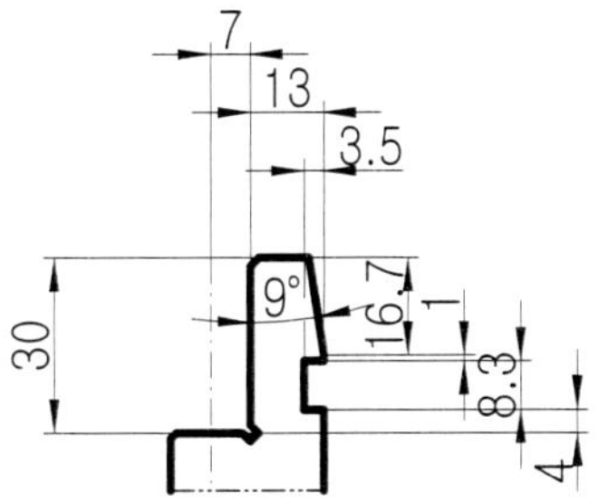

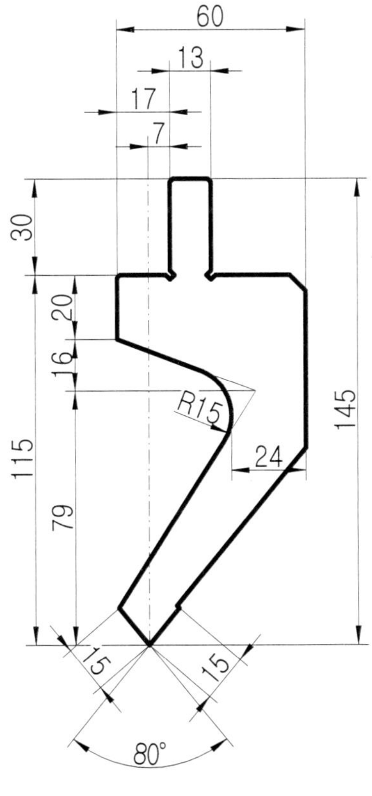

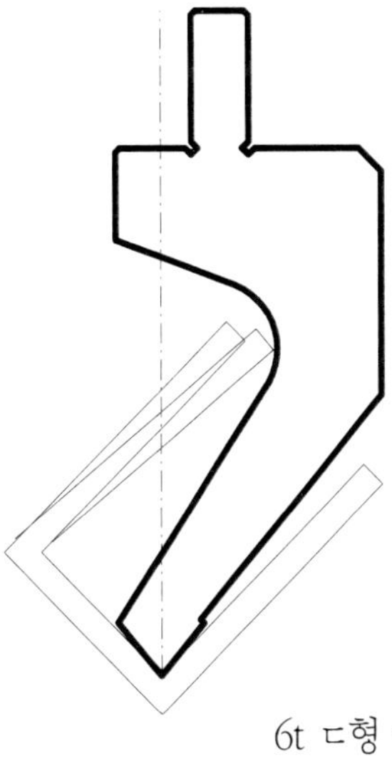

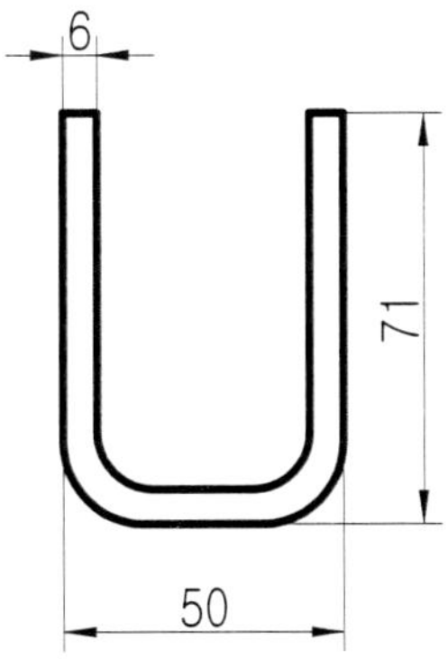

6t ㄷ형 굽힘 제품입니다.
제품도의 간섭을 받지 않게
접을 수 있는 제품입니다.

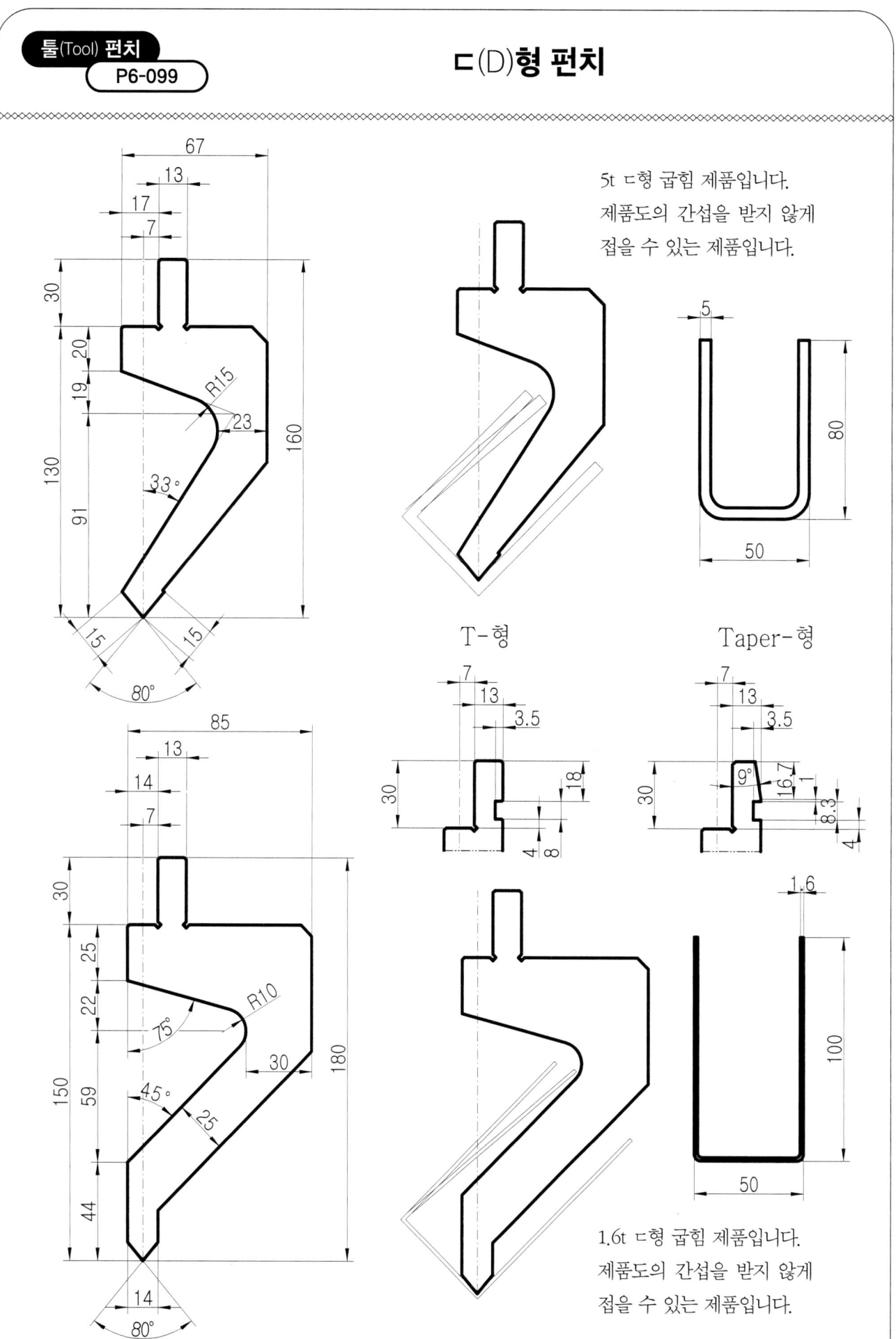

ㄷ(D)형 펀치

툴(Tool) 펀치 P6-100

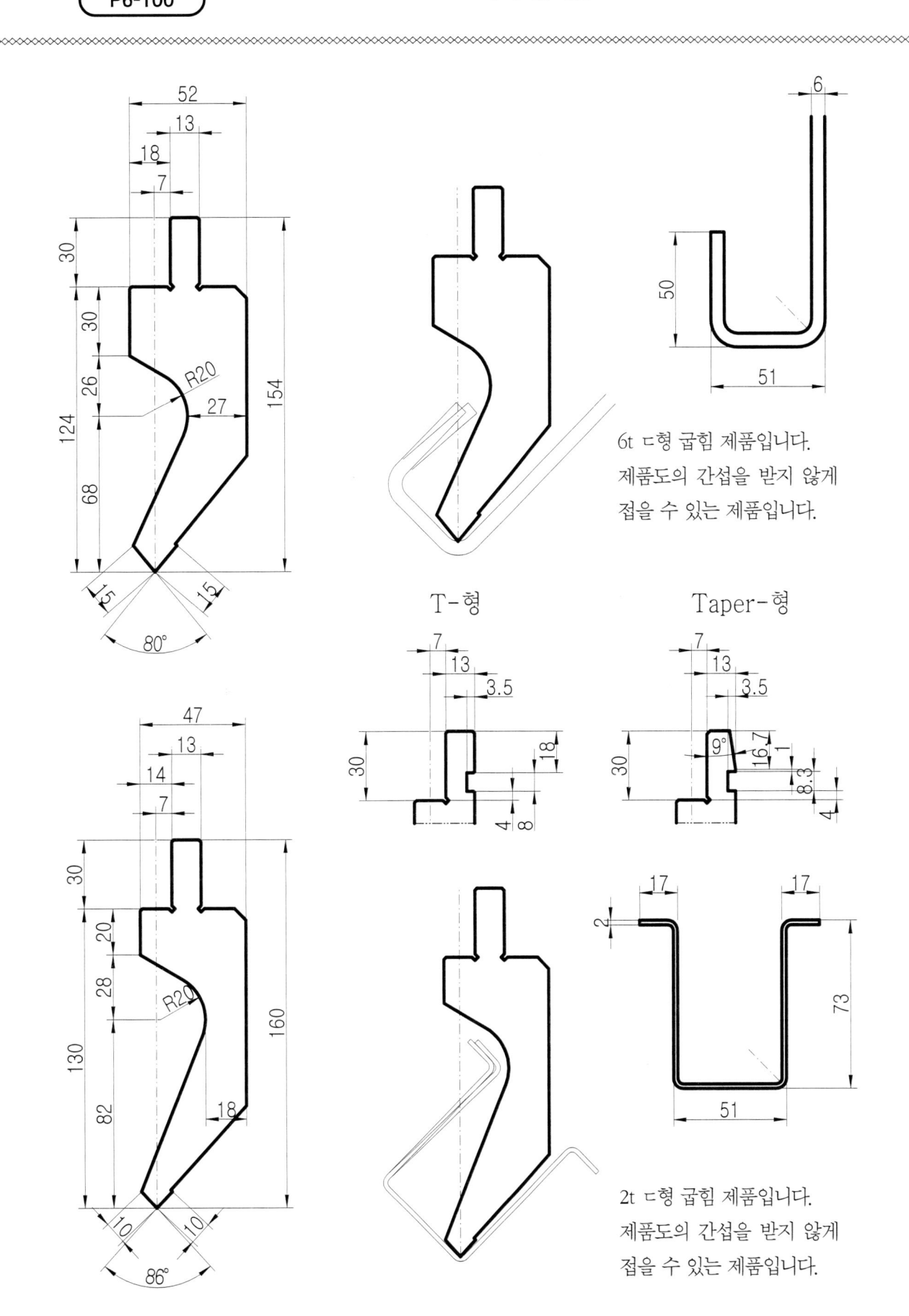

6t ㄷ형 굽힘 제품입니다.
제품도의 간섭을 받지 않게
접을 수 있는 제품입니다.

T-형   Taper-형

2t ㄷ형 굽힘 제품입니다.
제품도의 간섭을 받지 않게
접을 수 있는 제품입니다.

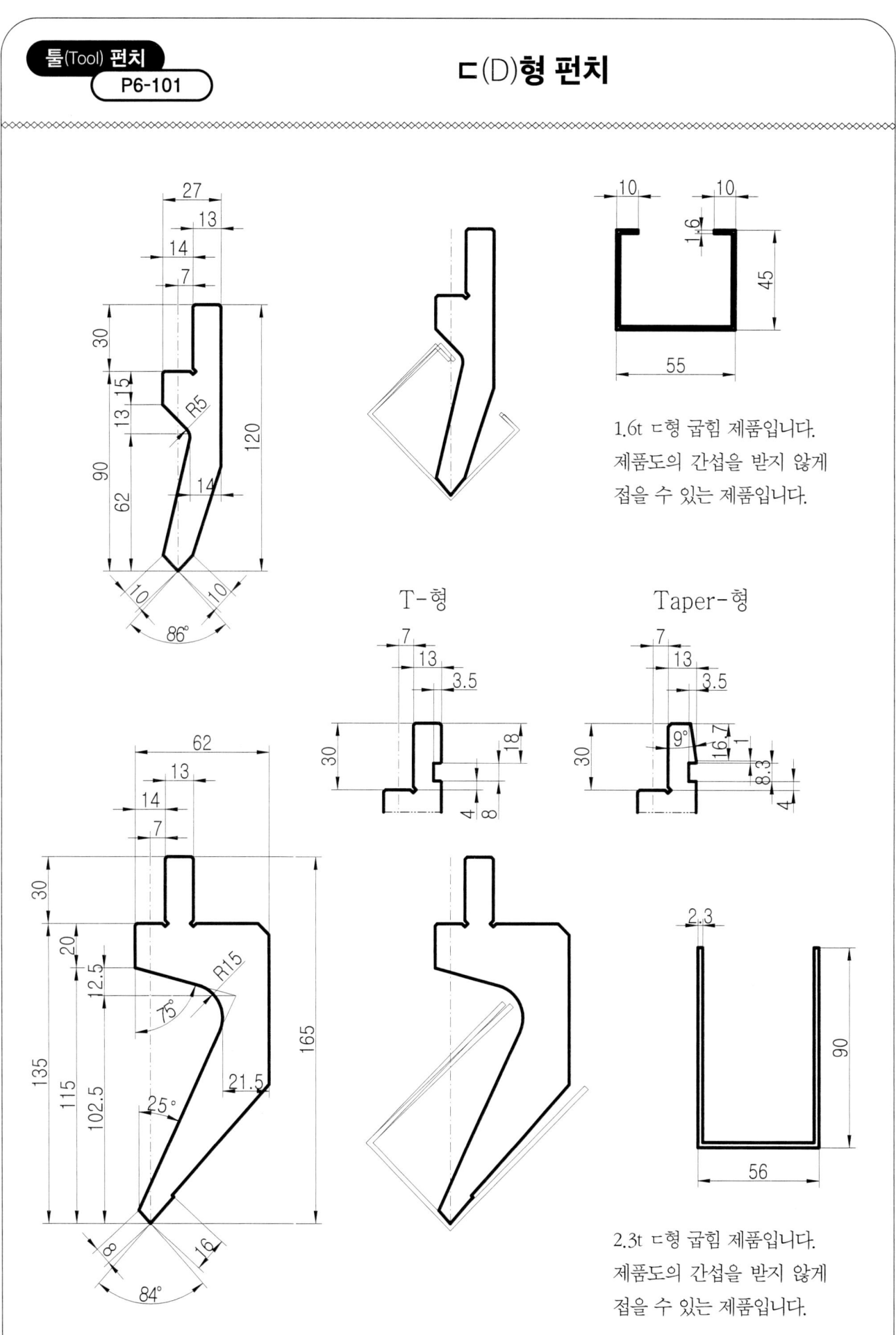

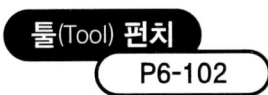

ㄷ(D)형 펀치

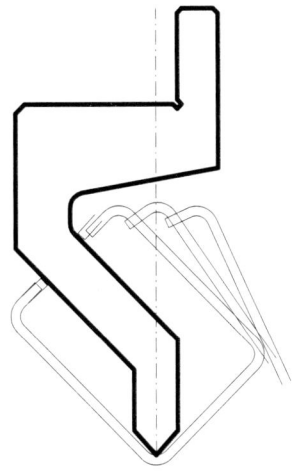
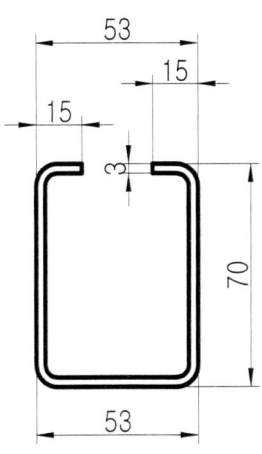

펀치의 형상이 앞으로 굽힘 작업을 하는 제품입니다.
일반 작업으로 하는 형식의 반대 작업입니다.

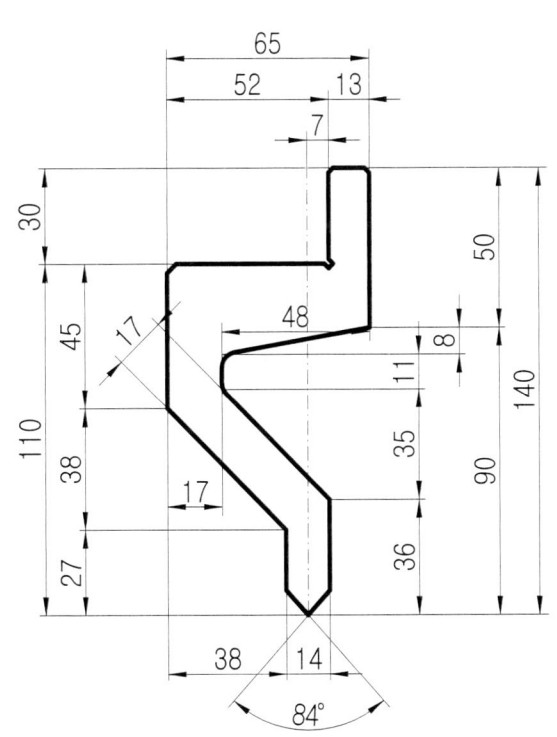

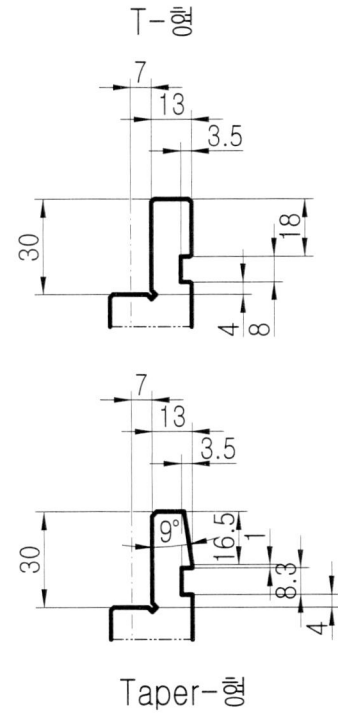

T-형

Taper-형

ㄷ(D)형 펀치

툴(Tool) 펀치 P6-103

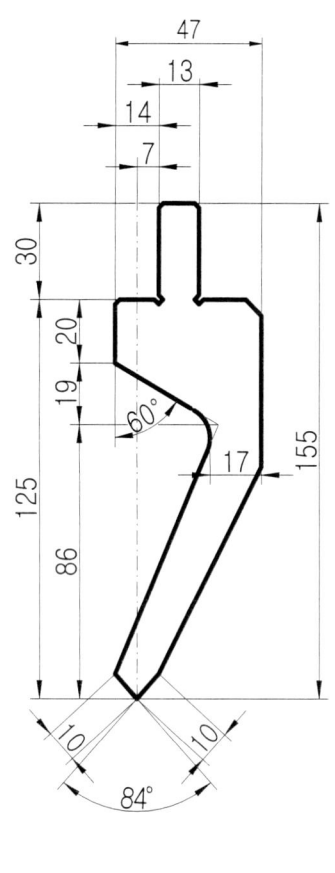
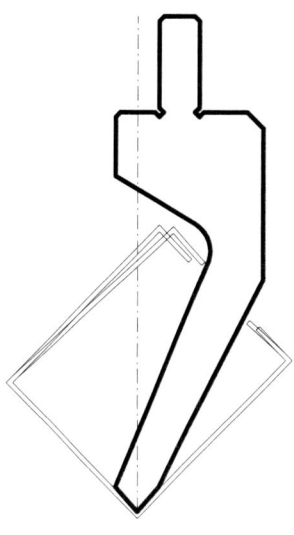
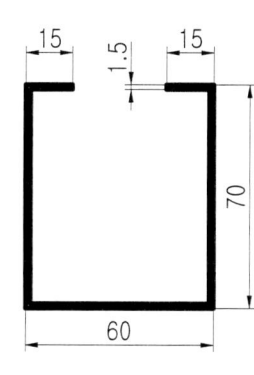

1.5t ㄷ형 굽힘 제품입니다.
제품도의 간섭을 받지 않게
접을 수 있는 제품입니다.

T-형
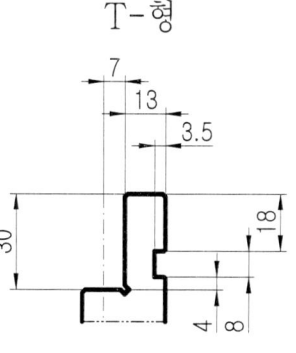

Taper-형
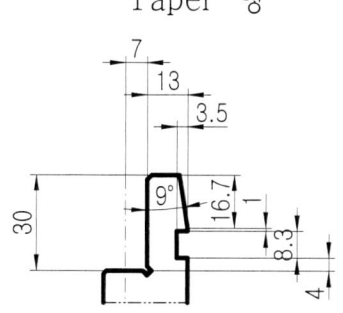

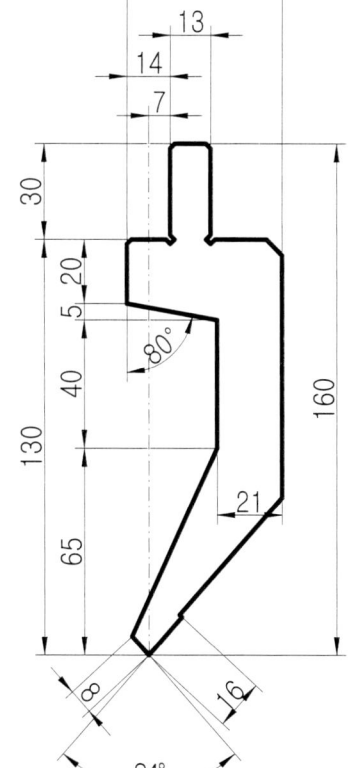
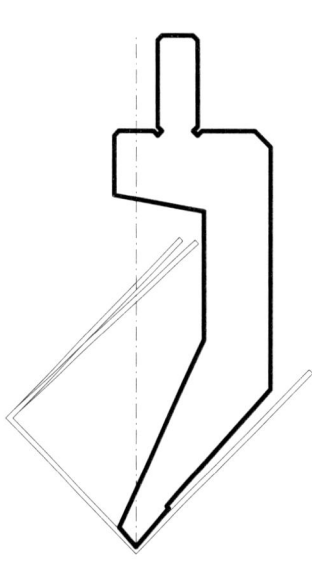
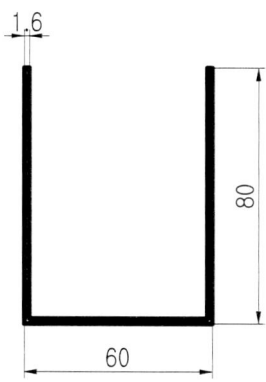

1.6t ㄷ형 굽힘 제품입니다.
제품도의 간섭을 받지 않게
접을 수 있는 제품입니다.

툴(Tool) 펀치
P6-104

ㄷ(D)형 펀치

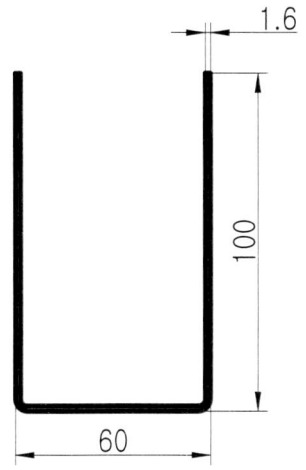

1.6t ㄷ형 굽힘 제품입니다.
제품도의 간섭을 받지 않게
접을 수 있는 제품입니다.

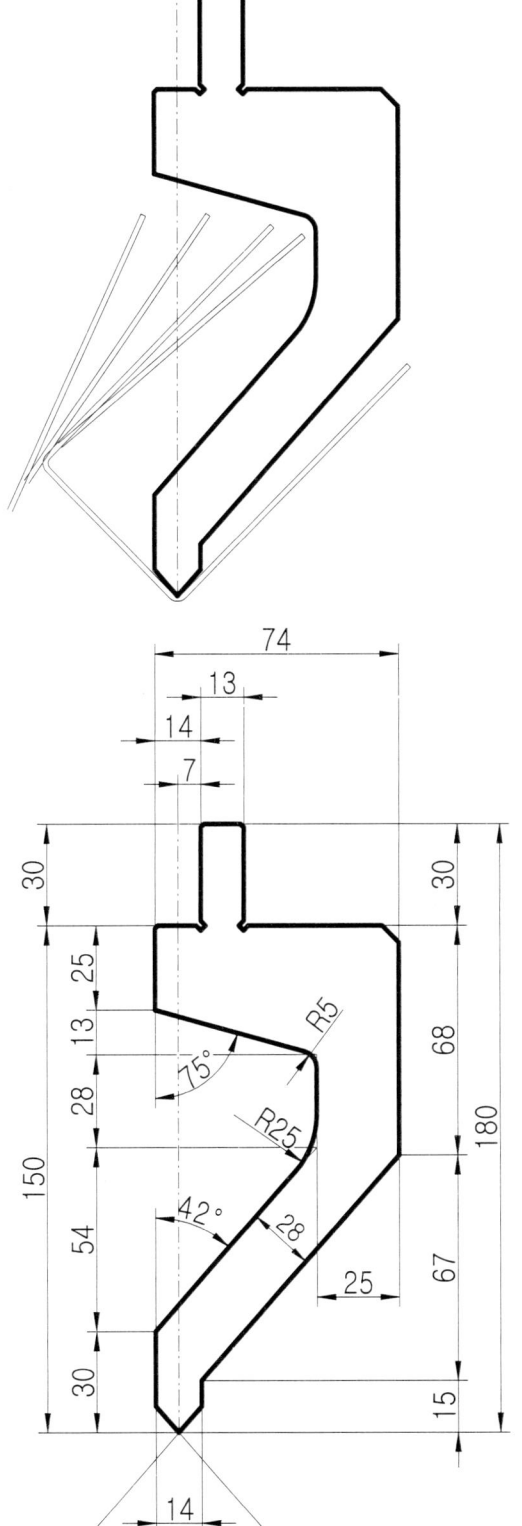

T-형

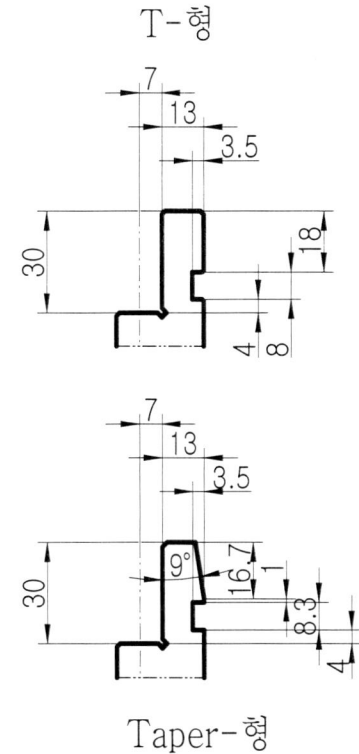

Taper-형

ㄷ(D)형 펀치

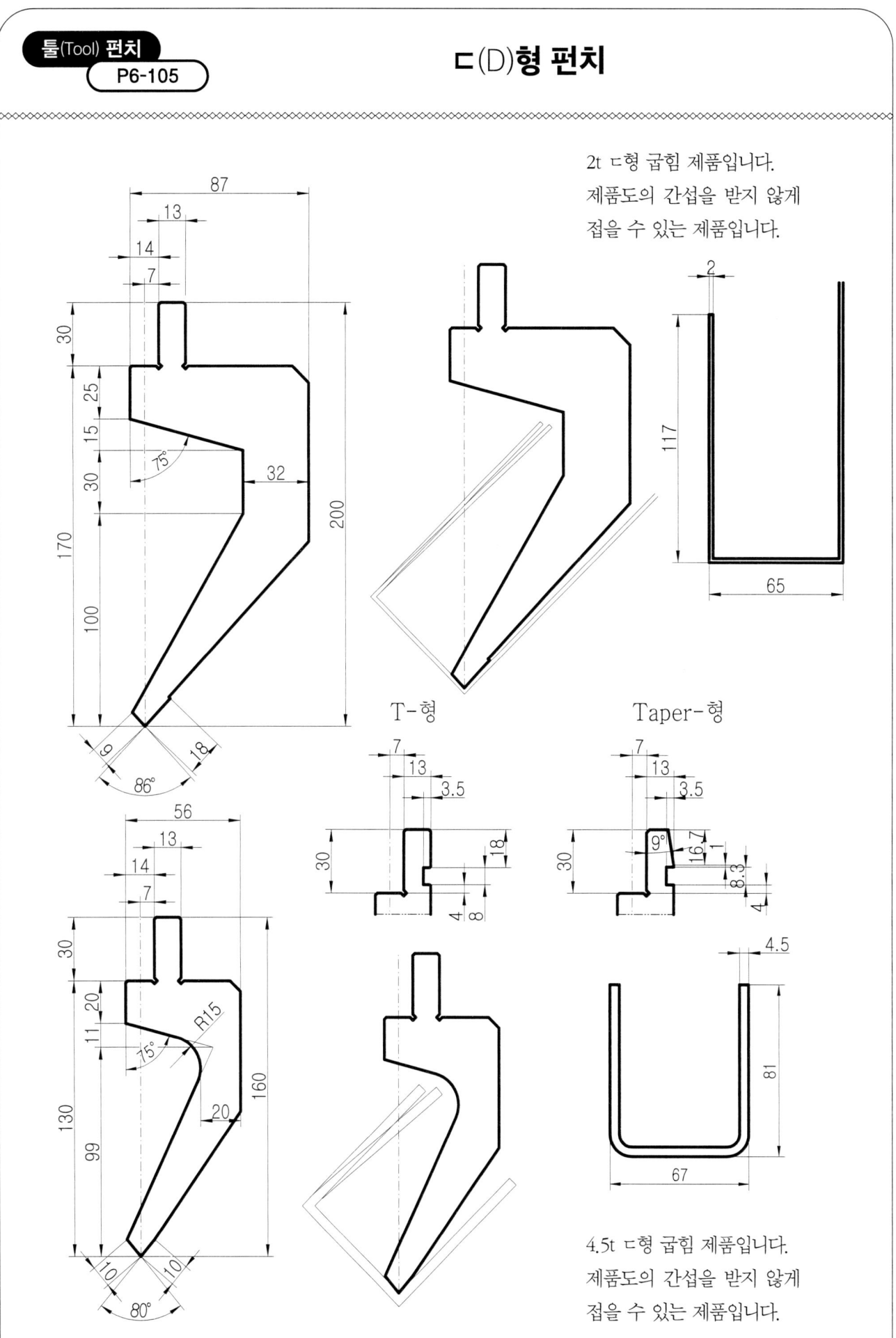

2t ㄷ형 굽힘 제품입니다.
제품도의 간섭을 받지 않게
접을 수 있는 제품입니다.

T-형   Taper-형

4.5t ㄷ형 굽힘 제품입니다.
제품도의 간섭을 받지 않게
접을 수 있는 제품입니다.

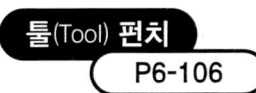

ㄷ(D)형 펀치

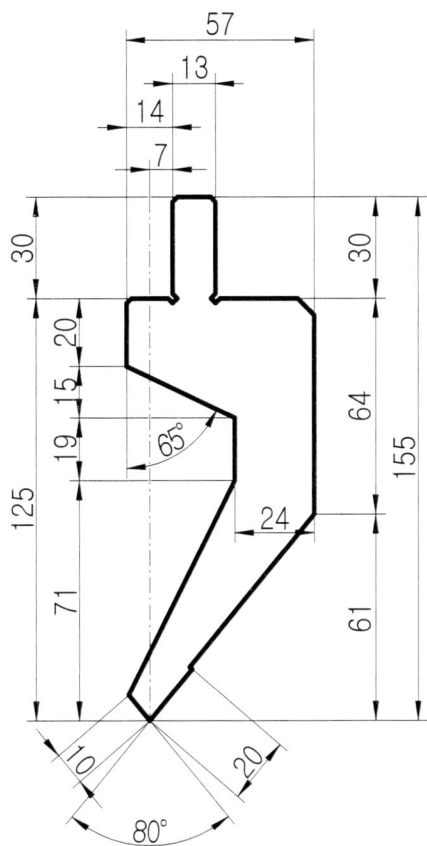
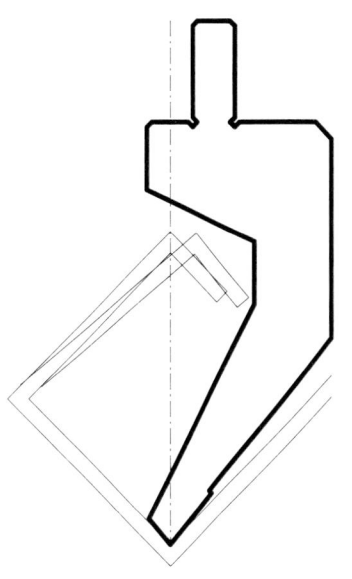

T-형
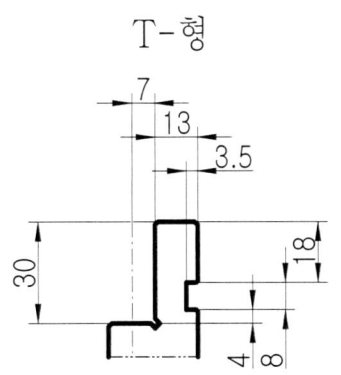

Taper-형
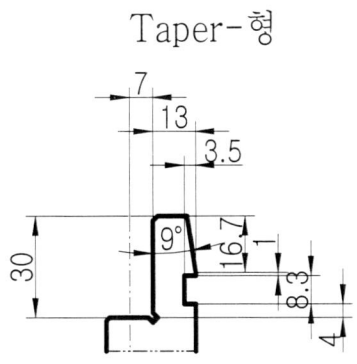

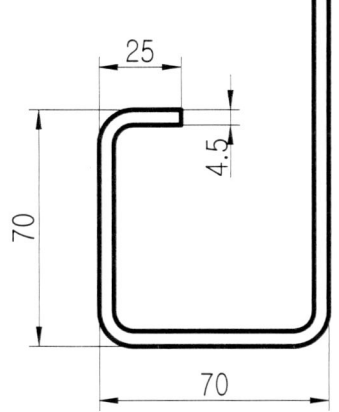

4.5t ㄷ형 굽힘 제품입니다.
제품도의 간섭을 받지 않게
접을 수 있는 제품입니다.

ㄷ(D)형 펀치

툴(Tool) 펀치 P6-107

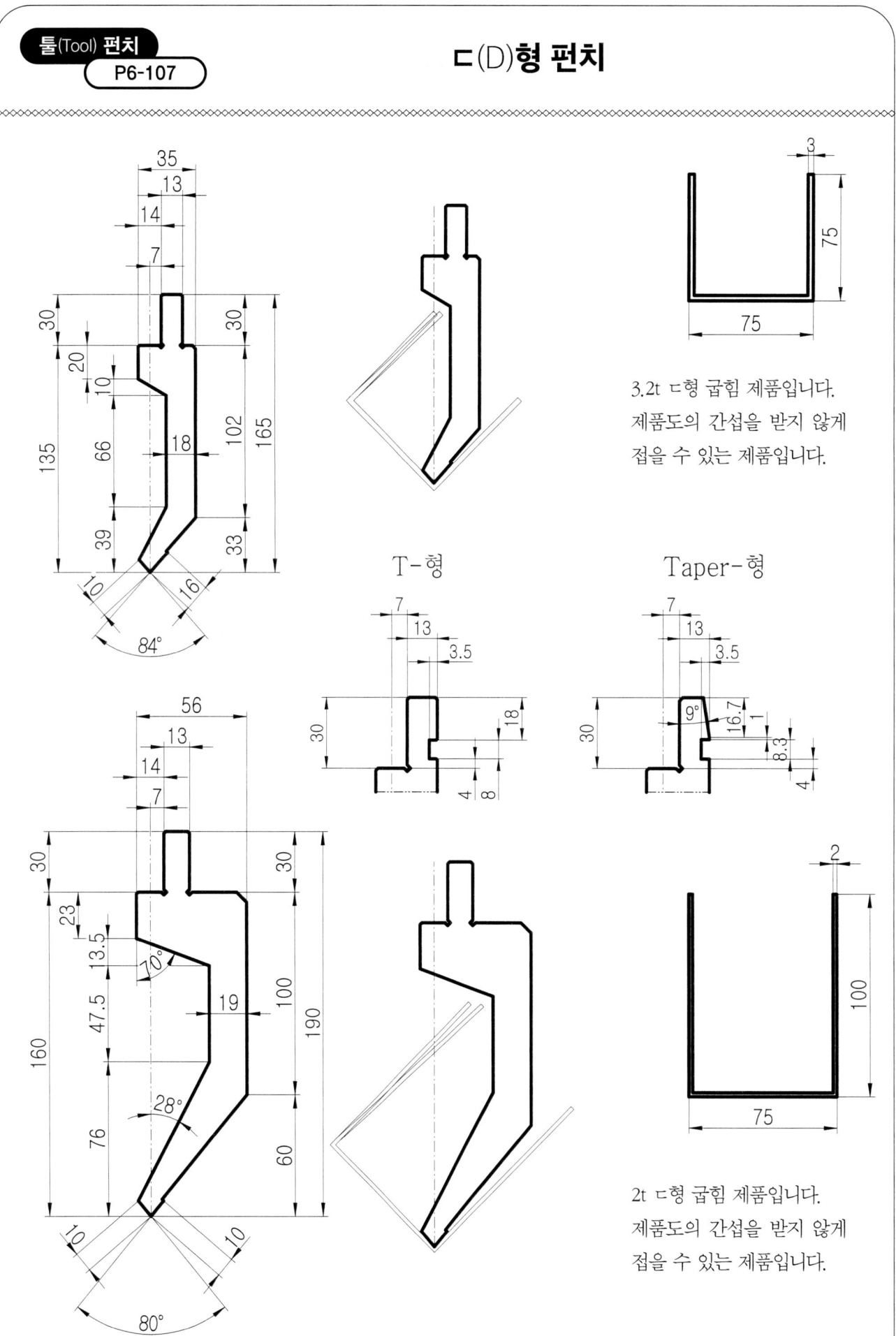

3.2t ㄷ형 굽힘 제품입니다.
제품도의 간섭을 받지 않게
접을 수 있는 제품입니다.

T-형

Taper-형

2t ㄷ형 굽힘 제품입니다.
제품도의 간섭을 받지 않게
접을 수 있는 제품입니다.

ㄷ(D)형 펀치

툴(Tool) 펀치
P6-108

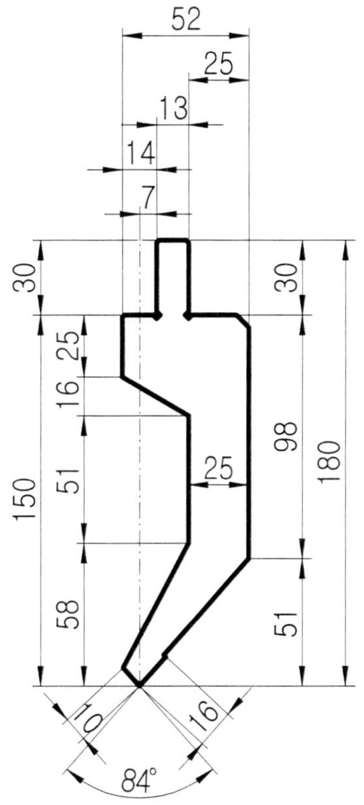

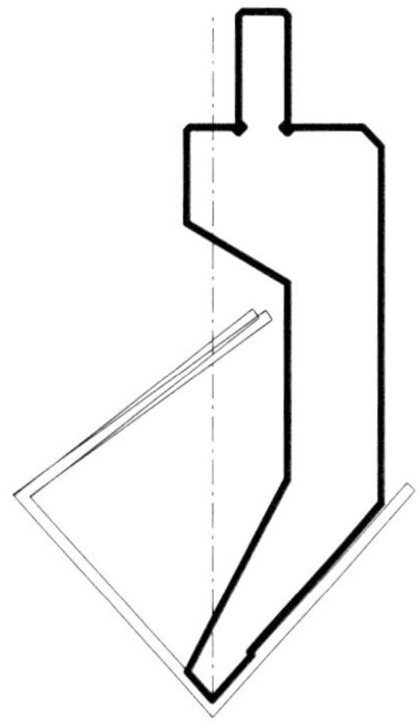

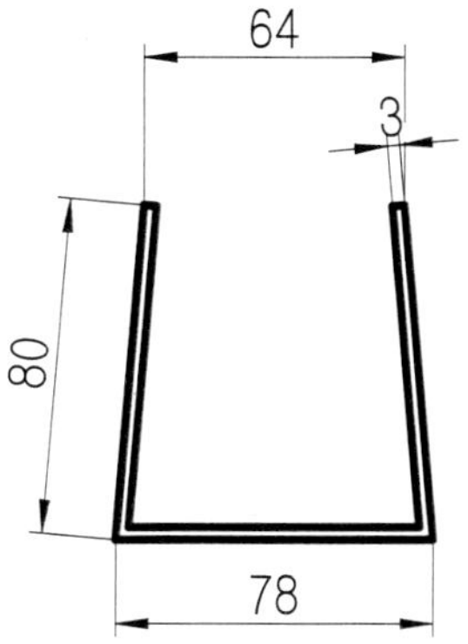

2t ㄷ형 굽힘 제품입니다.
제품도의 간섭을 받지 않게
접을 수 있는 제품입니다.

T-형

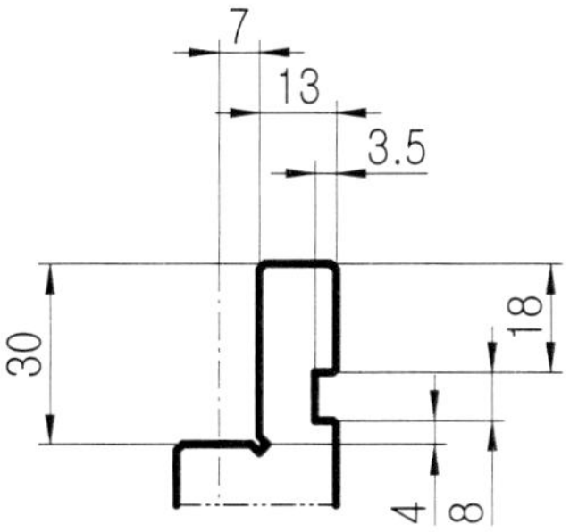

Taper-형

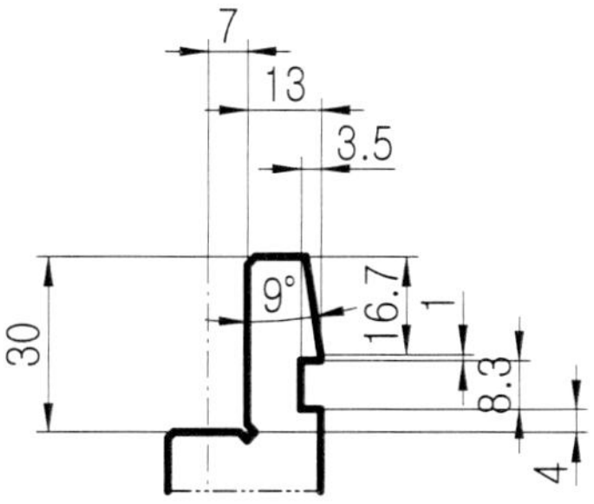

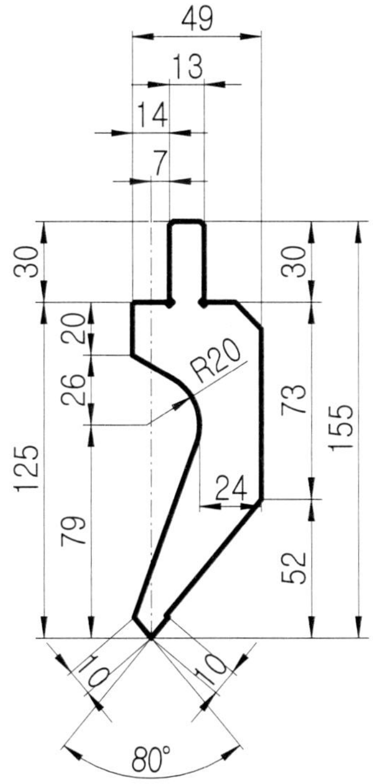

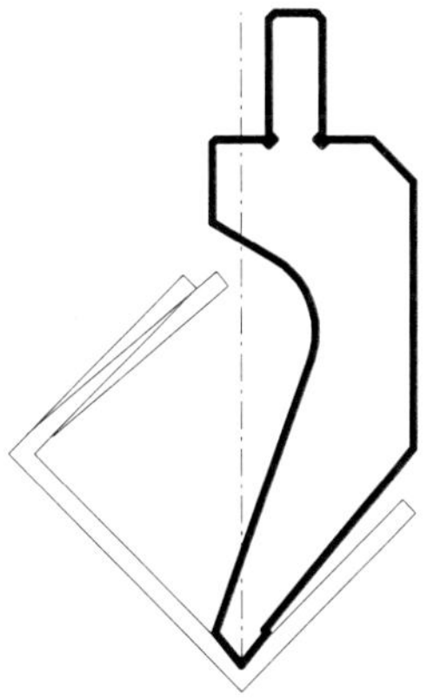

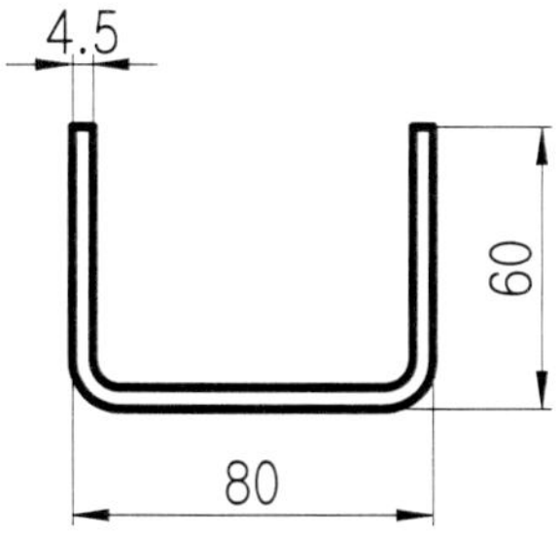

4.5t ㄷ형 굽힘 제품입니다.
제품도의 간섭을 받지 않게
접을 수 있는 제품입니다.

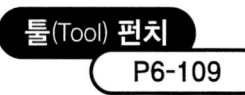

ㄷ(D)형 펀치

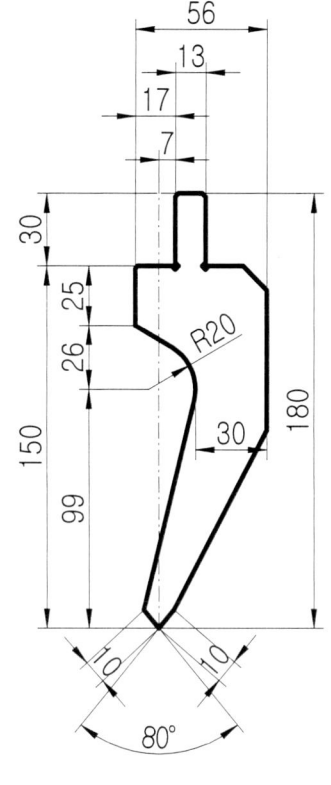

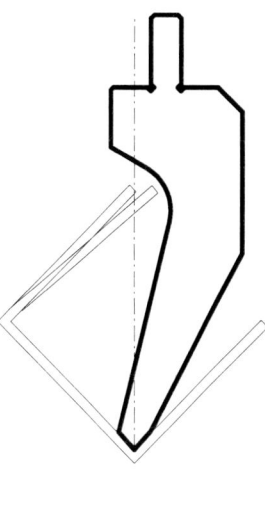

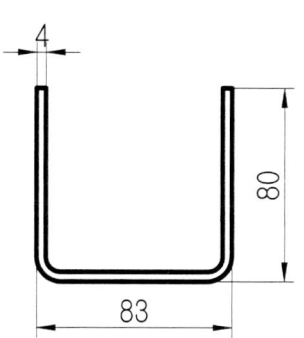

4t ㄷ형 굽힘 제품입니다.
제품도의 간섭을 받지 않게
접을 수 있는 제품입니다.

T-형

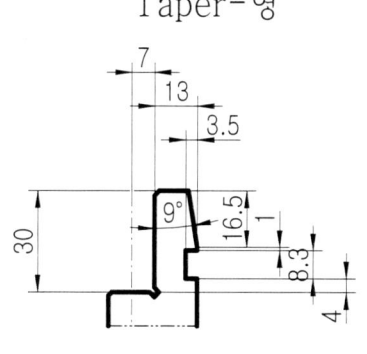

Taper-형

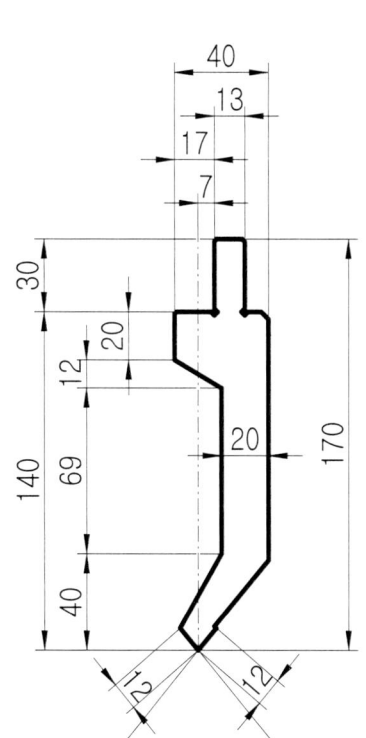

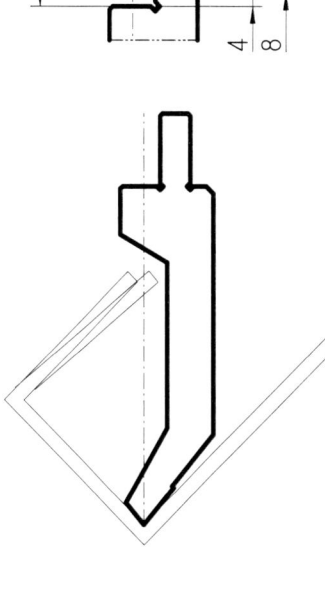

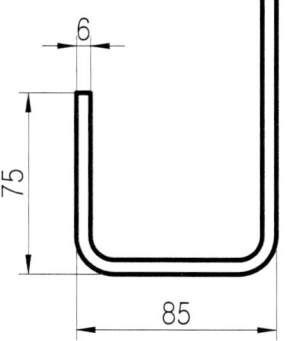

6t ㄷ형 굽힘 제품입니다.
제품도의 간섭을 받지 않게
접을 수 있는 제품입니다.

ㄷ(D)형 펀치

툴(Tool) 펀치 P6-110

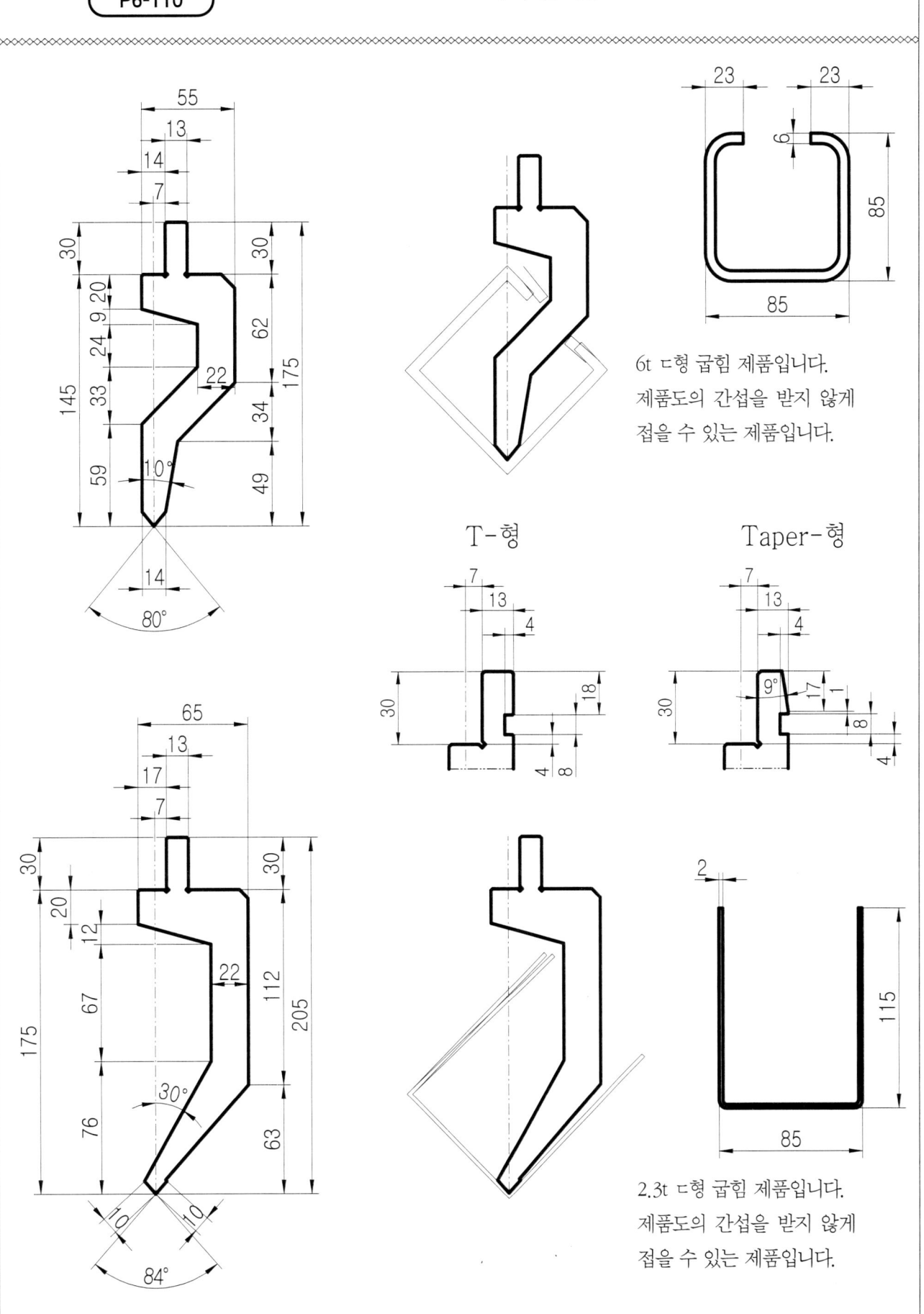

6t ㄷ형 굽힘 제품입니다.
제품도의 간섭을 받지 않게
접을 수 있는 제품입니다.

T-형　　　Taper-형

2.3t ㄷ형 굽힘 제품입니다.
제품도의 간섭을 받지 않게
접을 수 있는 제품입니다.

ㄷ(D)형 펀치

툴(Tool) 펀치 P6-111

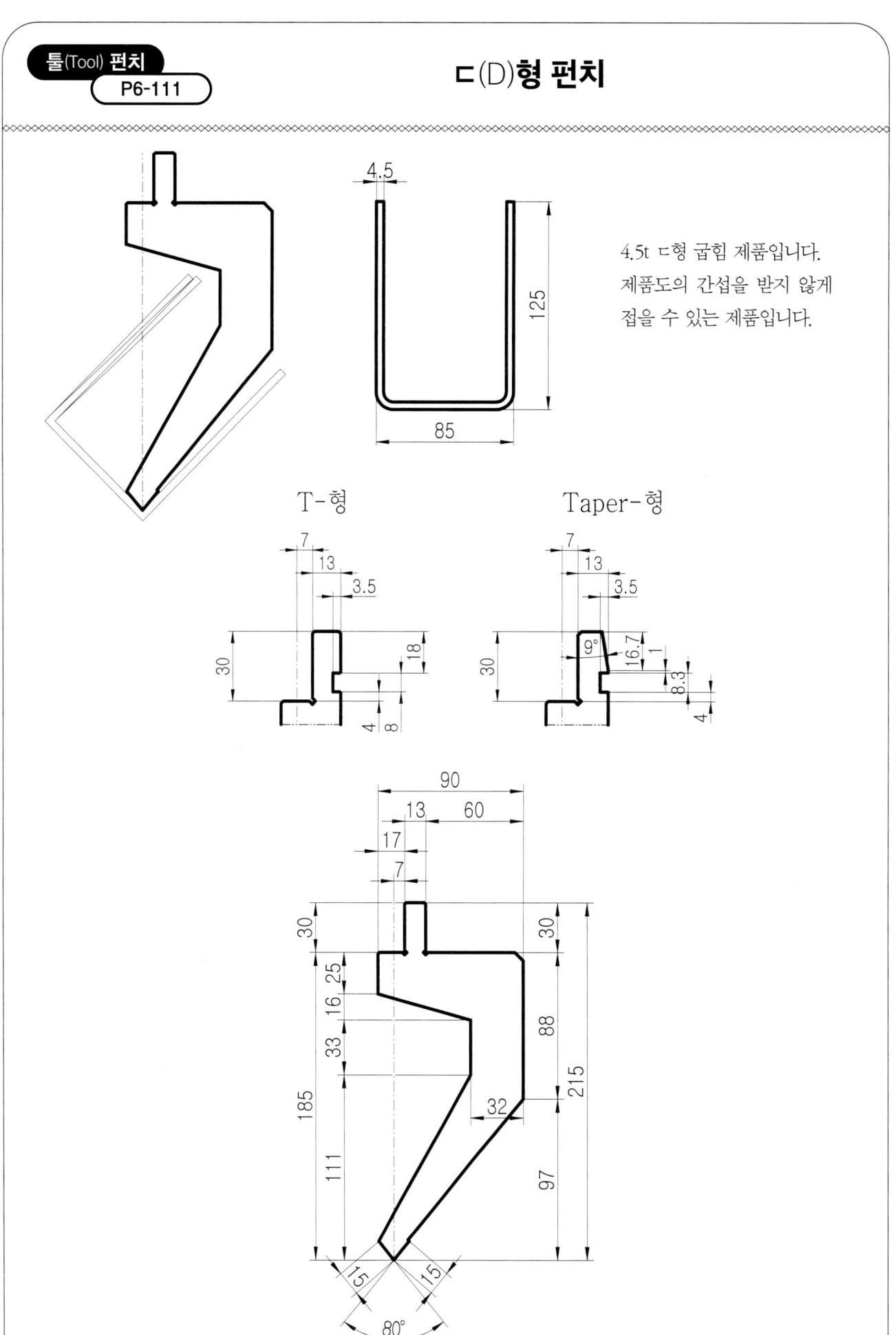

4.5t ㄷ형 굽힘 제품입니다.
제품도의 간섭을 받지 않게
접을 수 있는 제품입니다.

T-형

Taper-형

ㄷ(D)형 펀치

툴(Tool) 펀치 P6-112

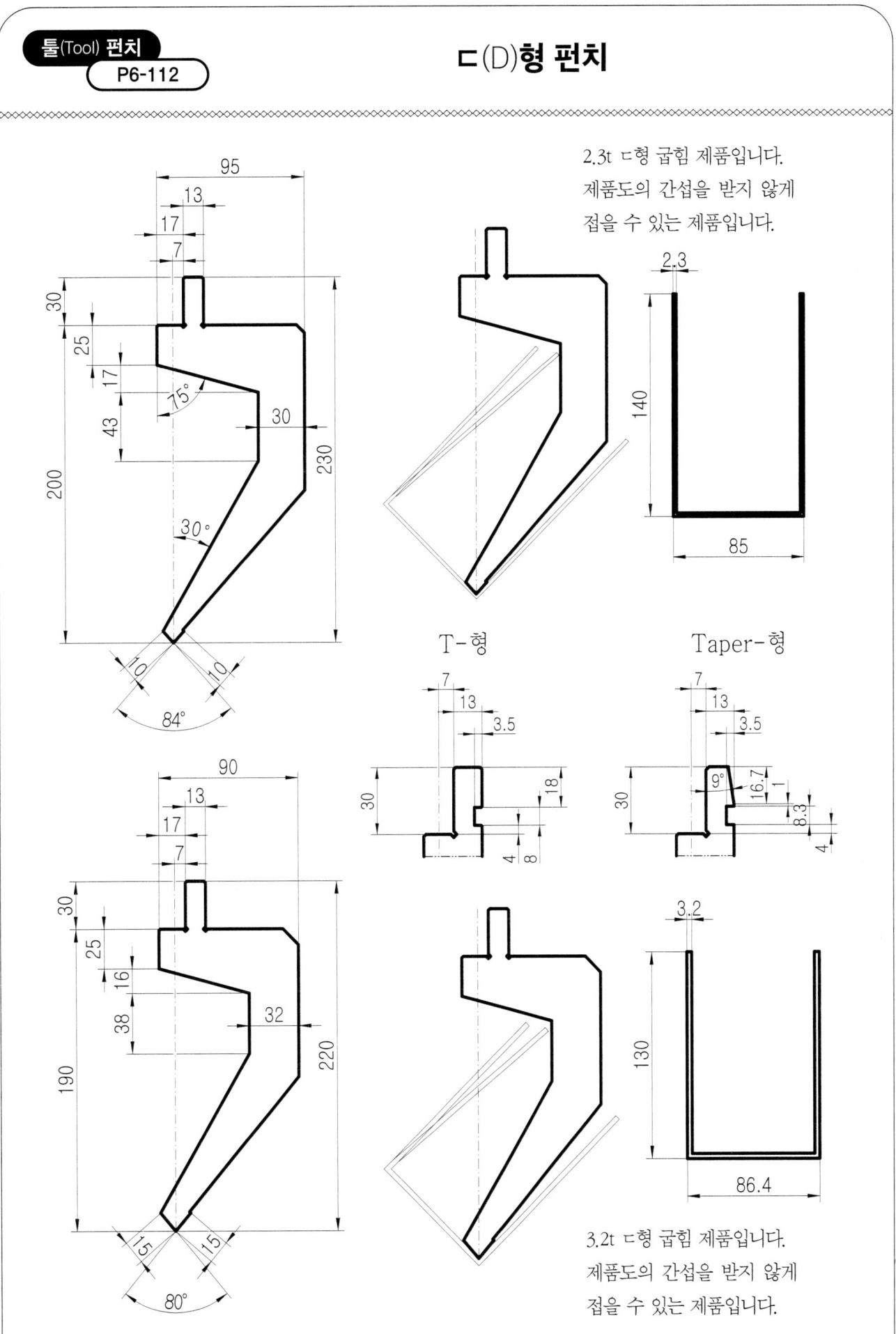

2.3t ㄷ형 굽힘 제품입니다.
제품도의 간섭을 받지 않게
접을 수 있는 제품입니다.

T-형   Taper-형

3.2t ㄷ형 굽힘 제품입니다.
제품도의 간섭을 받지 않게
접을 수 있는 제품입니다.

ㄷ(D)형 펀치

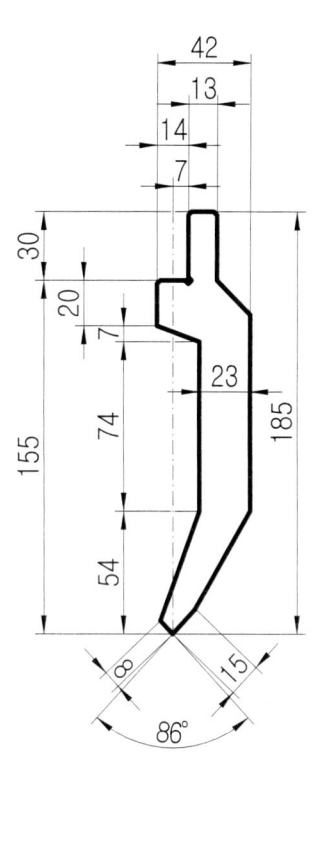
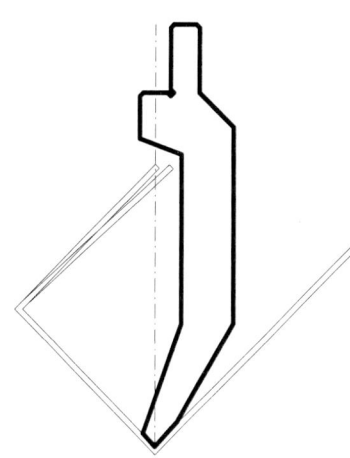
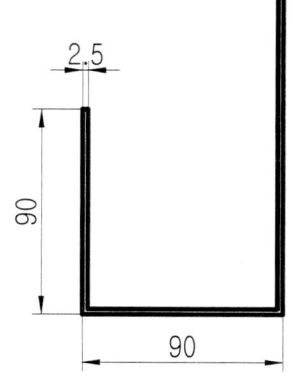

T-형   Taper-형

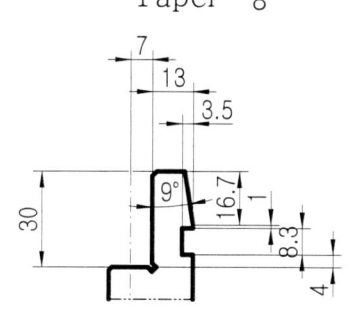

2.5t ㄷ형 굽힘 제품입니다.
제품도의 간섭을 받지 않게
접을 수 있는 제품입니다.

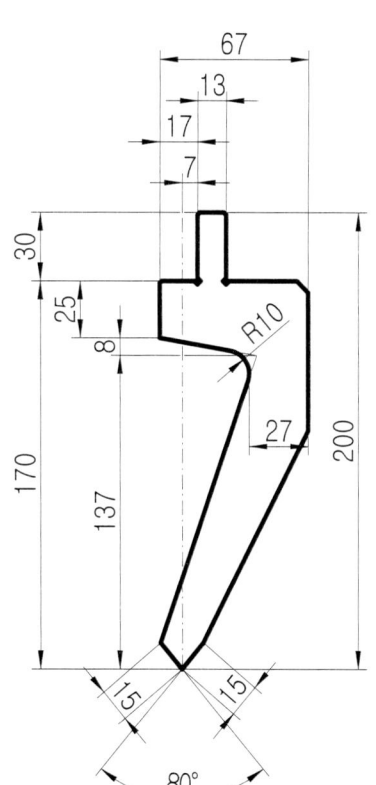
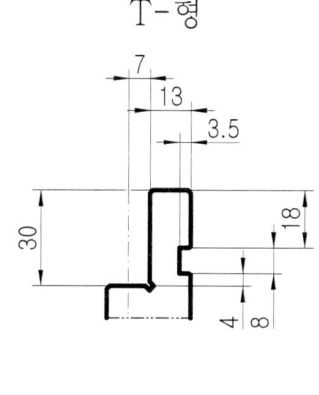
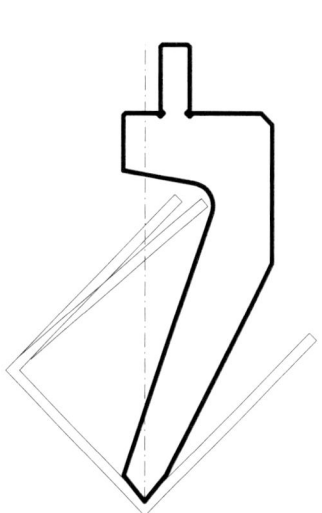
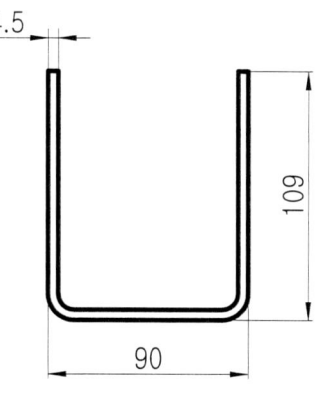

4.5t ㄷ형 굽힘 제품입니다.
제품도의 간섭을 받지 않게
접을 수 있는 제품입니다.

ㄷ(D)형 펀치

툴(Tool) 펀치 P6-114

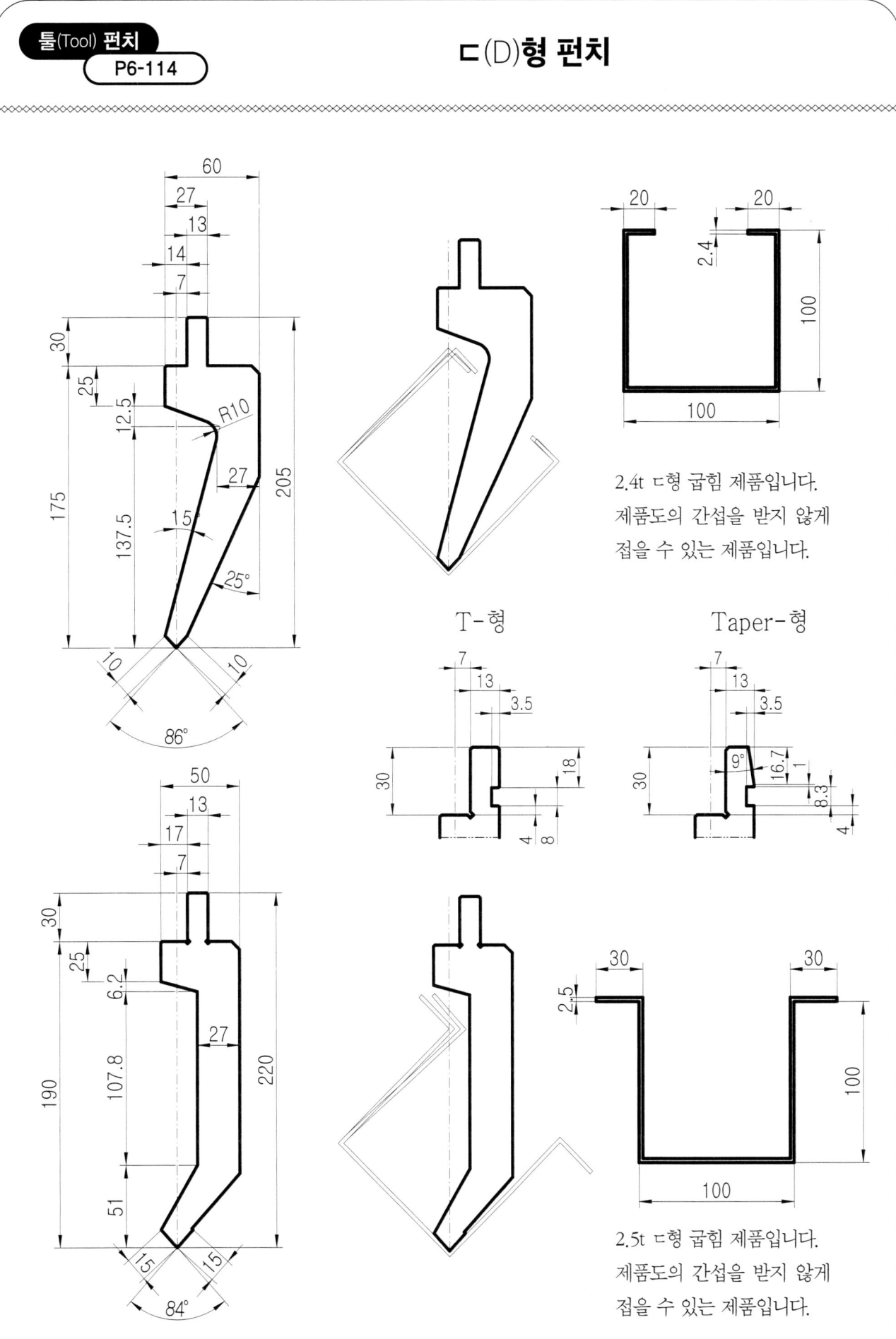

2.4t ㄷ형 굽힘 제품입니다.
제품도의 간섭을 받지 않게
접을 수 있는 제품입니다.

T-형 Taper-형

2.5t ㄷ형 굽힘 제품입니다.
제품도의 간섭을 받지 않게
접을 수 있는 제품입니다.

ㄷ(D)형 펀치

툴(Tool) 펀치
P6-115

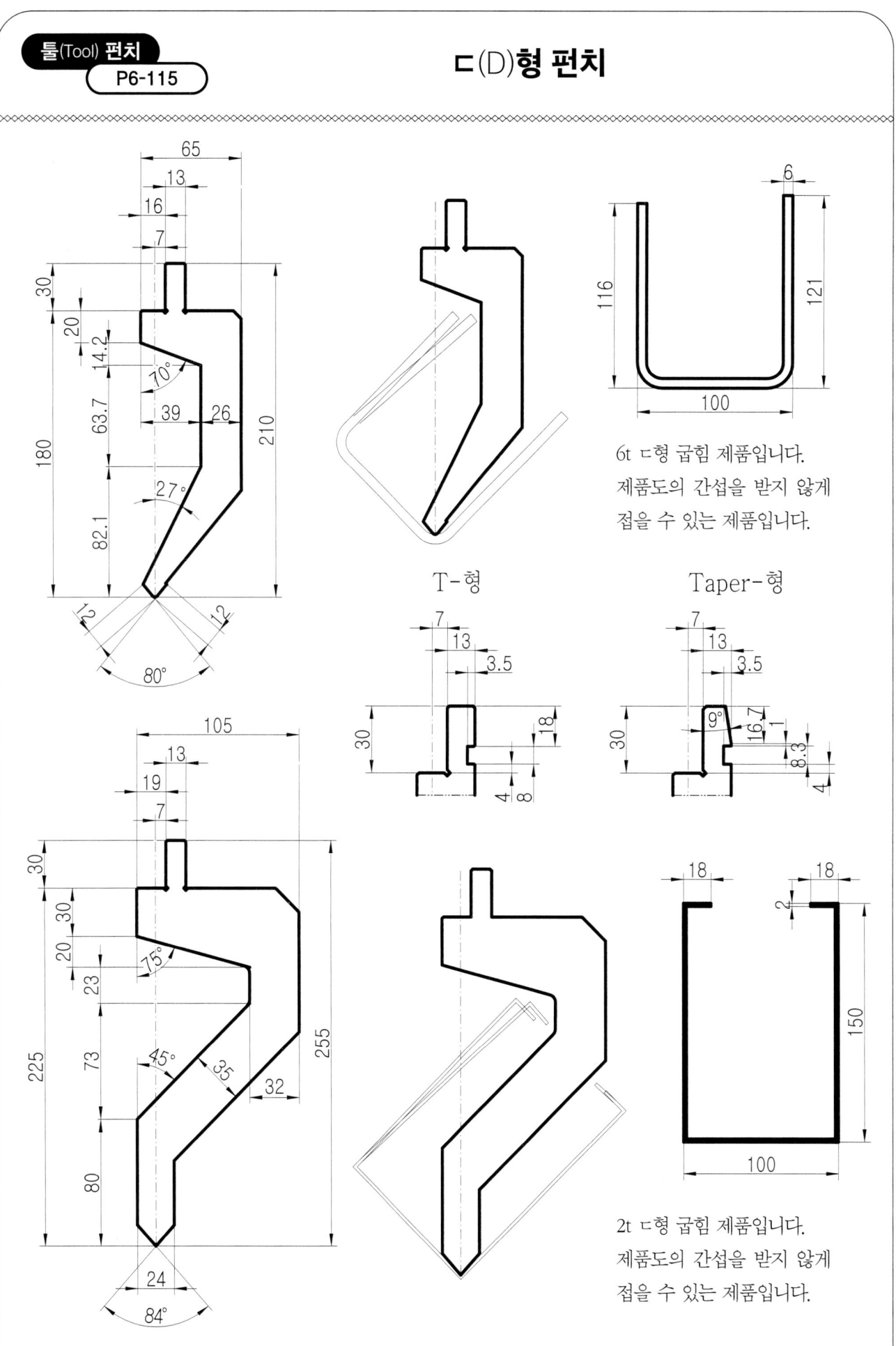

6t ㄷ형 굽힘 제품입니다.
제품도의 간섭을 받지 않게
접을 수 있는 제품입니다.

T-형 Taper-형

2t ㄷ형 굽힘 제품입니다.
제품도의 간섭을 받지 않게
접을 수 있는 제품입니다.

ㄷ(D)형 펀치

툴(Tool) 펀치 — P6-116

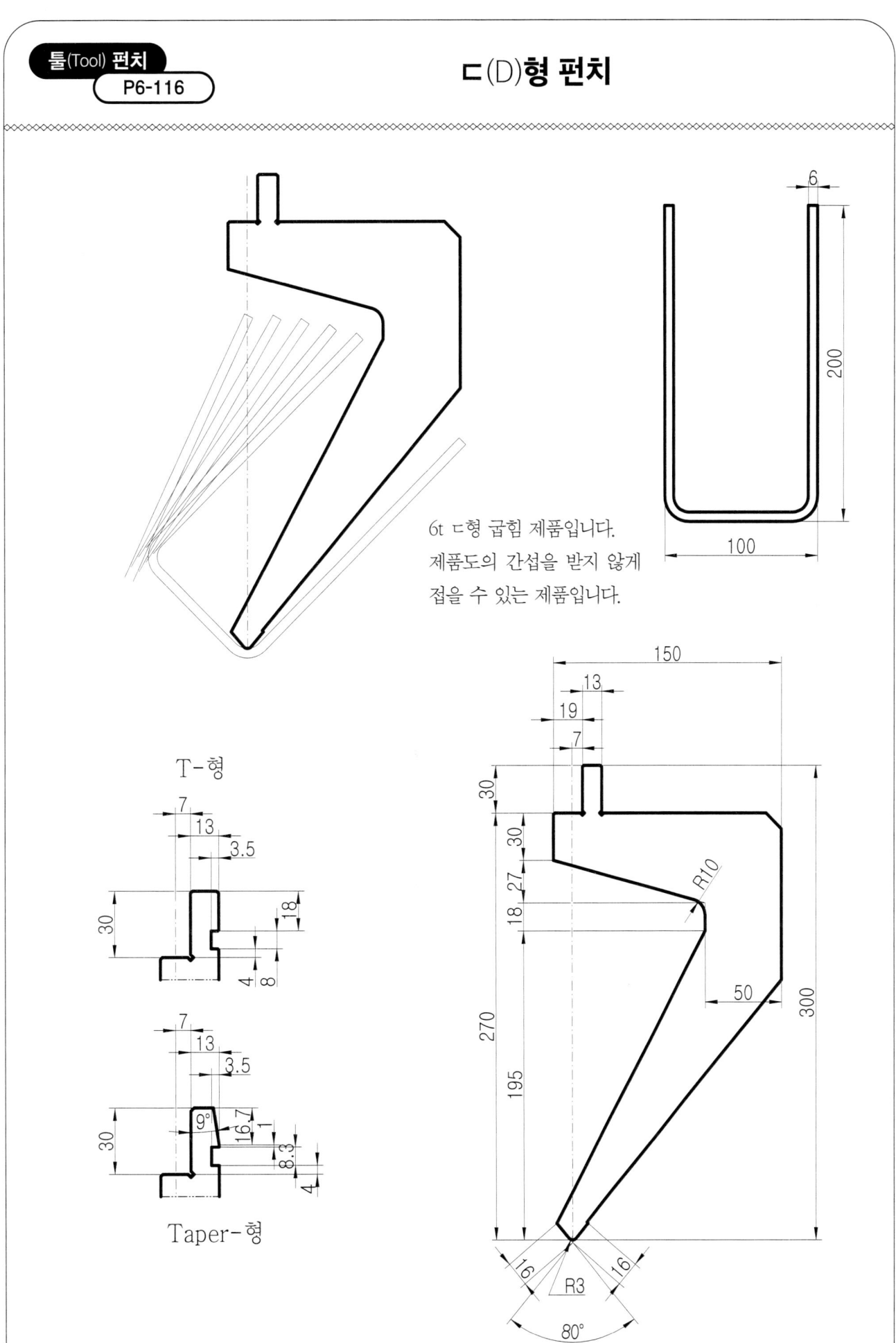

6t ㄷ형 굽힘 제품입니다.
제품도의 간섭을 받지 않게
접을 수 있는 제품입니다.

T-형

Taper-형

ㄷ(D)형 펀치

툴(Tool) 펀치 P6-117

6t ㄷ형 굽힘 제품입니다.
제품도의 간섭을 받지 않게
접을 수 있는 제품입니다.

T-형

Taper-형

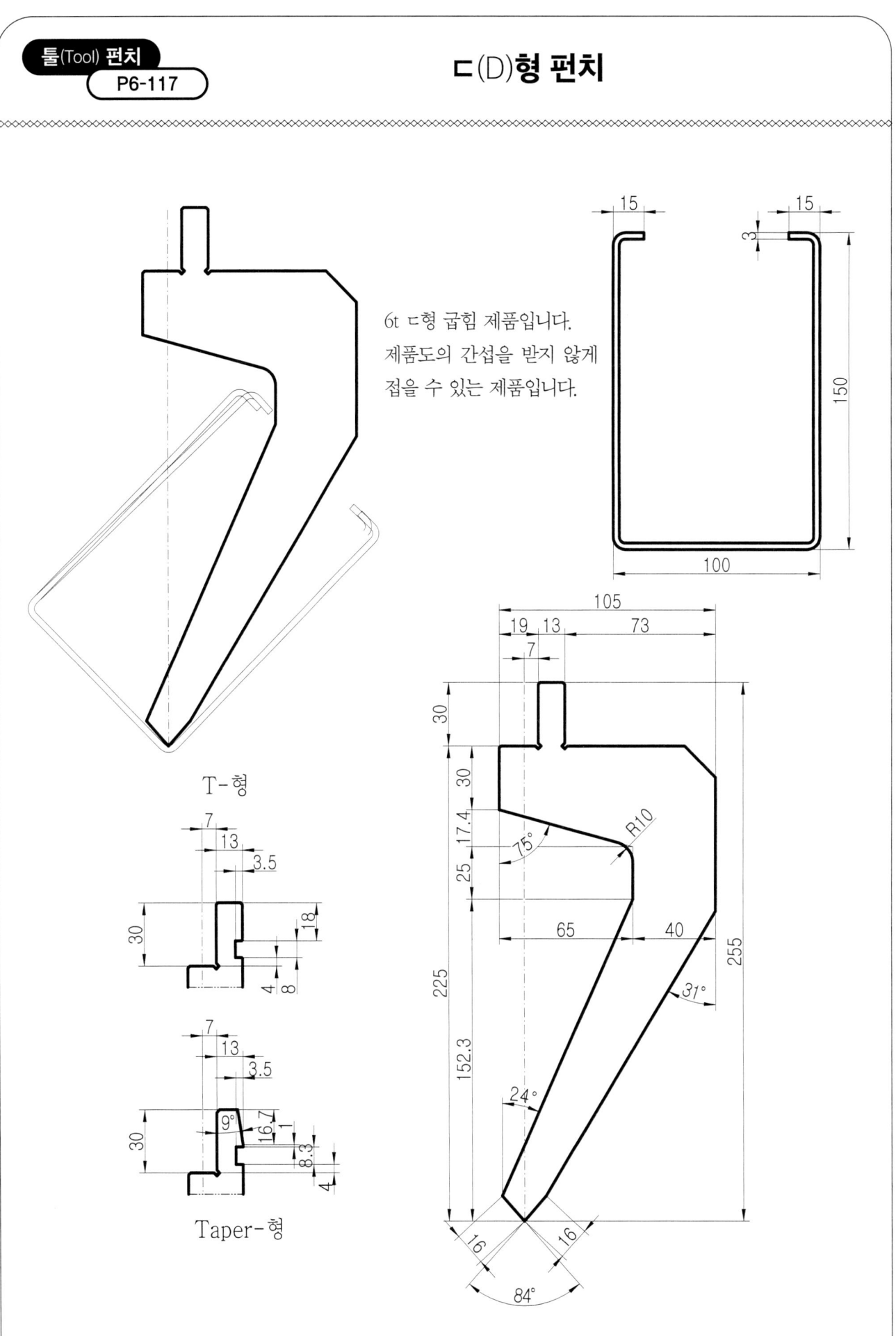

일자(I)형 펀치

툴(Tool) 펀치 P7-118

제품의 특성에 따라 사용하는 제품이며 사양의 변화는 별 차이가 없는 제품입니다.
제품의 형상이 일자형(I형)이므로 일자형으로 표현하고자 합니다.

T-형과 Taper-형은 고정 장치(Clamp) 조립 형식에 따라 다르기 때문에 일반형, T-형, Taper-형을 구분하는 것이 발주 시 유의할 사항입니다.

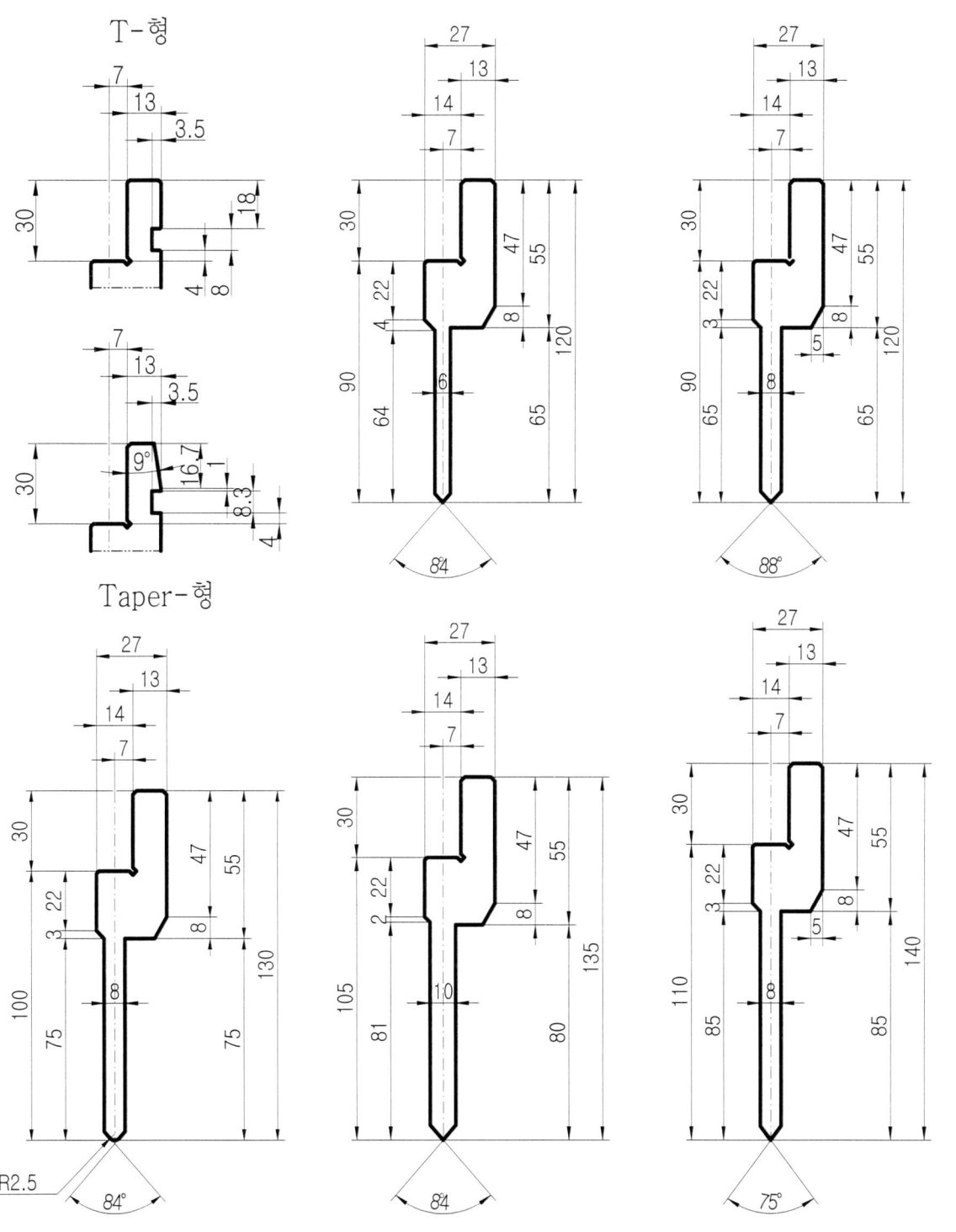

일자(I)형 펀치

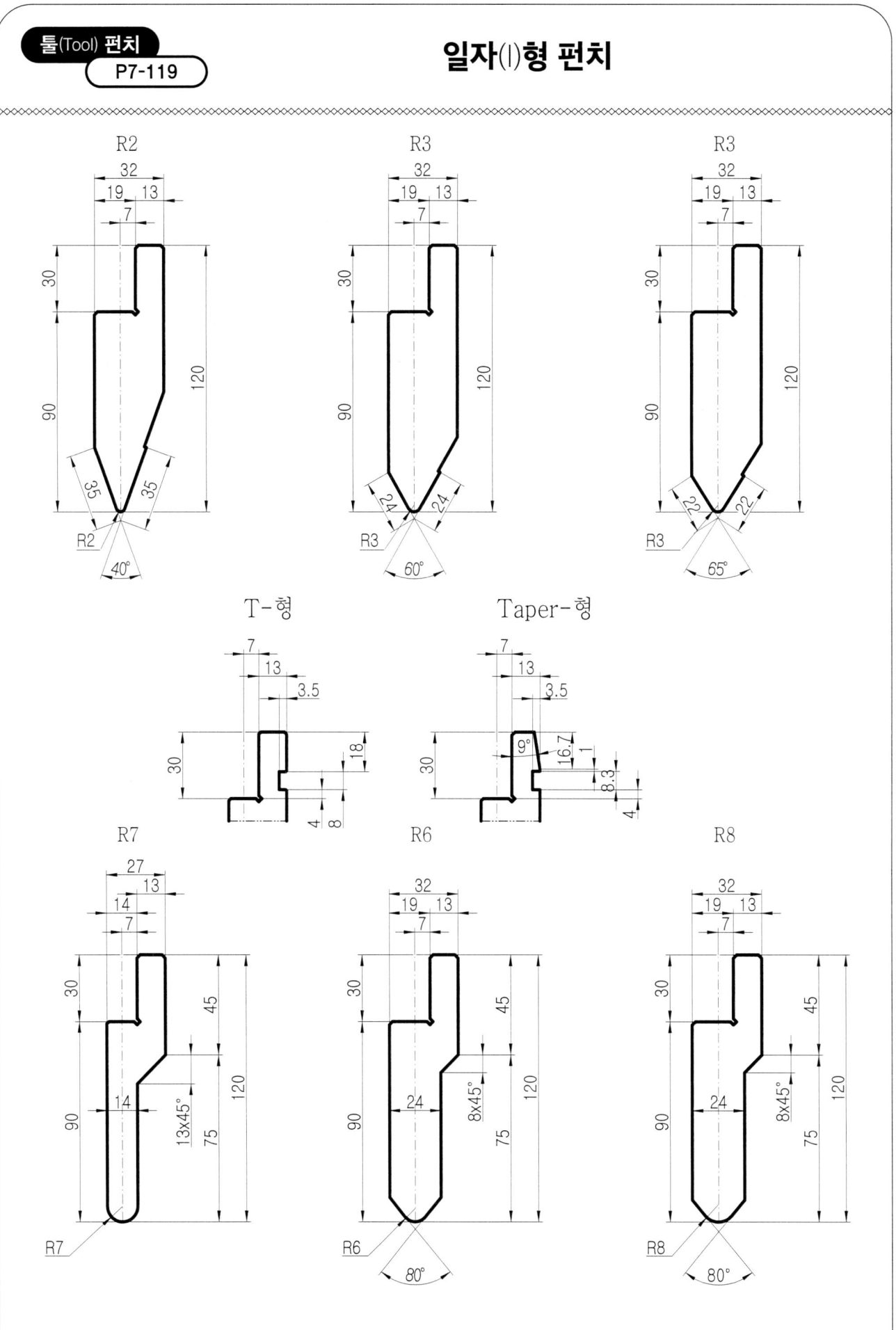

툴(Tool) 펀치 P7-120

일자(I)형 펀치

이 제품은 홀더(Holder) 부분이 16과 13 치수로 구분되어 있습니다.

홀더(Holder)부분 16은 후판용 제품을 사용 고정 장치(Clamp)에 조립하는 제품입니다.

홀더(Holder)부분 13은 일반용 제품을 사용 고정 장치(Clamp)에 조립하는 제품입니다.

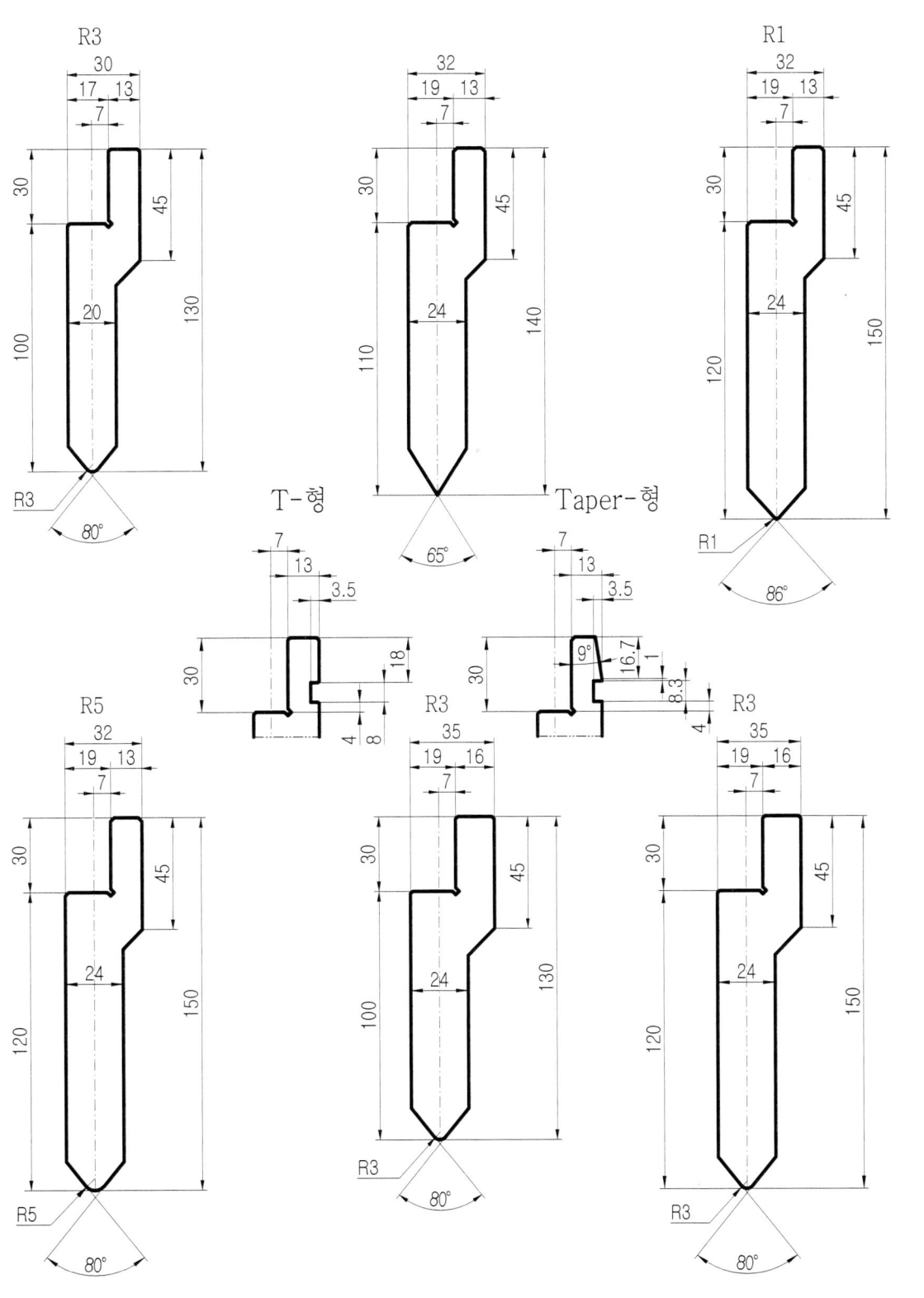

일자(I)형 펀치

R12

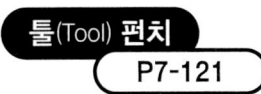

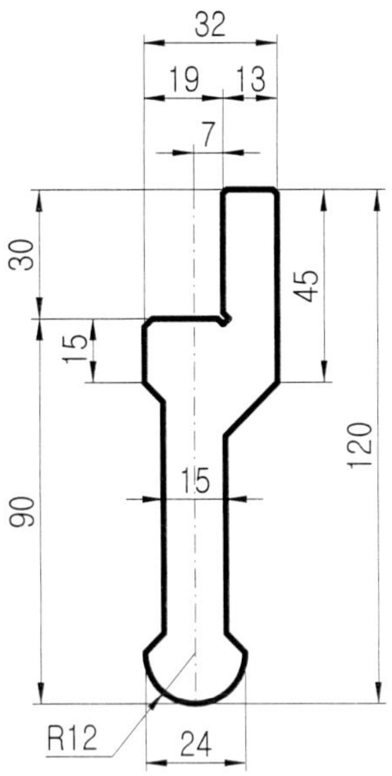

R13

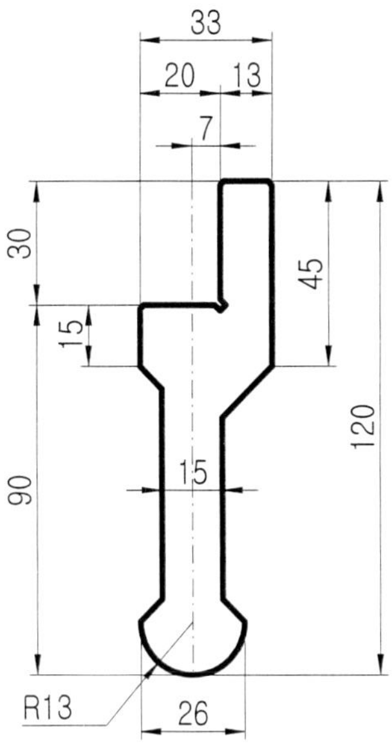

R15

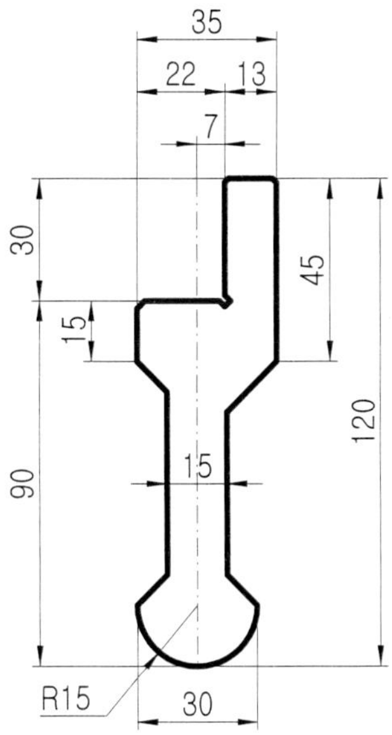

T-형

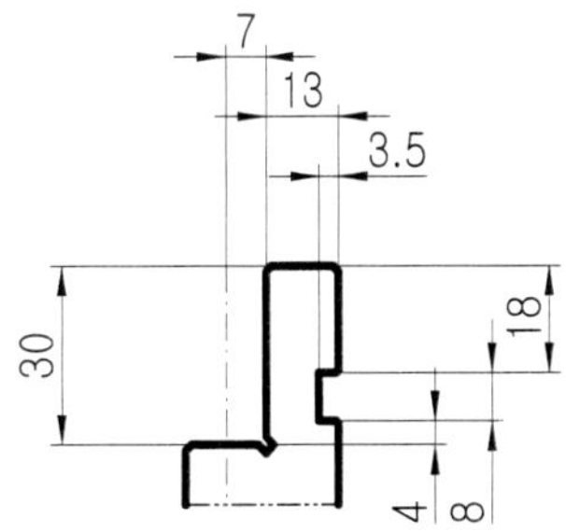

Taper-형

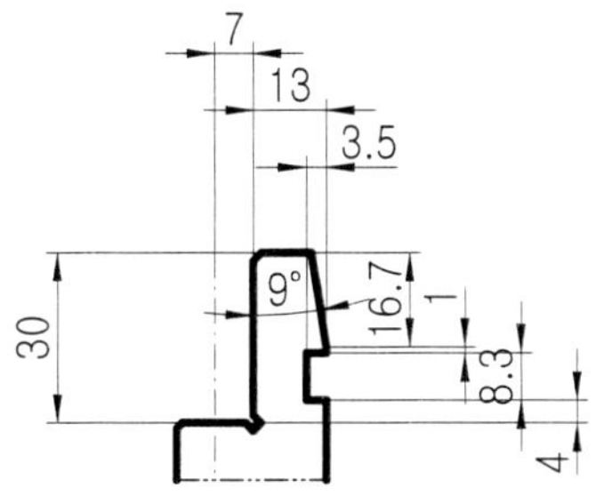

R16

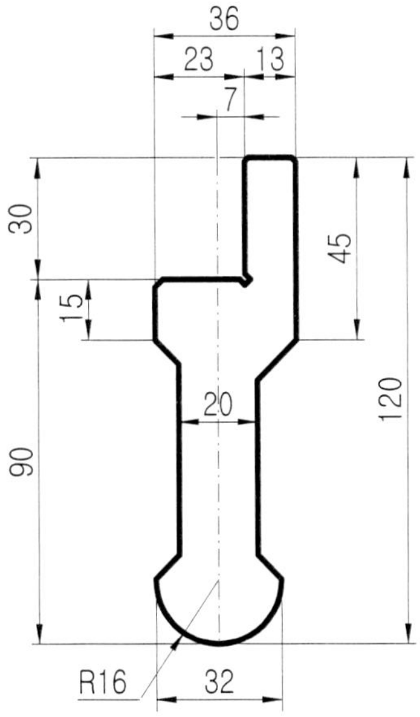

R16

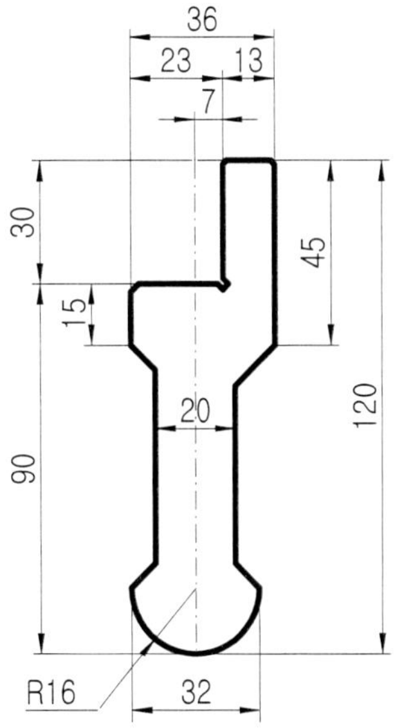

R17

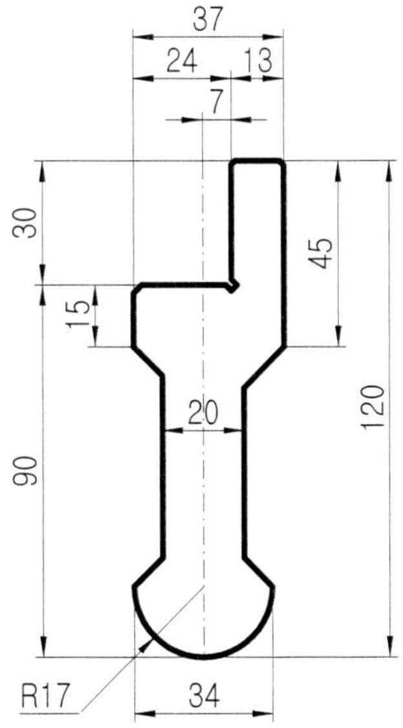

일자(I)형 펀치

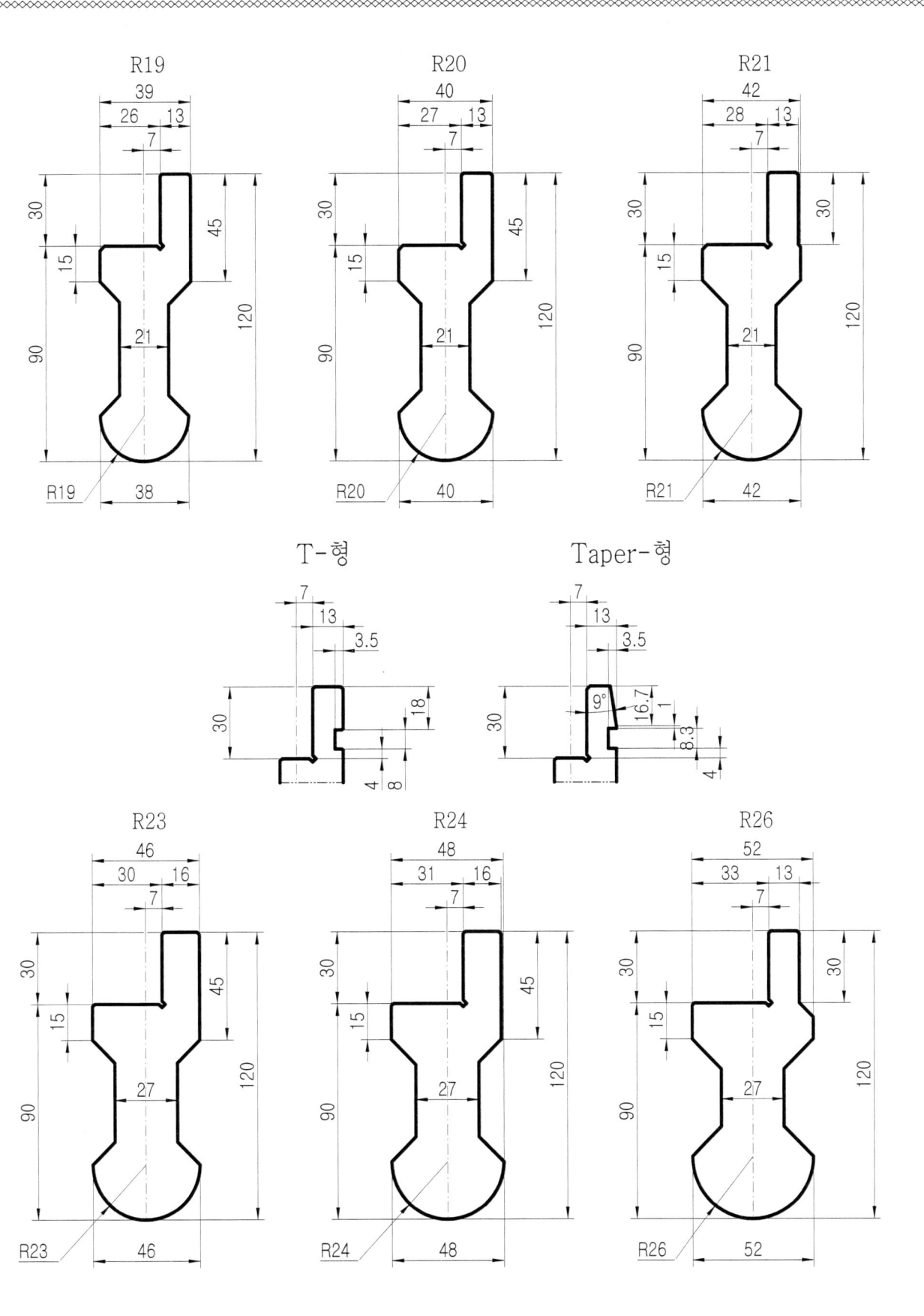

툴(Tool) 펀치 P7-123

일자(I)형 펀치

이 제품에서 기준선 치수를 20 치수로 작성한 내용은, 일반적으로 기준선 치수가 7과 다른 이유는 일반 제품과 조립 방법이 다르기 때문입니다.

치수가 20으로, 이 제품은 고정 장치(Clamp) 13 치수와 기준선 7 치수까지 합한(Plus) 20 치수가 되어 이 치수의 기준선을 20으로 디자인하며 고정 장치(Clamp)를 취출하고 직접 조립하여 사용합니다.

펀치(Punch) 제품의 사양이 커지면서 스트로크 거리를 맞추기 위해 제품을 바로 조립하여 사용합니다.

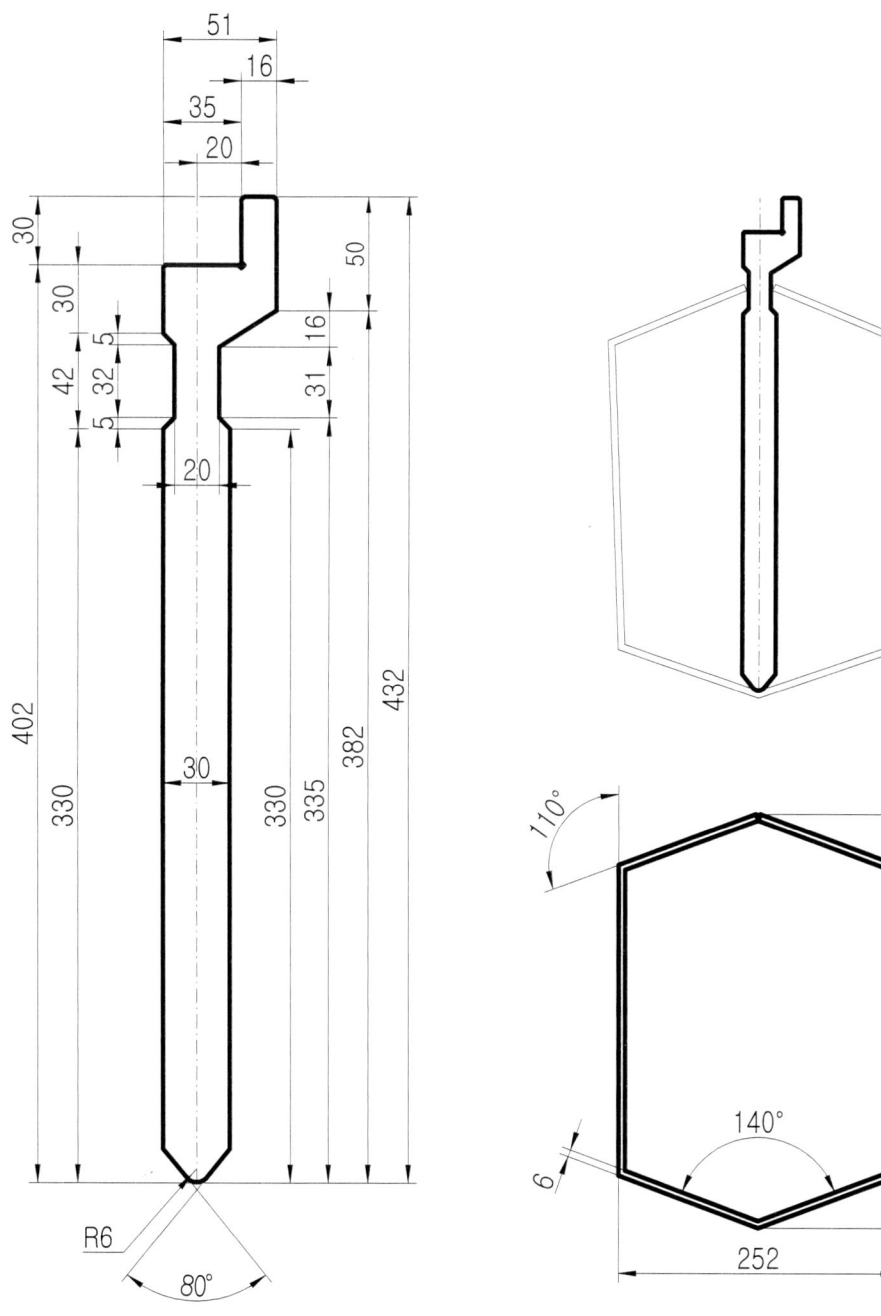

굽힘 작업 예각과 헤밍

굽힘 예각 작업은 뾰족한(acute) 헤밍(Hemming) 작업으로 이 작업에서는 예각(32°)의 뾰족한(acute) 작업이 이루어집니다.

헤밍(Hemming)은 가장자리의 굽힘, 찌그러뜨리기 작업을 말합니다.

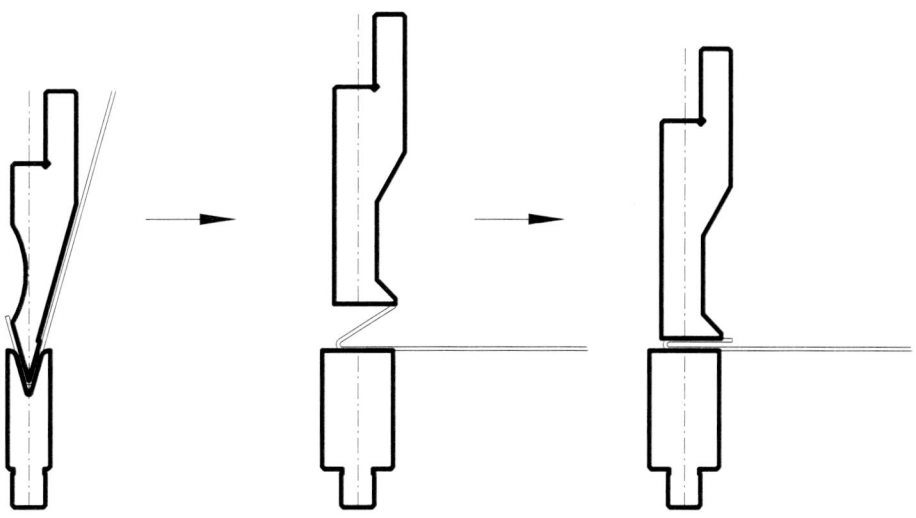

[그림 6] 예각 작업과 헤밍 작업

헤밍 소요 톤수 판 두께

t	톤(Ton)	2t
1.0	40	2.0
1.6	63	3.2
2.0	80	4.0
2.6	90	5.2

[표 2] 재질 SS41

t	톤(Ton)	2t
1.0	60	2.0
1.5	95	3.0
2.0	130	4.0
2.5	180	5.0

[표 3] 재질 SUS

[표 2], [표 3] 자료는 기계적으로나 금형 응력이 이러한 비율이라는 것을 나타내는 자료이므로 절대적인 수치로 인식하는 것은 금물입니다.

씨(C)형 펀치

툴(Tool) 펀치 P7-124

뾰족한(acute) 작업, 예각(32°) 굽힘 제품입니다.
헤밍(Hemming) 작업을 하기 위한 전 공정 제품입니다.

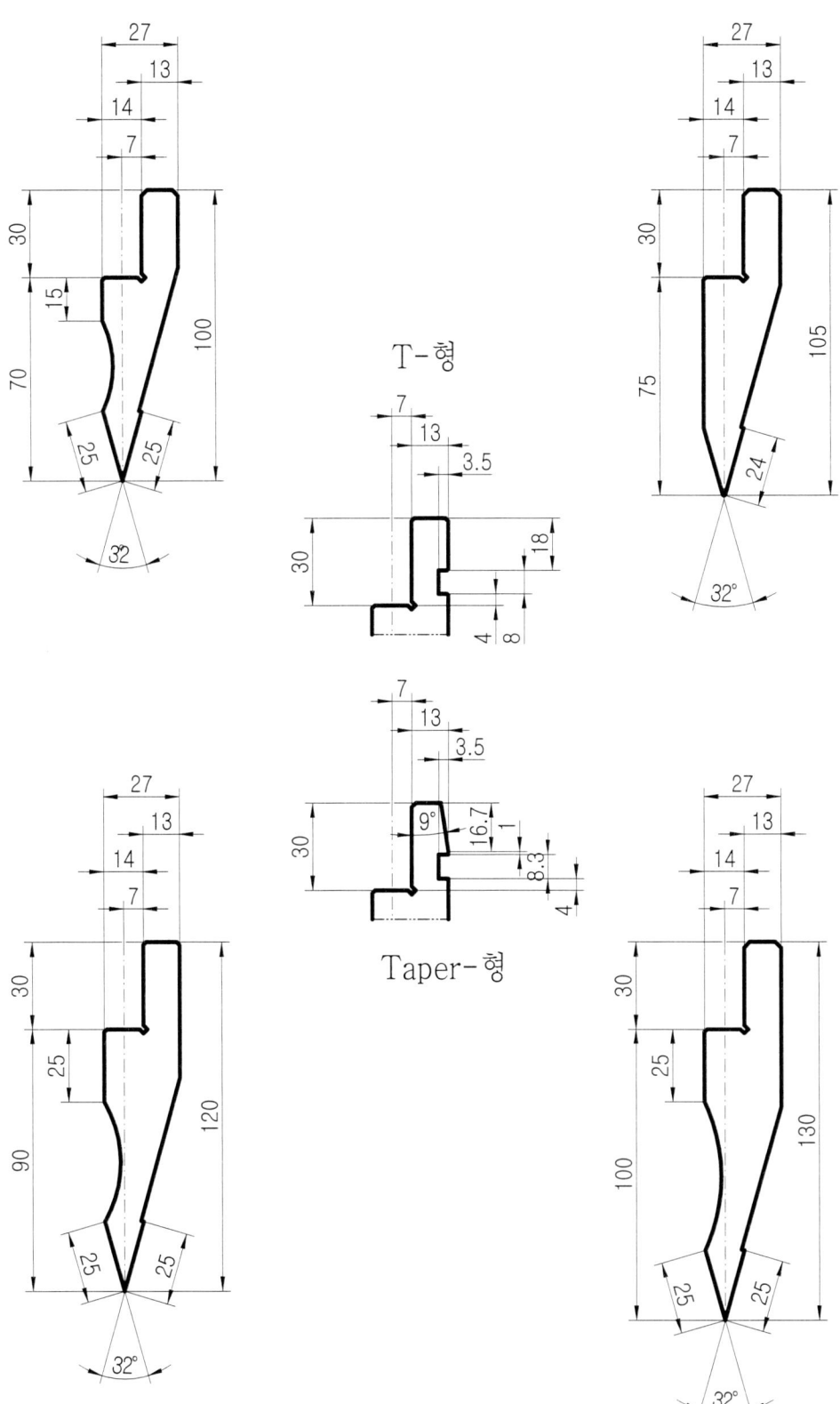

툴(Tool) 펀치 P7-125 — 씨(C)형 펀치

T-형

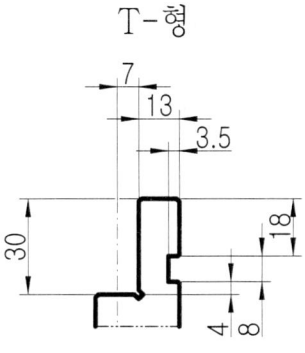

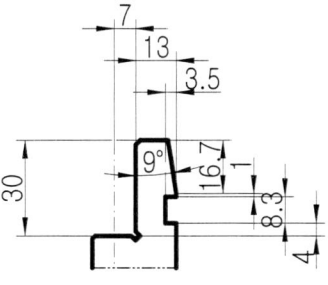

Taper-형

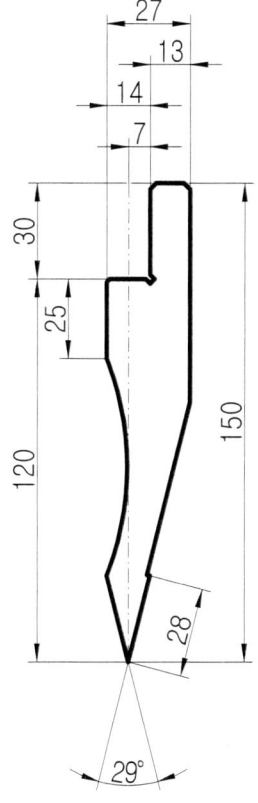

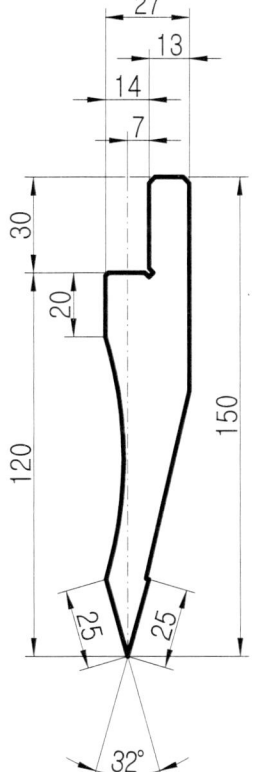

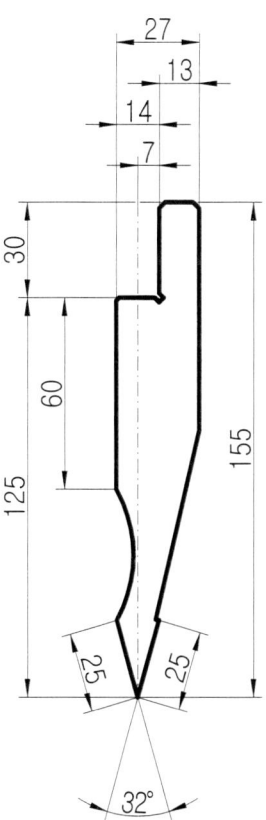

씨(C)형 펀치

툴(Tool) 펀치
P7-126

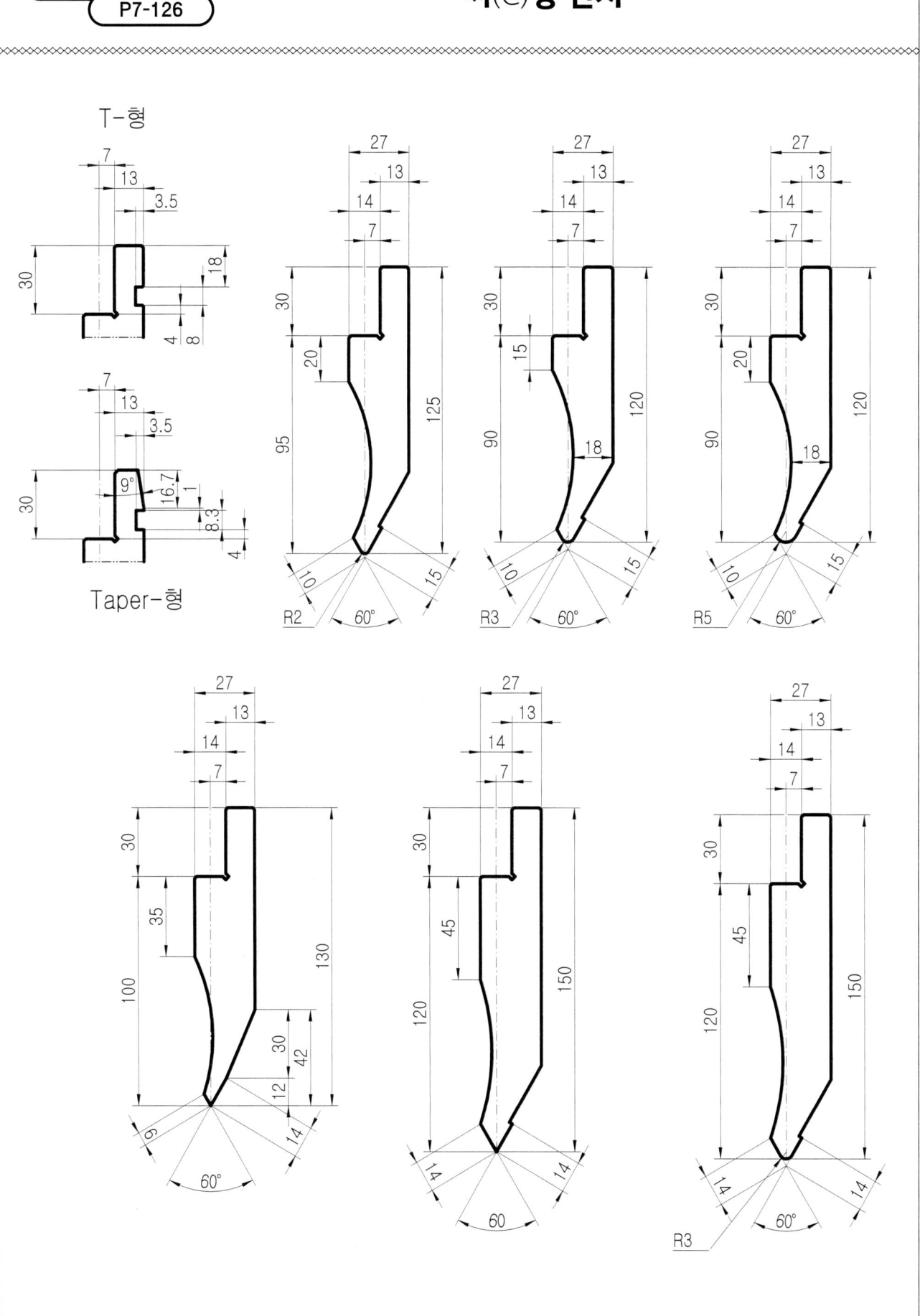

씨(C)형 펀치

툴(Tool) 펀치
P7-127

많이 사용하는 형상의 펀치입니다.

가장 많이 사용하는 제품이며, 특성에 따라 사양이 많이 변하는 제품입니다.

T-형과 Taper-형은 고정 장치(Clamp) 조립 형식을 구분하여 주문 발주 시 사양에 유의해야 합니다.

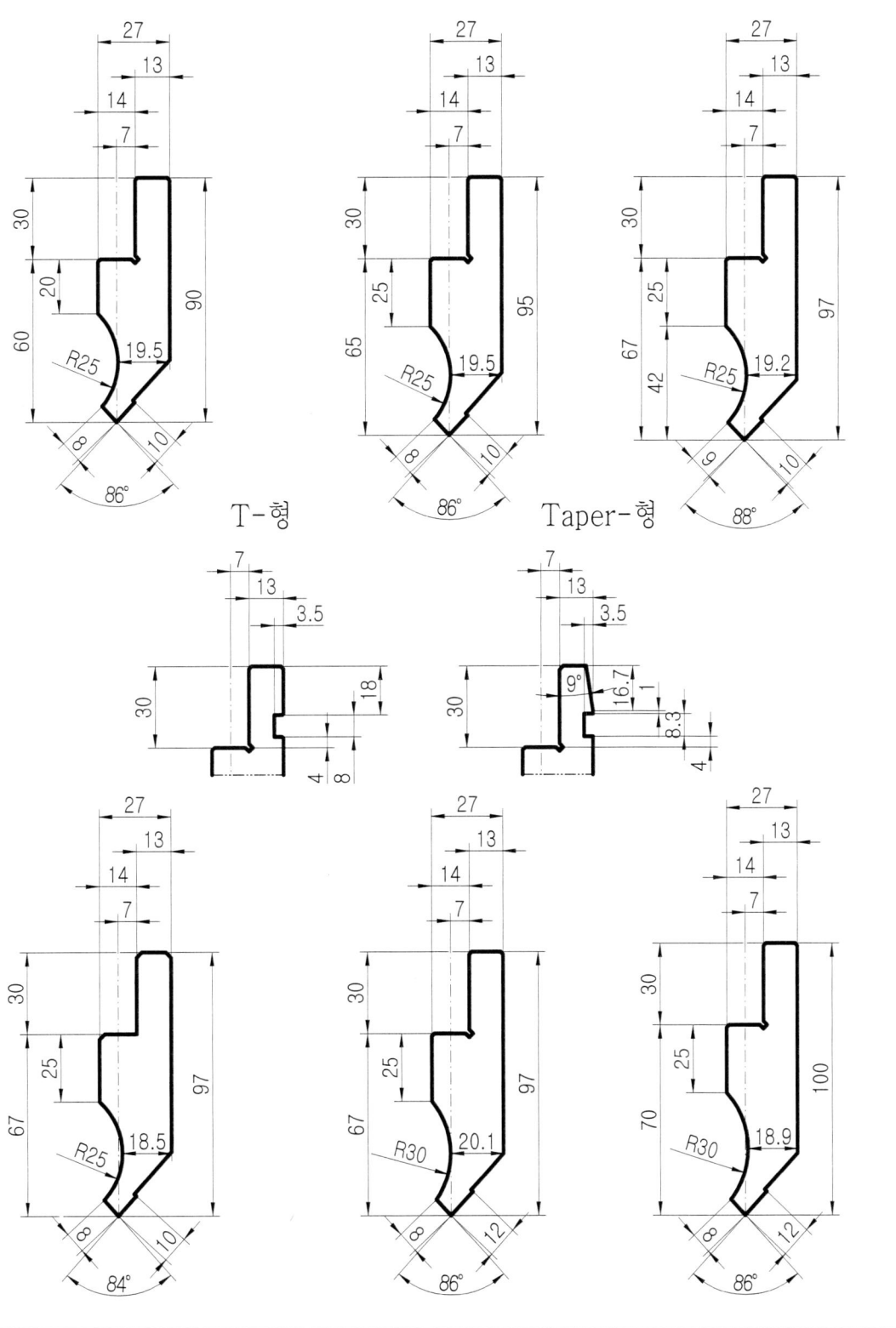

씨(C)형 펀치

툴(Tool) 펀치
P7-128

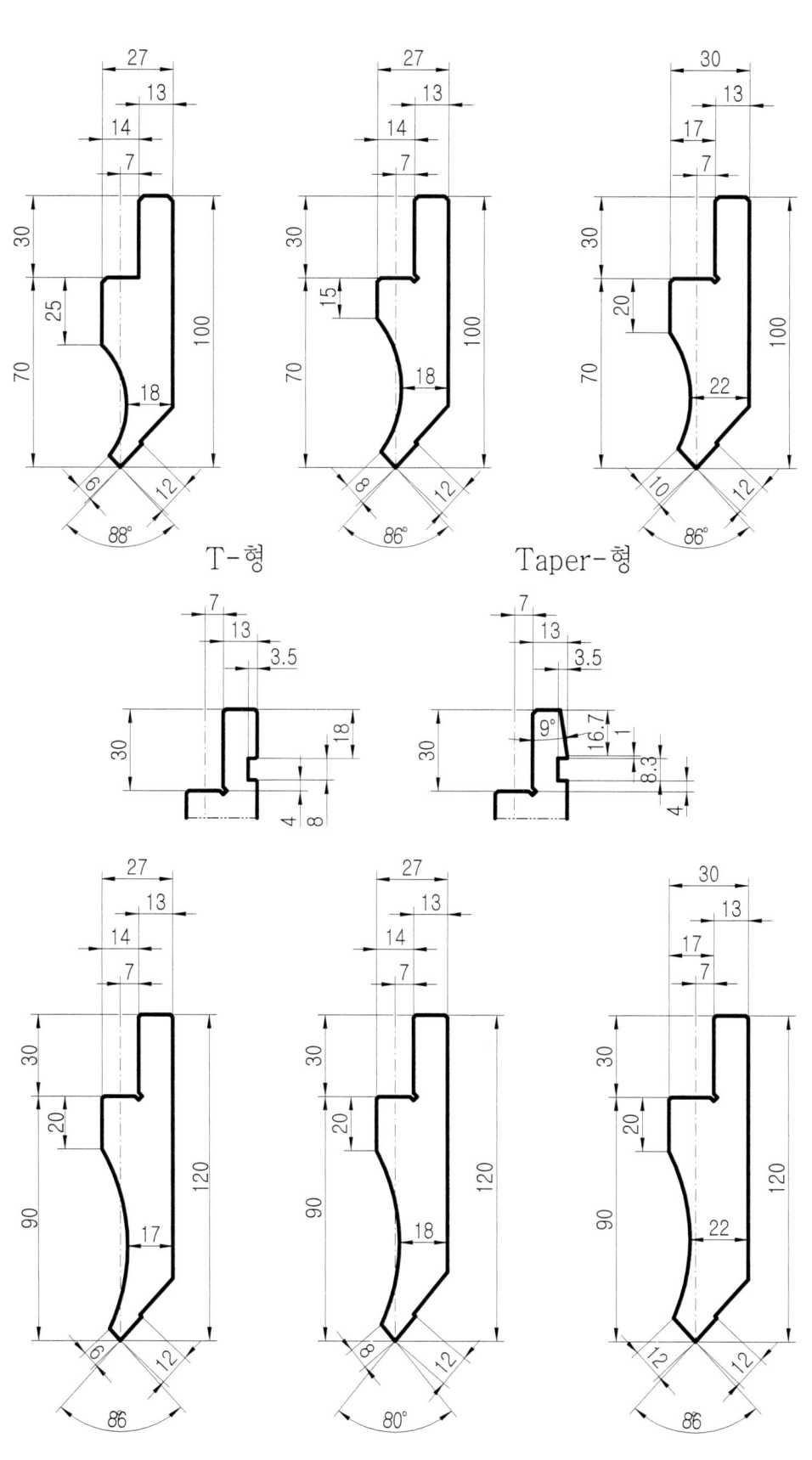

T-형　　Taper-형

씨(C)형 펀치

툴(Tool) 펀치 P7-129

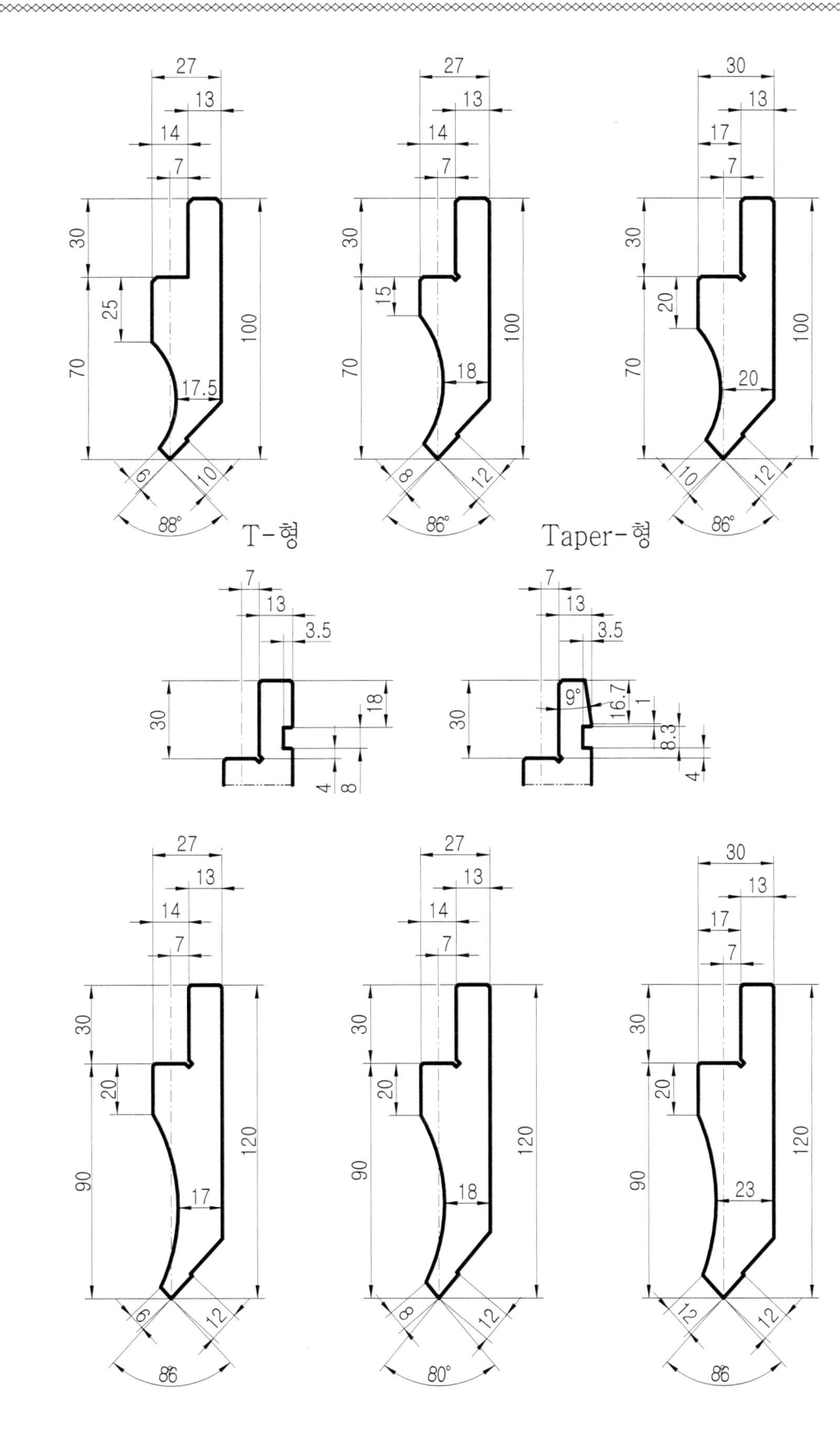

T-형   Taper-형

씨(C)형 펀치

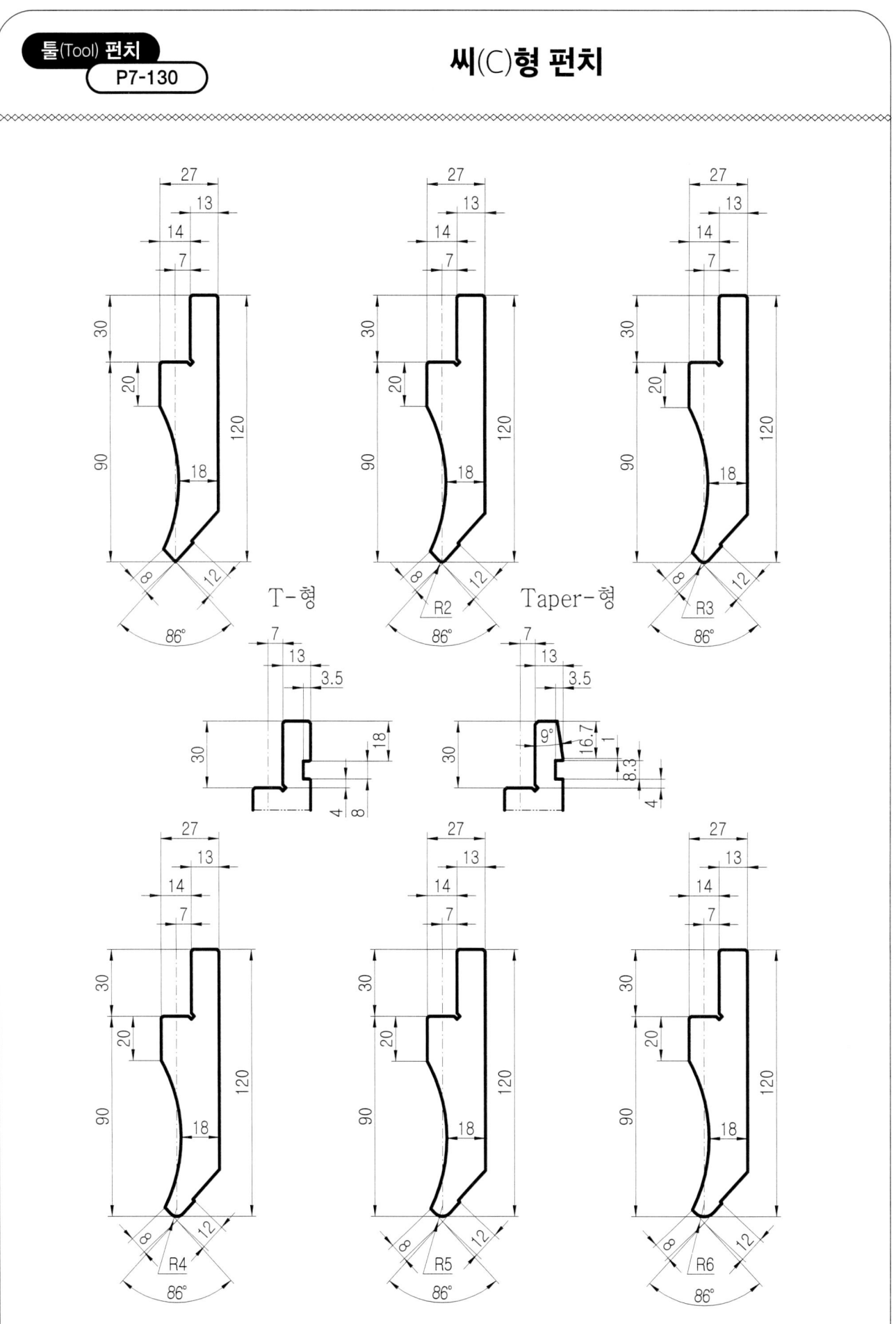

씨(C)형 펀치

T-형

Taper-형

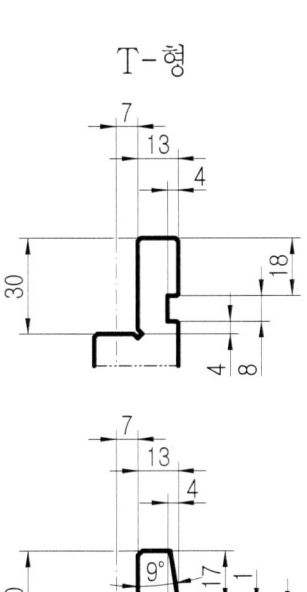
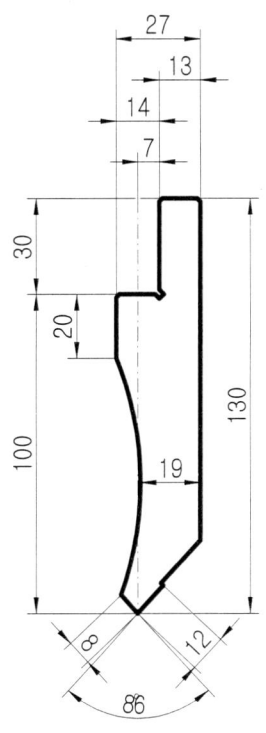
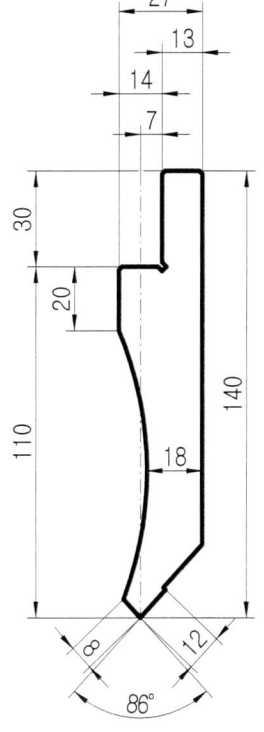
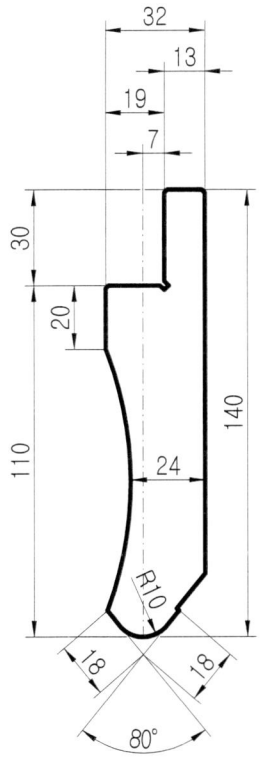
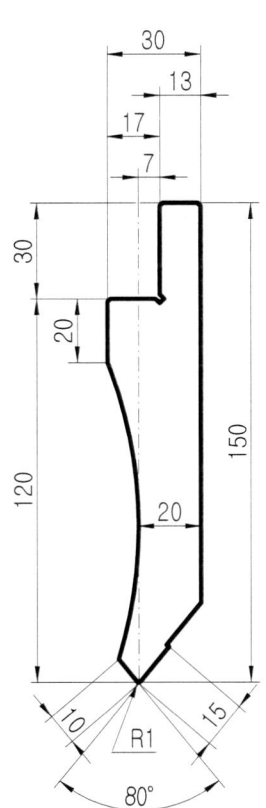
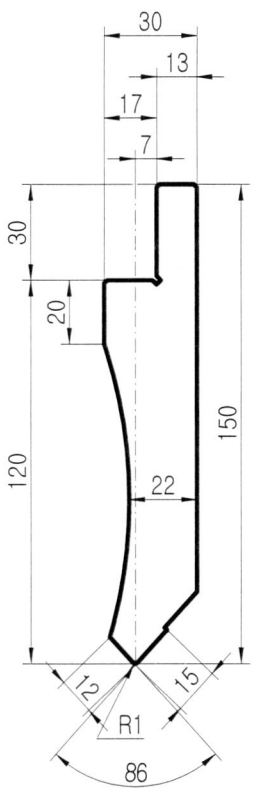

굽힘 작업의 디자인

1. 단(층계) 굽힘형의 종류

단(층계) 굽힘형을 크게 구분하면 소재 면에서 상승형과 수평형이 있습니다.

상승형은 접을 때 작업 시의 소재로 상승형, 배당형, 언밸런스형, 그리고 범용형이 있습니다.

수형형은 업셋트형의 접기에 사용합니다.

이른바 소재가 상승형이기 때문에 큰 판의 선단부에 업셋트하는 경우 안성맞춤의 금형입니다.

스러스트(Thrust)력의 방향

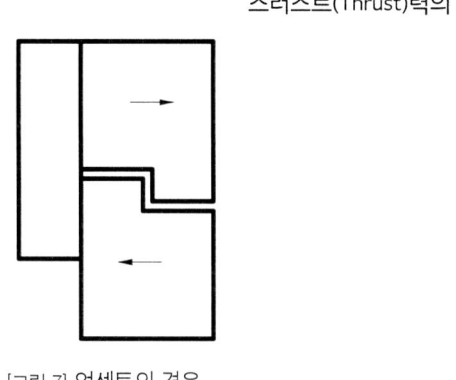 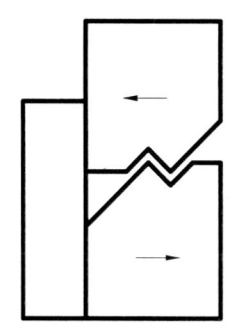

[그림 7] 업셋트의 경우   [그림 8] 단(층계) 굽힘의 경우

2. 소재 상승

단(층계) 굽힘에 가장 많이 이용하는 형이며, 제품의 높이차가 소재 두께의 3배를 초과하여 10배 정도의 형상까지 굽힘 작업을 할 수 있습니다.

이 형에는 45°형과 언밸런스형이 있고, 언밸런스형은 스러스트(Thrust)력 발생이 적지만 코스트는 비교적 높습니다.

그리고 45°형은 V폭이 작아서 응력이 많이 소요되므로 기계의 힘이 부족할 경우를 생각하면 굽힘 작업에는 언밸런스형이 효율적이라 생각됩니다.

언밸런스형의 경우 각도 디자인 시 V폭 치수를 크게 하기 위하여 10°, 15°, 20° 등의 여러 각도를 디자인하여 응력을 줄이고 효율적인 작업을 할 수 있다고 봅니다.

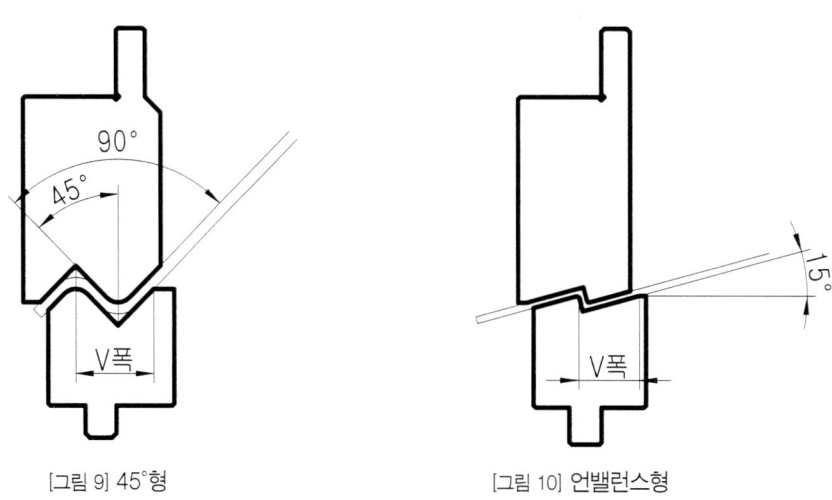

[그림 9] 45°형   [그림 10] 언밸런스형

단 굽힘 펀치 다이(Punch Die)

툴(Tool) 펀치 P7-132

2 단차 굽힘 제품입니다.

1.4 단차 굽힘 제품입니다.

T-형

Taper-형

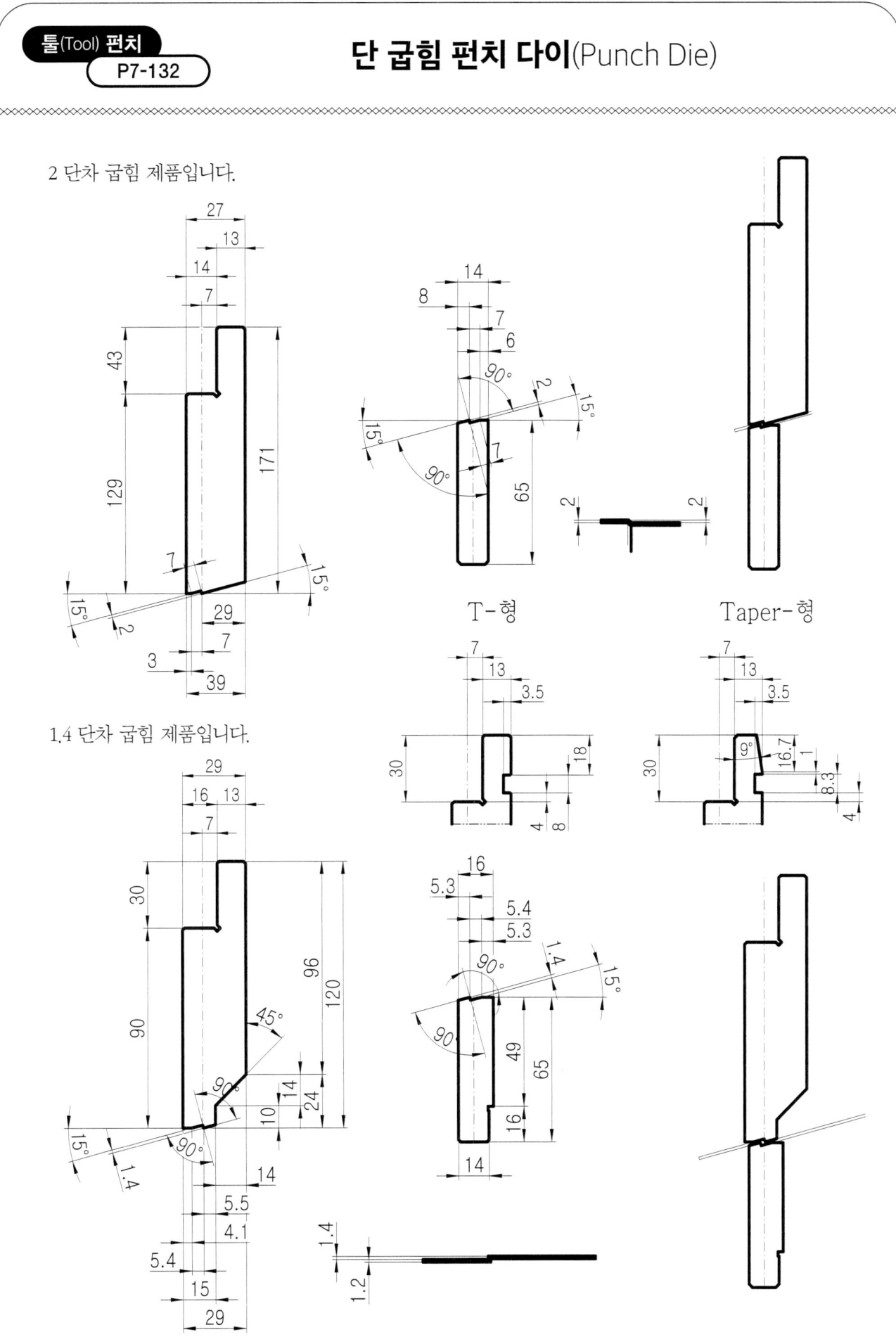

툴(Tool) 펀치 P7-133
단 굽힘 펀치 다이 (Punch Die)

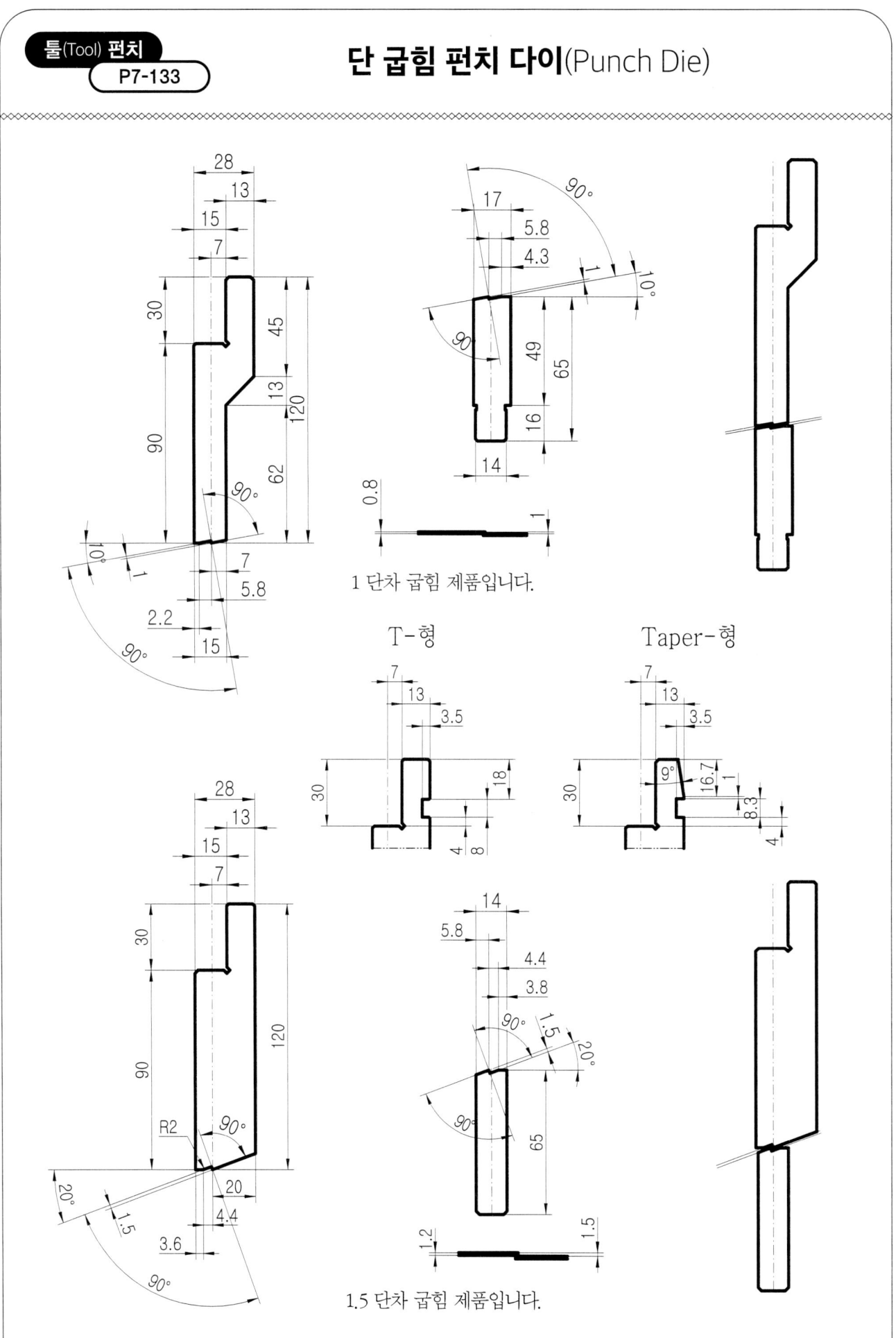

1 단차 굽힘 제품입니다.

T-형   Taper-형

1.5 단차 굽힘 제품입니다.

툴(Tool) 펀치 — P7-134
단 굽힘 펀치 다이 (Punch Die)

T-형

Taper-형

2.5 단차 굽힘 제품입니다.

1.6 단차 굽힘 제품입니다.

툴(Tool) 펀치
P7-135
단 굽힘 펀치 다이(Punch Die)

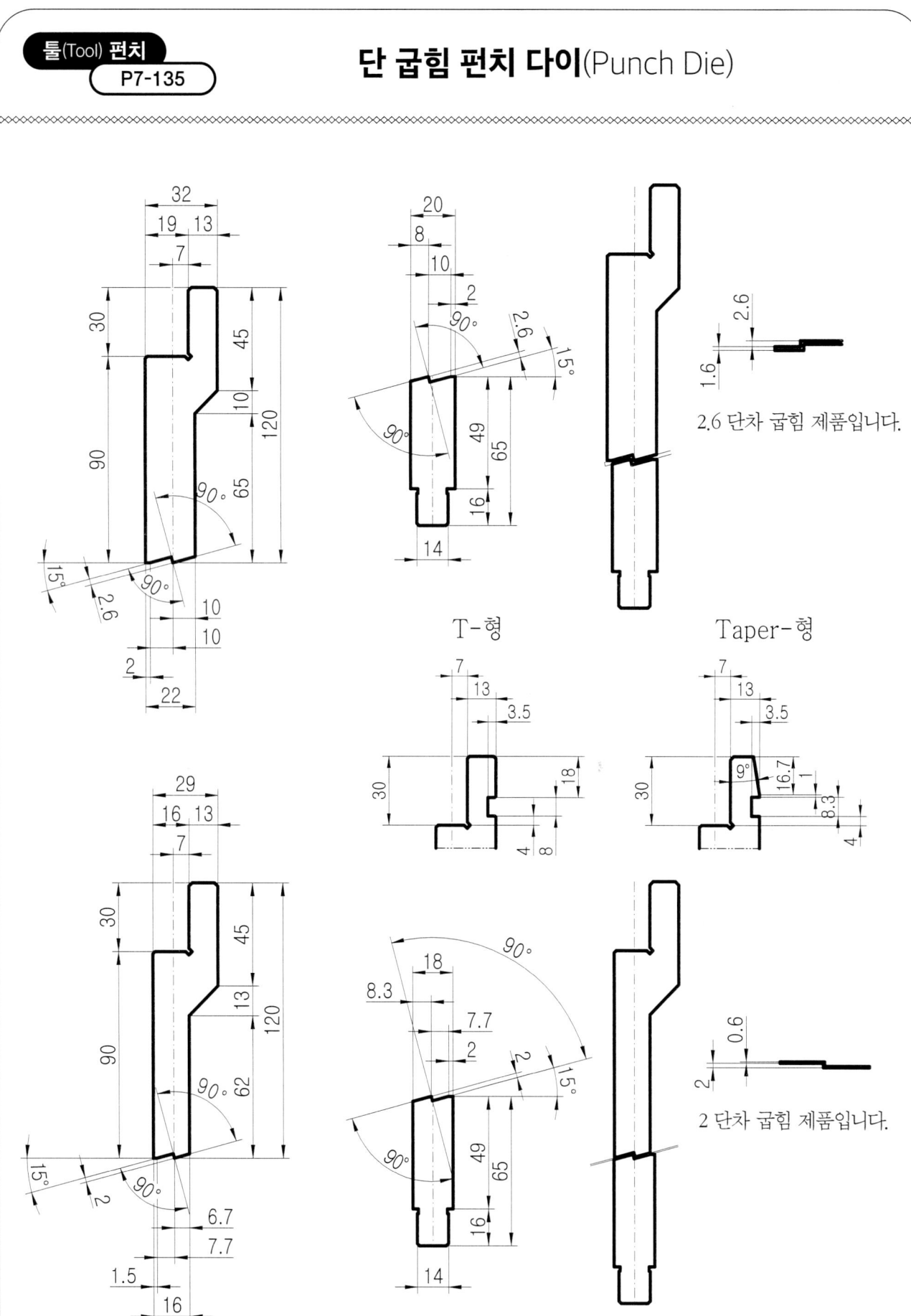

T-형　　　Taper-형

2.6 단차 굽힘 제품입니다.

2 단차 굽힘 제품입니다.

툴(Tool) 펀치 — P7-136
단 굽힘 펀치 다이(Punch Die)

2 단차 굽힘 제품입니다.

T-형   Taper-형

2 단차 굽힘 제품입니다.

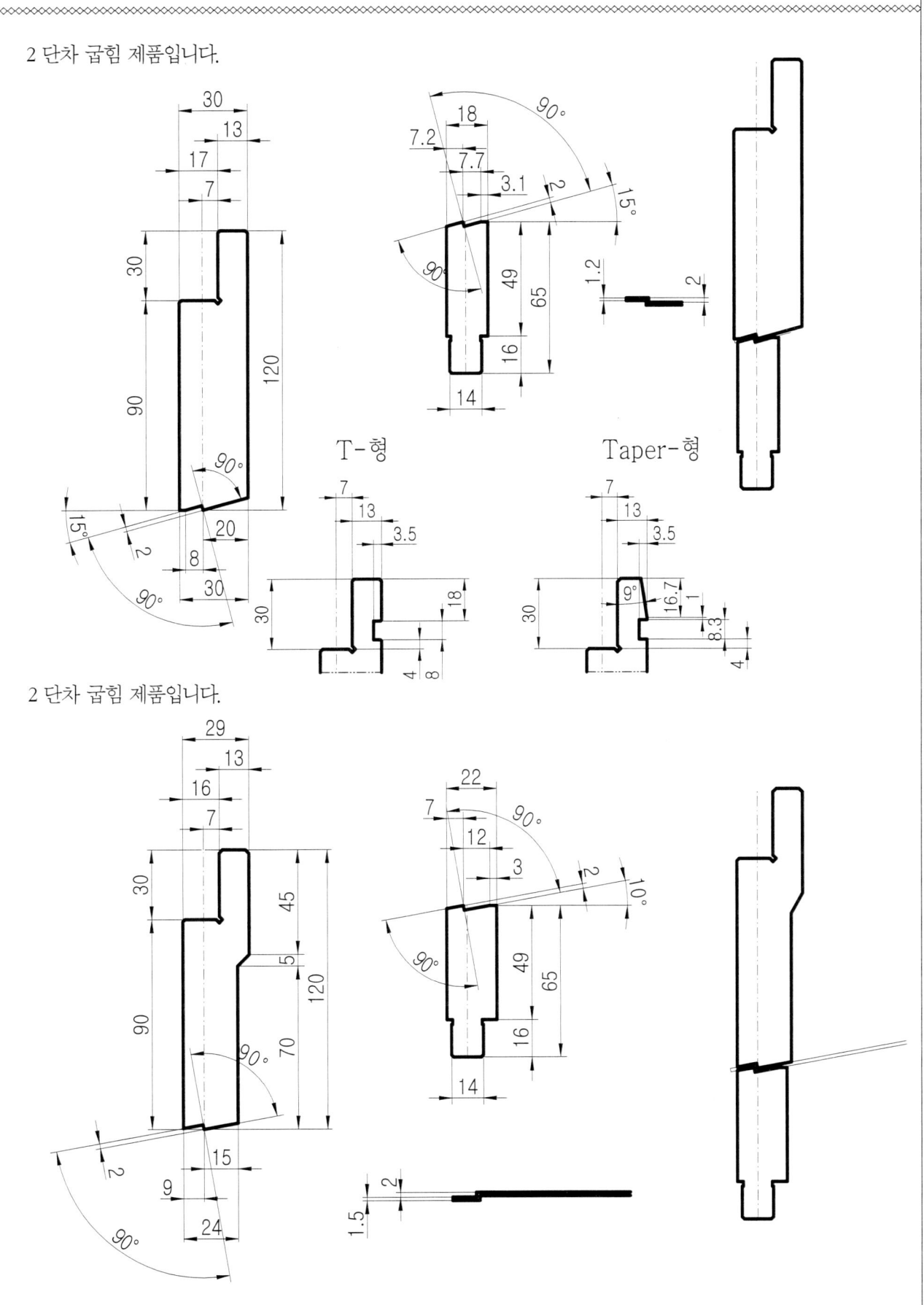

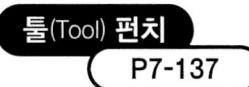

단 굽힘 펀치 다이(Punch Die)

2.4 단차 굽힘 제품입니다.

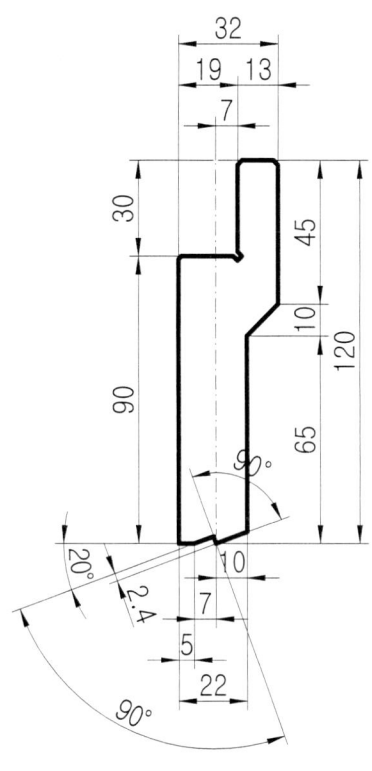

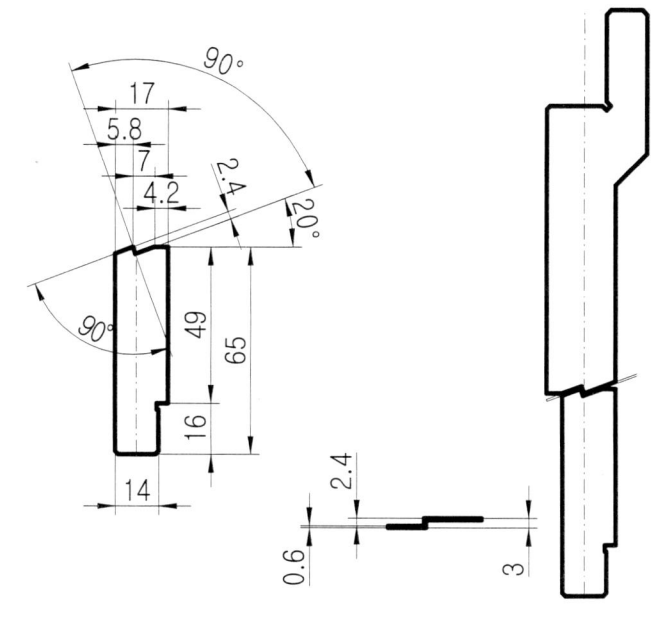

T-형　　　　　Taper-형

2.5 단차 굽힘 제품입니다.

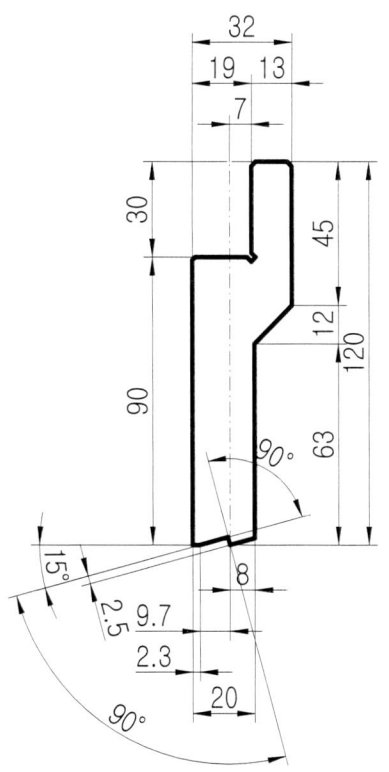

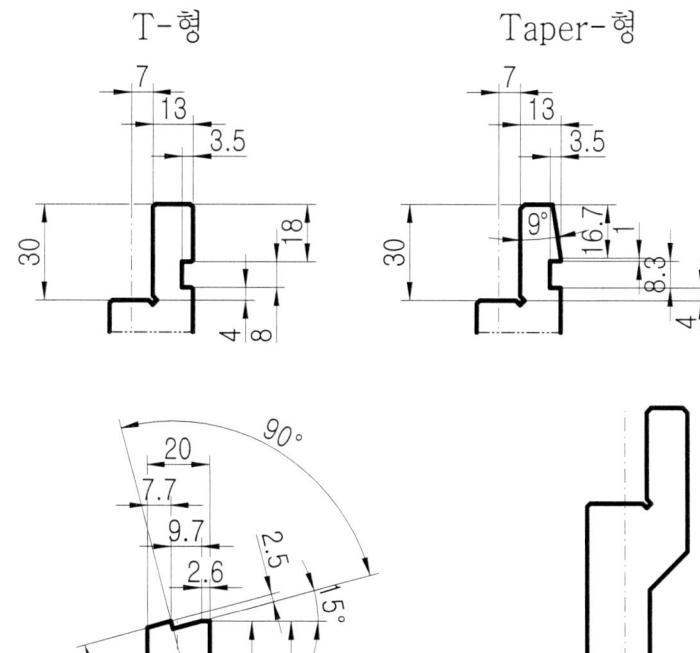

툴(Tool) 펀치 P7-138

단 굽힘 펀치 다이(Punch Die)

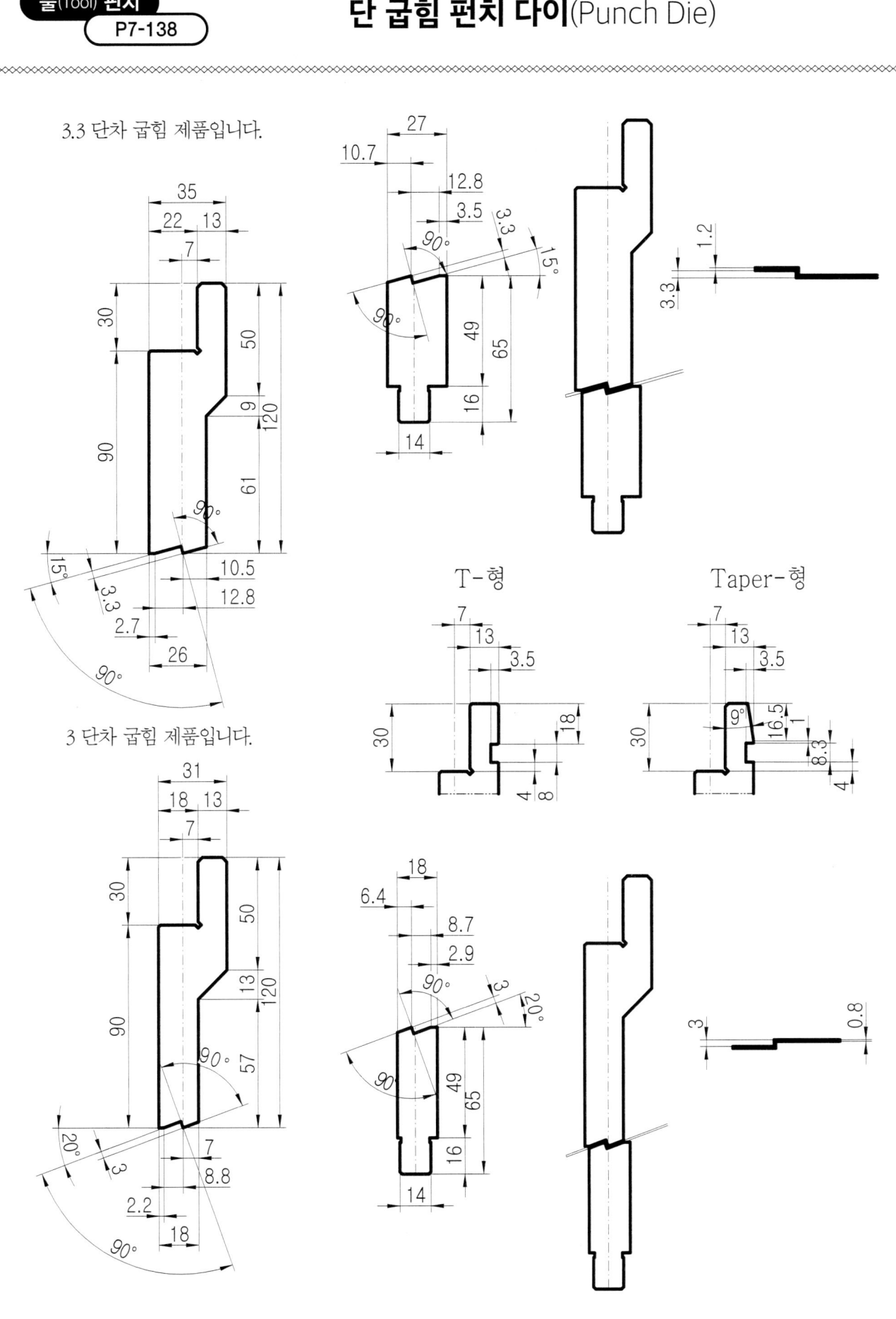

3.3 단차 굽힘 제품입니다.

3 단차 굽힘 제품입니다.

T-형

Taper-형

단 굽힘 펀치 다이(Punch Die)

4 단차 굽힘 제품입니다.

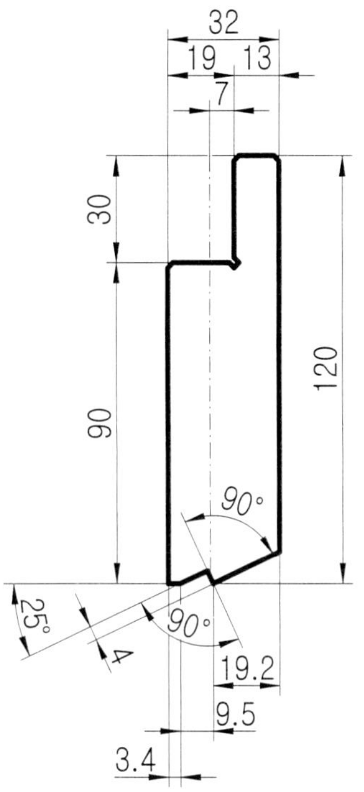

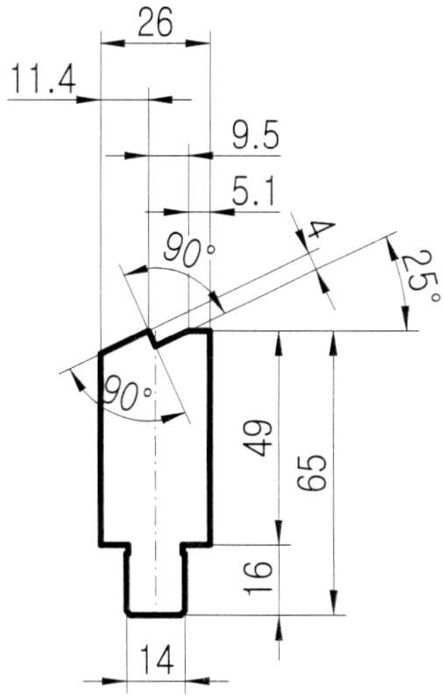

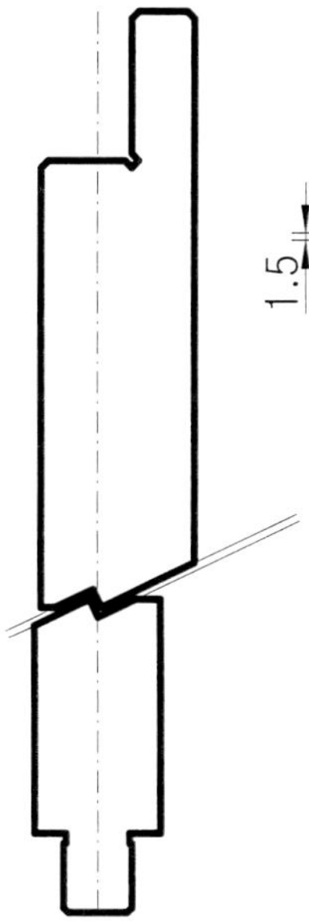

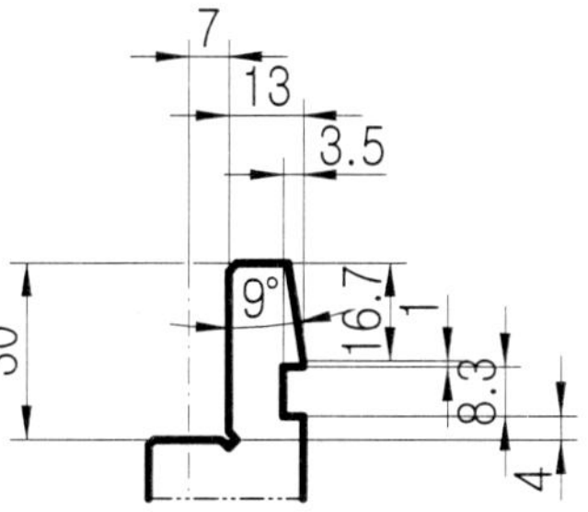

5.5 단차 굽힘 제품입니다.

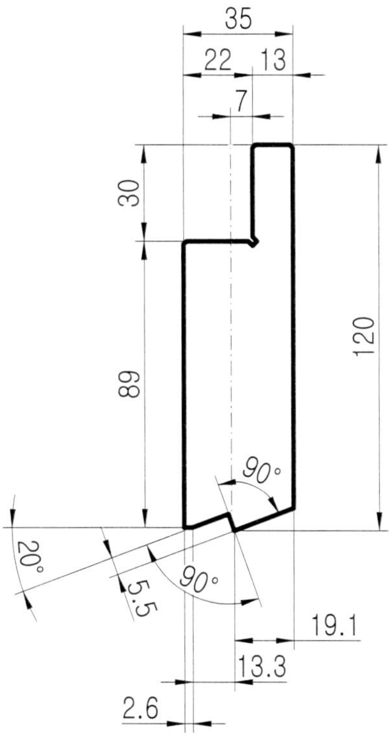

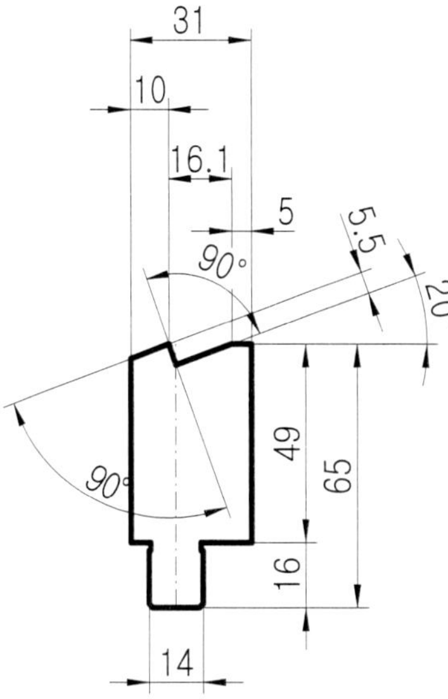

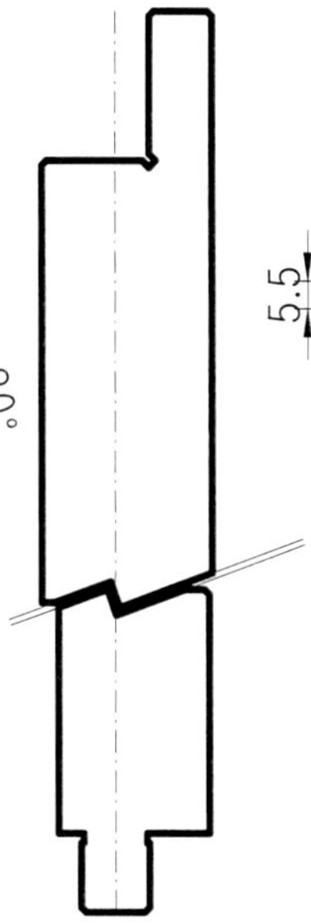

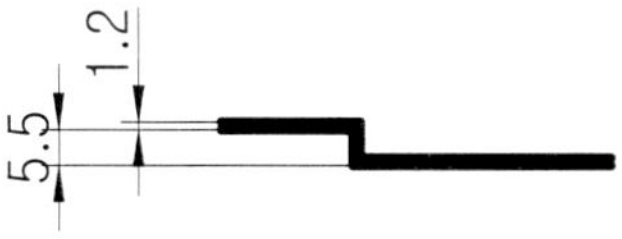

T-형

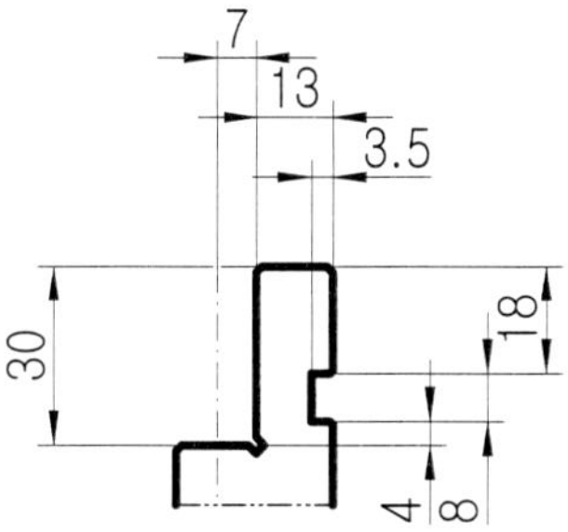

Taper-형

툴(Tool) 펀치 — 단 굽힘 펀치 다이(Punch Die)

P7-140

4 단차 굽힘 제품입니다.

5 단차 굽힘 제품입니다.

T-형   Taper-형

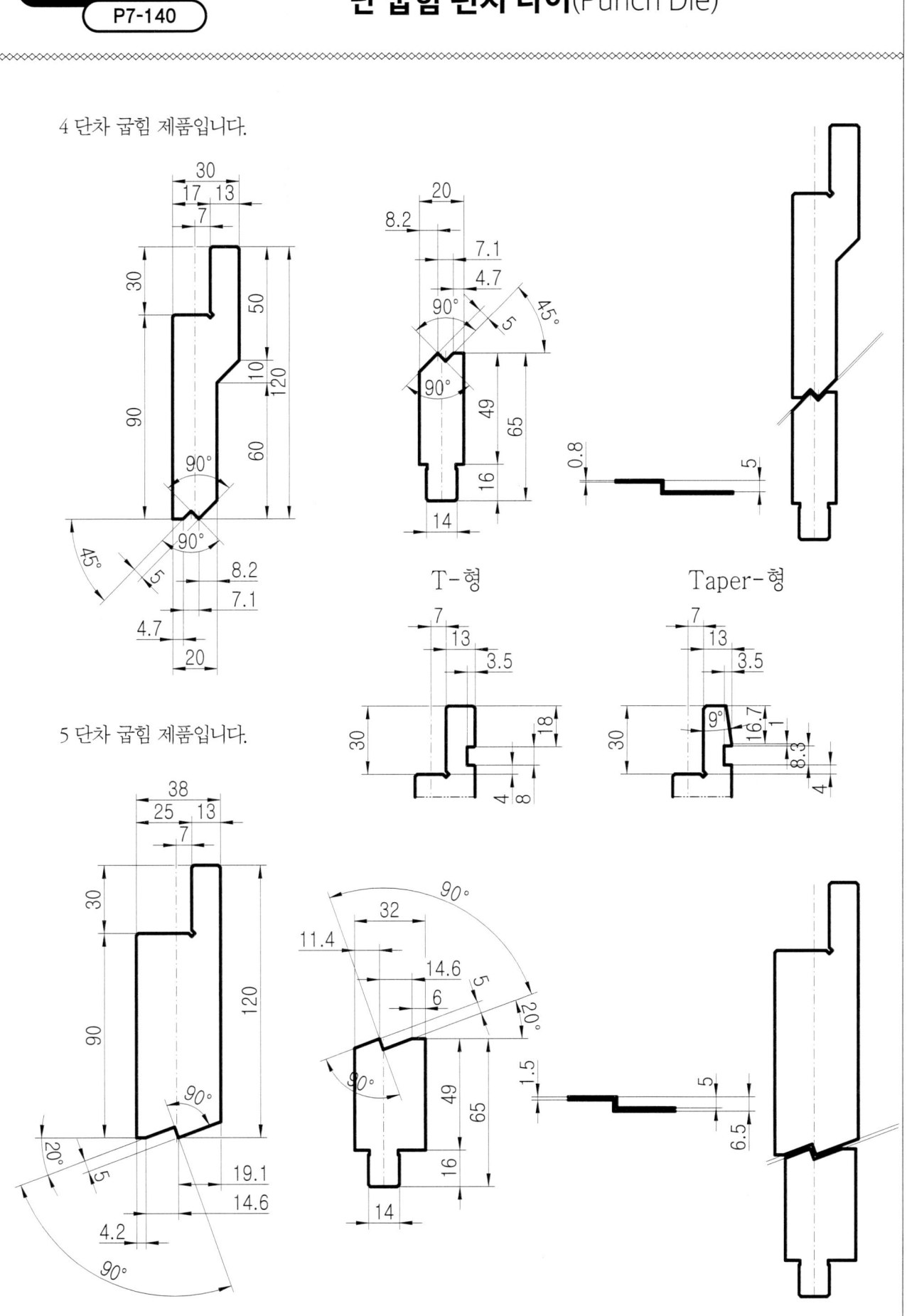

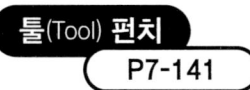

단 굽힘 펀치 다이(Punch Die)

5.2 단차 굽힘 제품입니다.

T-형

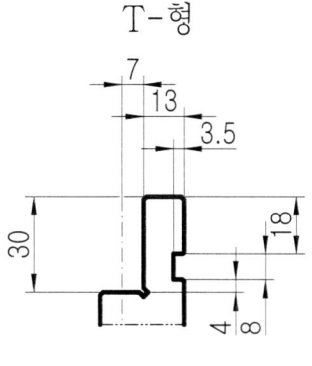

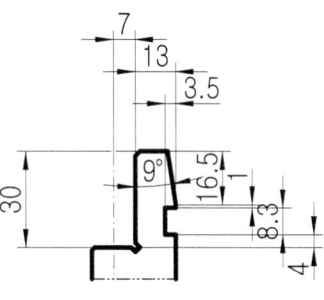

Taper-형

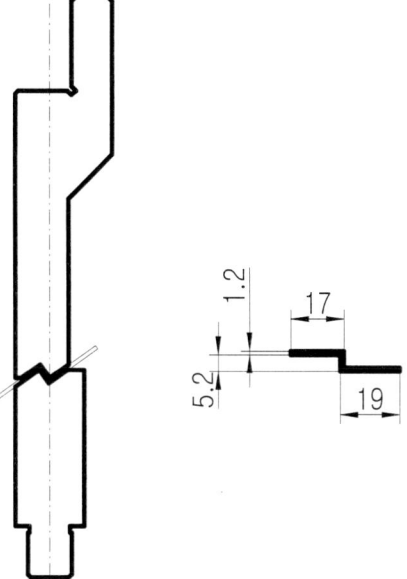

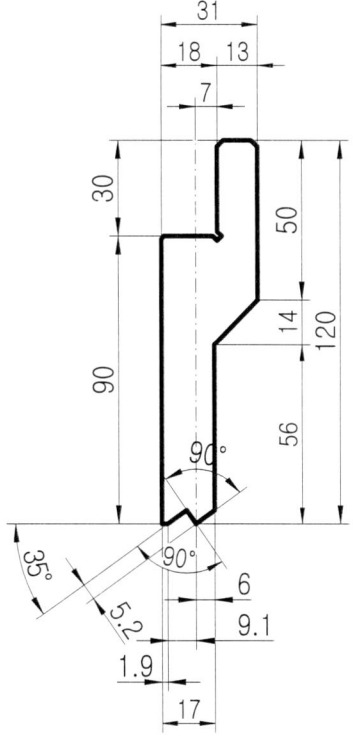

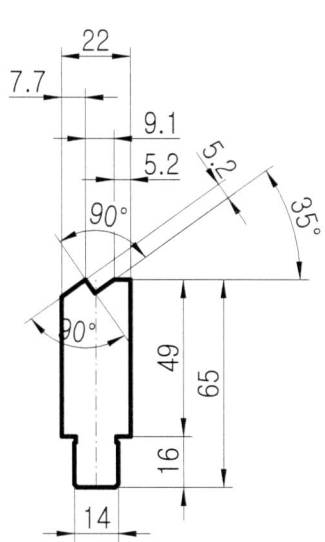

툴(Tool) 펀치 P7-142

단 굽힘 펀치 다이(Punch Die)

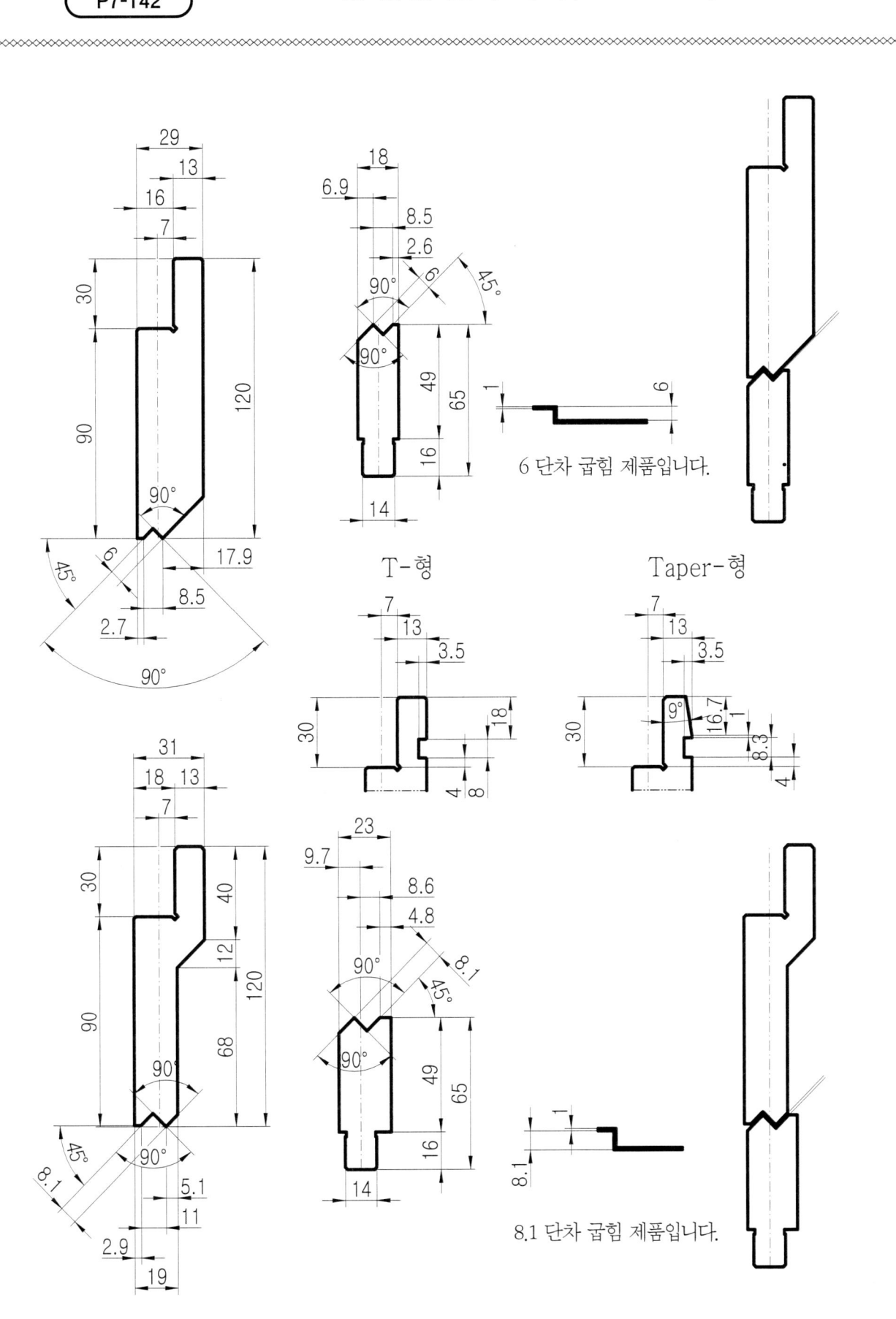

T-형 Taper-형

6 단차 굽힘 제품입니다.

8.1 단차 굽힘 제품입니다.

단 굽힘 펀치 다이(Punch Die)

툴(Tool) 펀치 P7-143

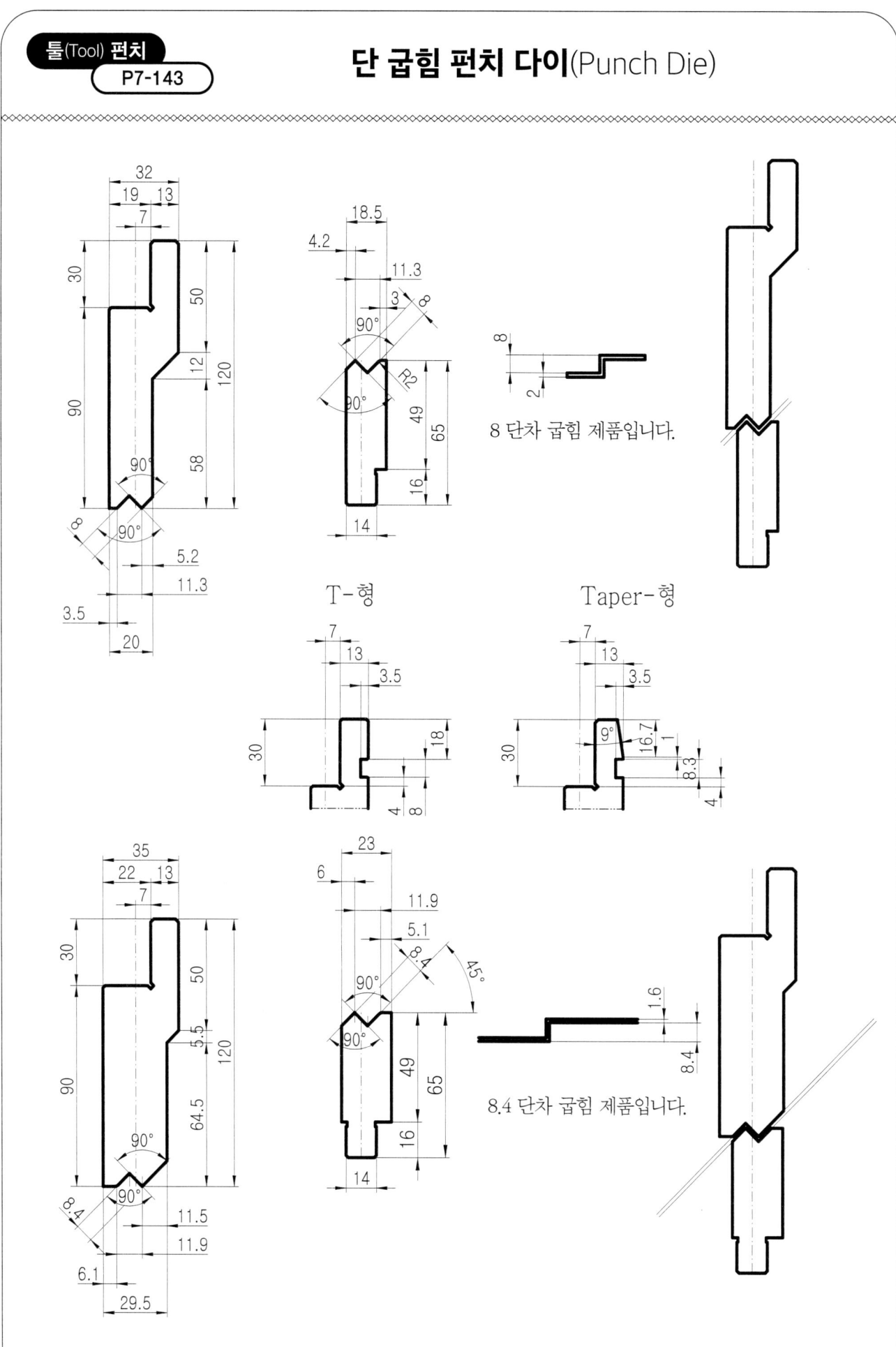

T-형   Taper-형

8 단차 굽힘 제품입니다.

8.4 단차 굽힘 제품입니다.

툴(Tool) 펀치
P7-144
단 굽힘 펀치 다이(Punch Die)

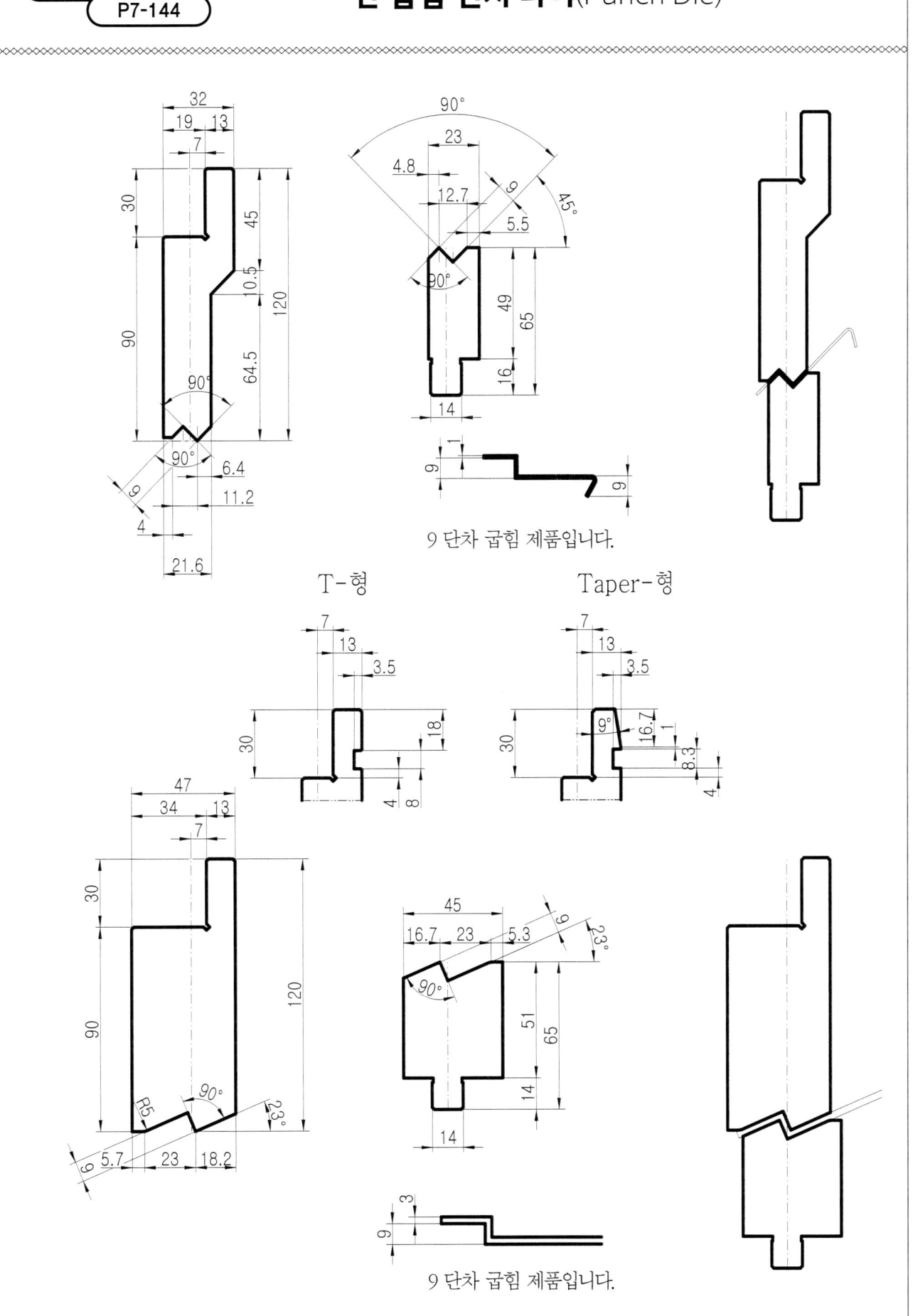

T-형 Taper-형

9 단차 굽힘 제품입니다.

툴(Tool) 펀치 — P7-145
단 굽힘 펀치 다이(Punch Die)

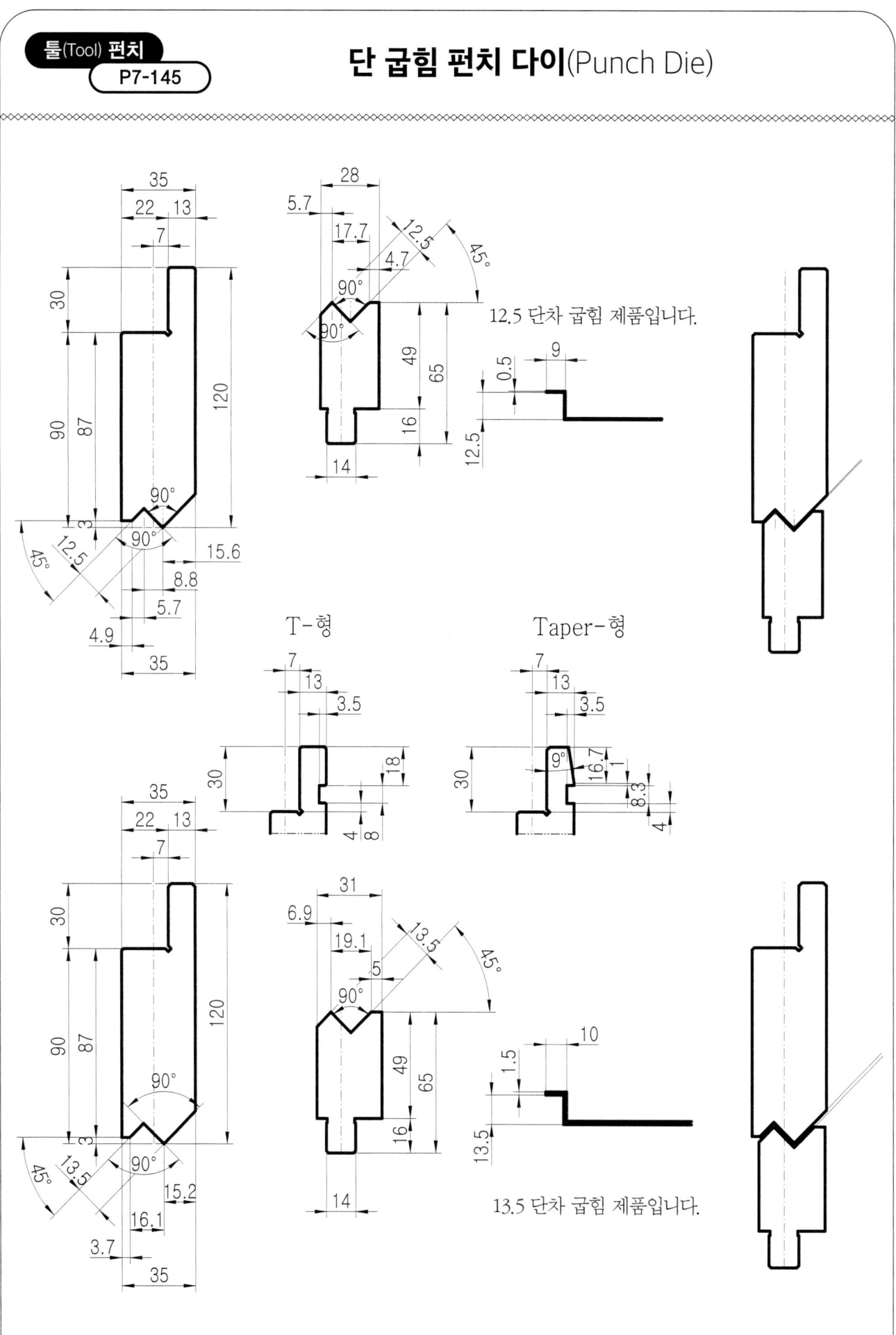

12.5 단차 굽힘 제품입니다.

T-형   Taper-형

13.5 단차 굽힘 제품입니다.

단 굽힘 펀치 다이 (Punch Die)

툴(Tool) 펀치
P7-146

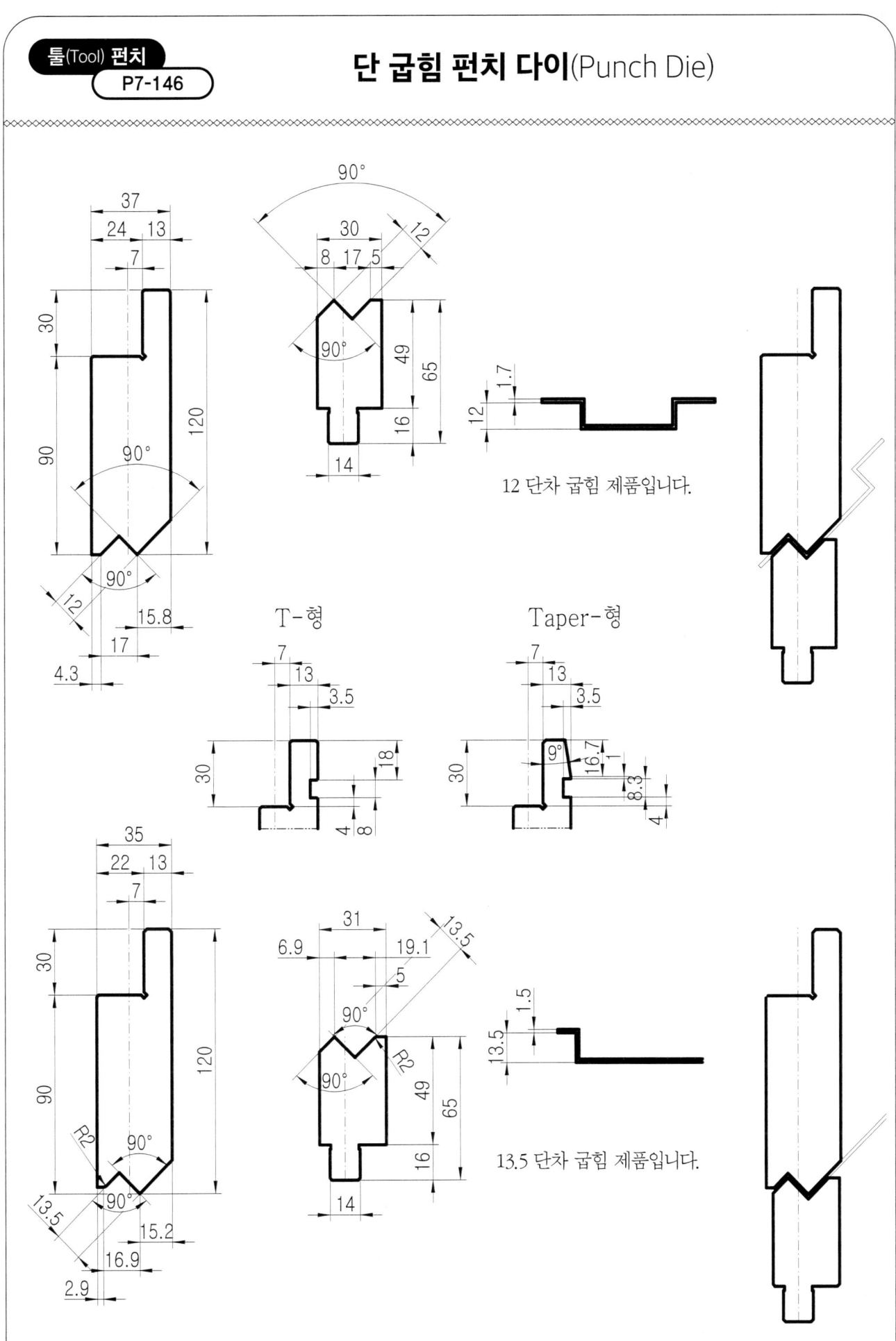

T-형

Taper-형

12 단차 굽힘 제품입니다.

13.5 단차 굽힘 제품입니다.

툴(Tool) 펀치 — 단 굽힘 펀치 다이(Punch Die)

P7-147

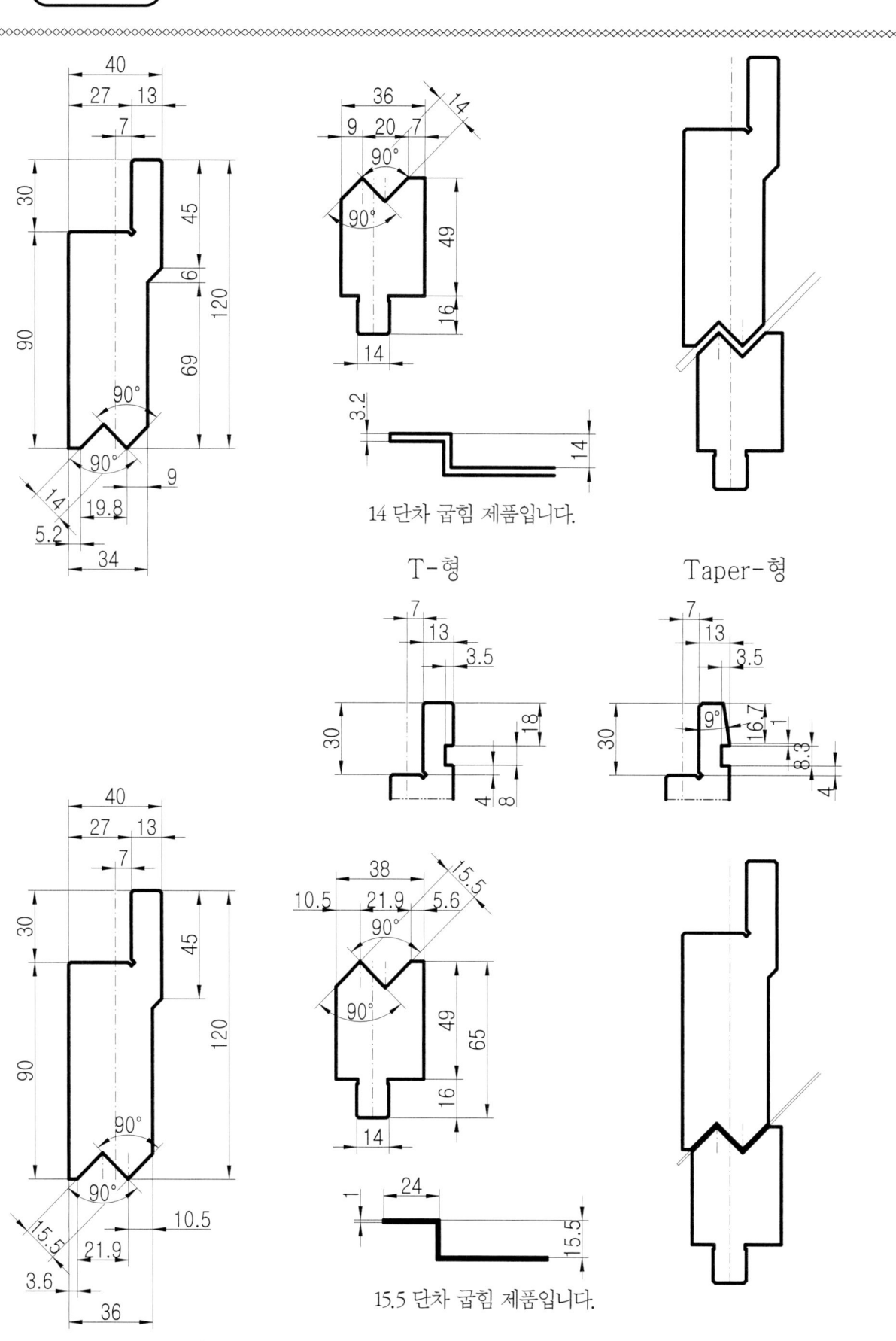

14 단차 굽힘 제품입니다.

T-형 Taper-형

15.5 단차 굽힘 제품입니다.

단 굽힘 펀치 다이(Punch Die)

툴(Tool) 펀치 P7-148

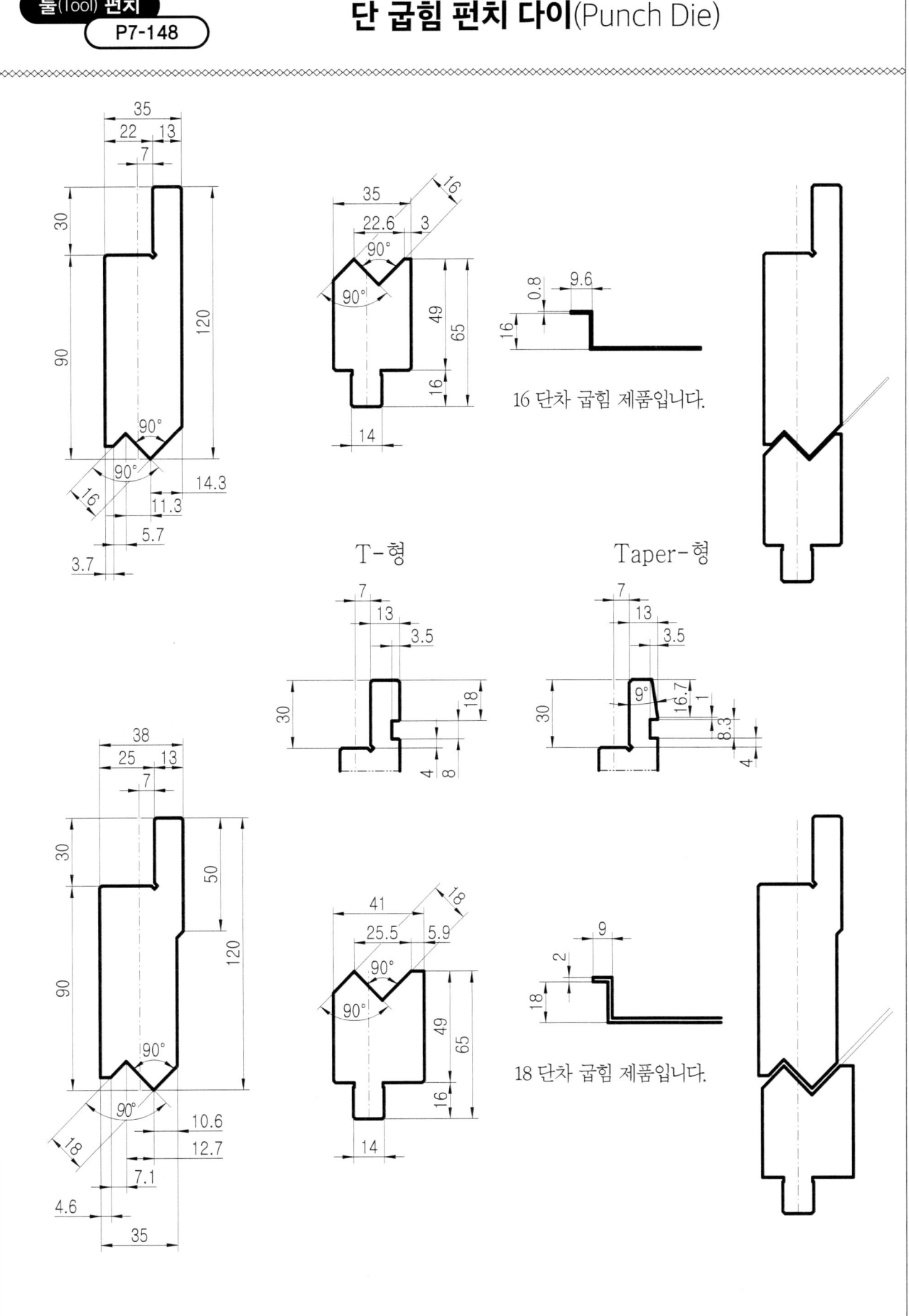

T-형　　　　Taper-형

16 단차 굽힘 제품입니다.

18 단차 굽힘 제품입니다.

툴(Tool) 펀치

P7-149

단 굽힘 펀치 다이(Punch Die)

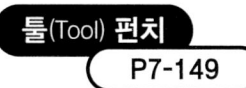

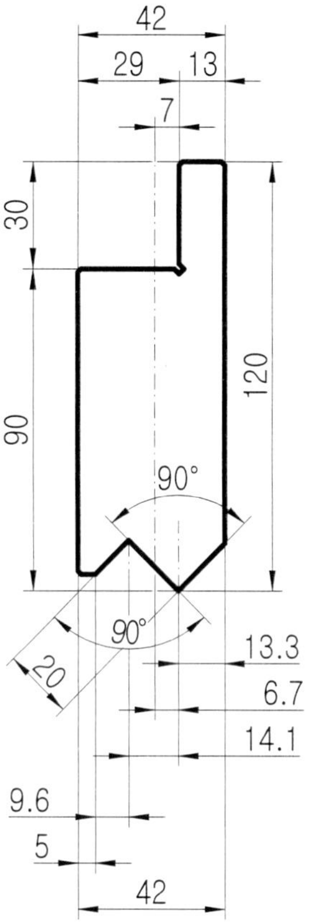

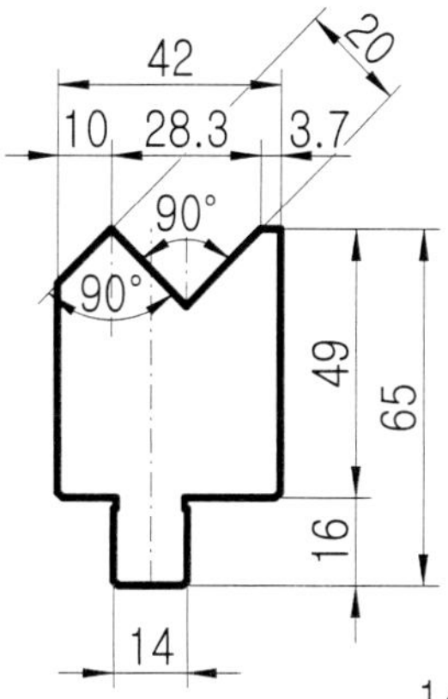

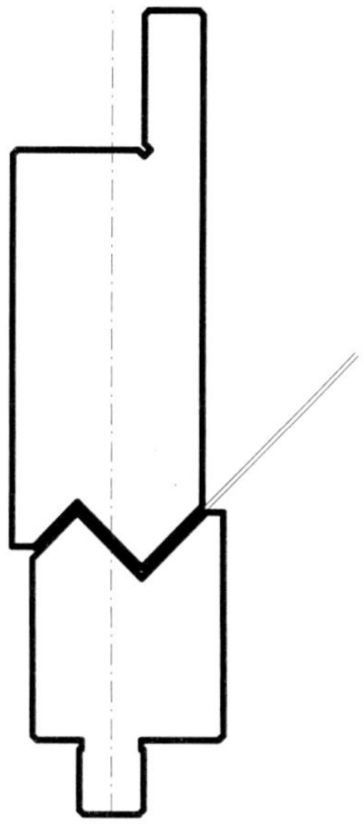

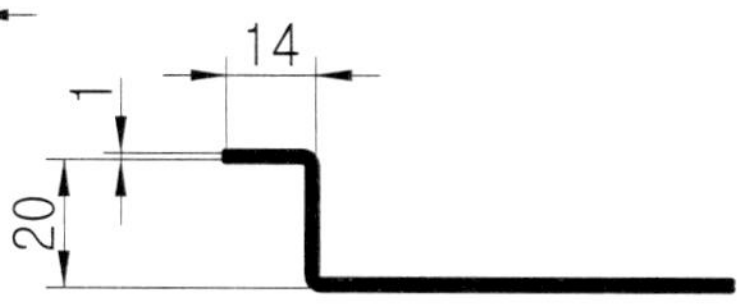

20 단차 굽힘 제품입니다.

T-형

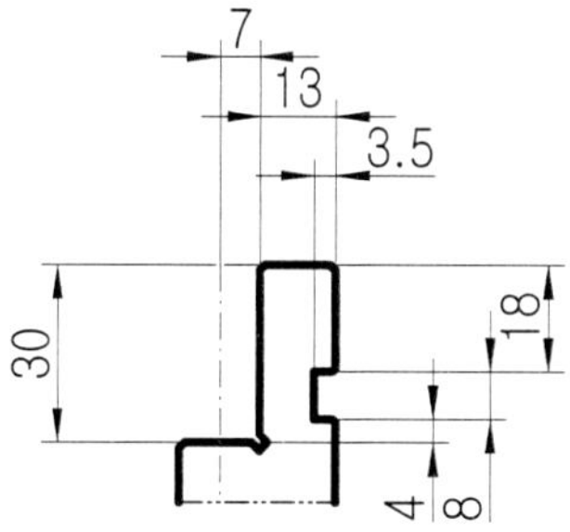

Taper-형

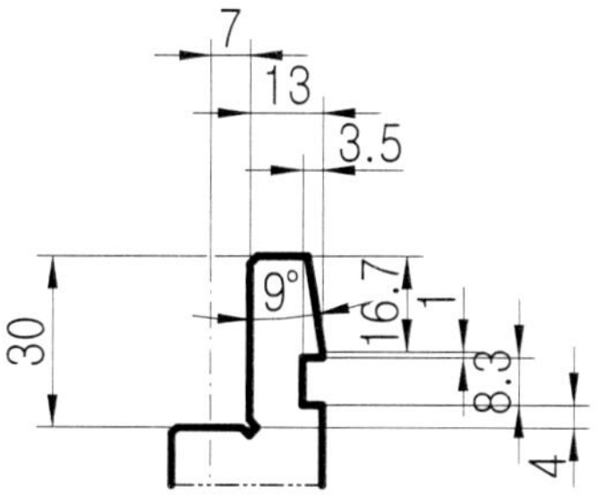

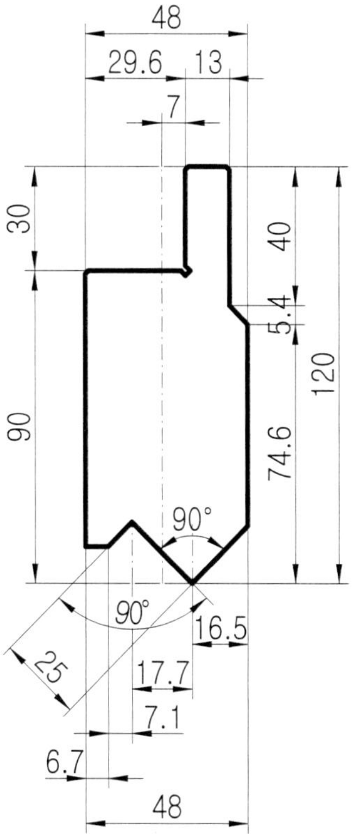

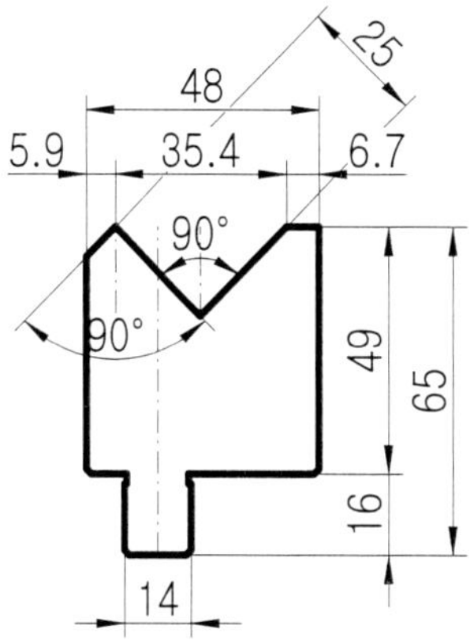

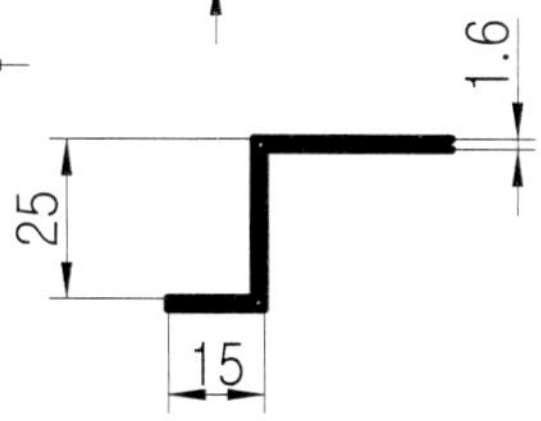

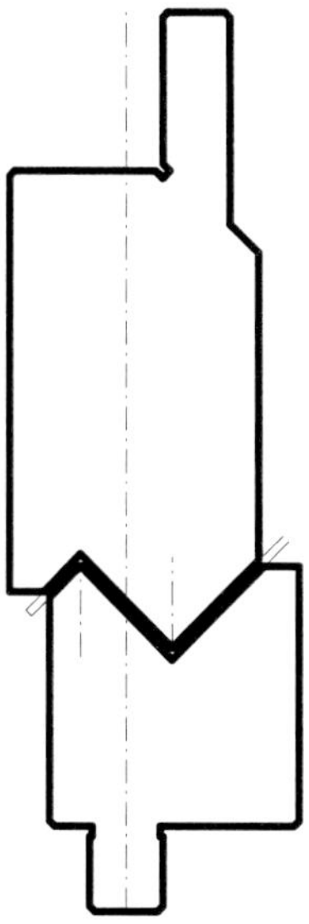

25 단차 굽힘 제품입니다.

툴(Tool) 펀치 P7-150
단 굽힘 펀치 다이(Punch Die)

이 제품은 단차 툴(Tool)로 약 30년 이상 오랫동안 사용된 단차 펀치 다이(Punch Die)입니다.

15 바(Bar) 하단부에 1에서 5 정도의 틈새 게이지를 끼워 넣어서 제품 단차 높이에 맞추어 절곡 제품을 얻을 수 있는 장점을 가지고 있습니다.

펀치 다이(Punch Die) 같은 원리로 사용되며 효율적이고 제품의 단차 높이 툴(Tool)의 실용성으로 원가를 줄이고 편리하게 사용할 수 있는 제품이라 할 수 있습니다.

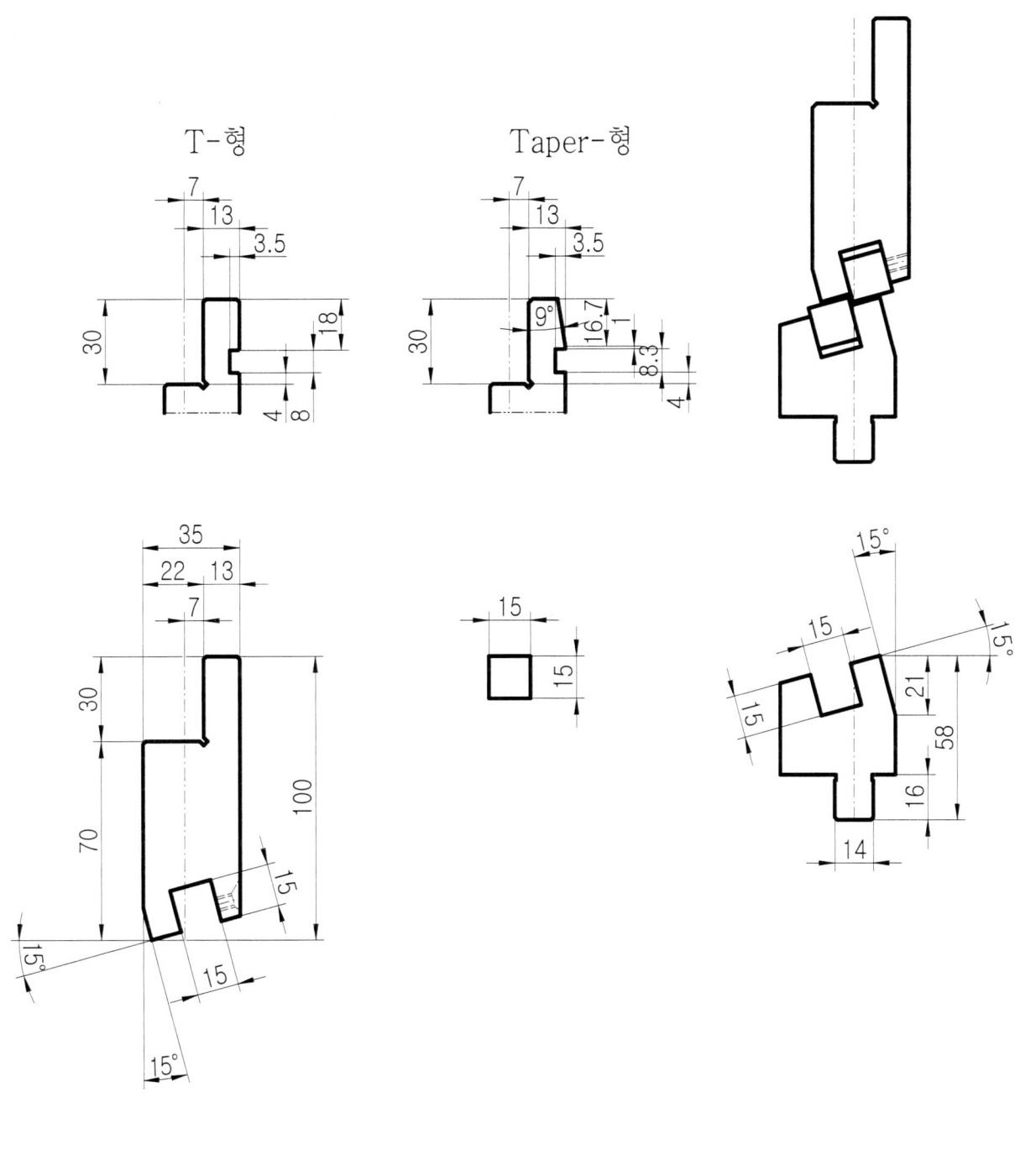

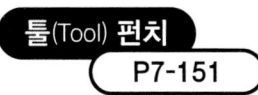

단 굽힘 펀치 다이(Punch Die)

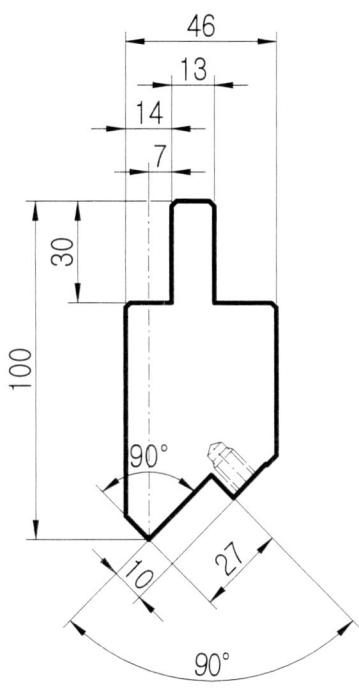
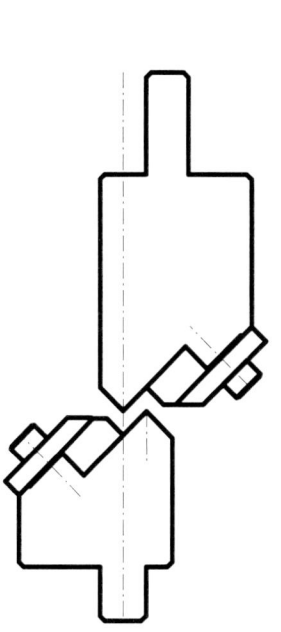
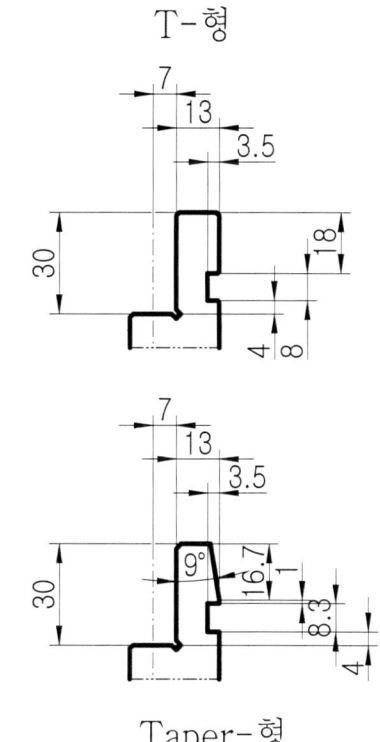

T-형

Taper-형

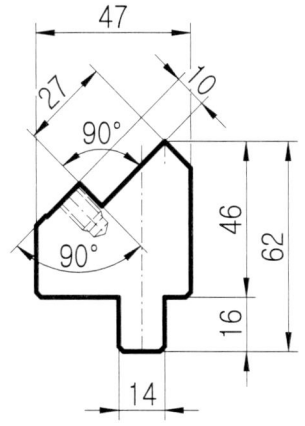
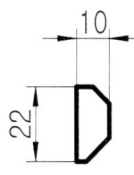
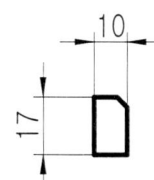
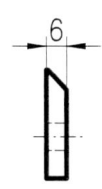

단 굽힘 펀치 다이(Punch Die)

툴(Tool) 펀치 P7-152

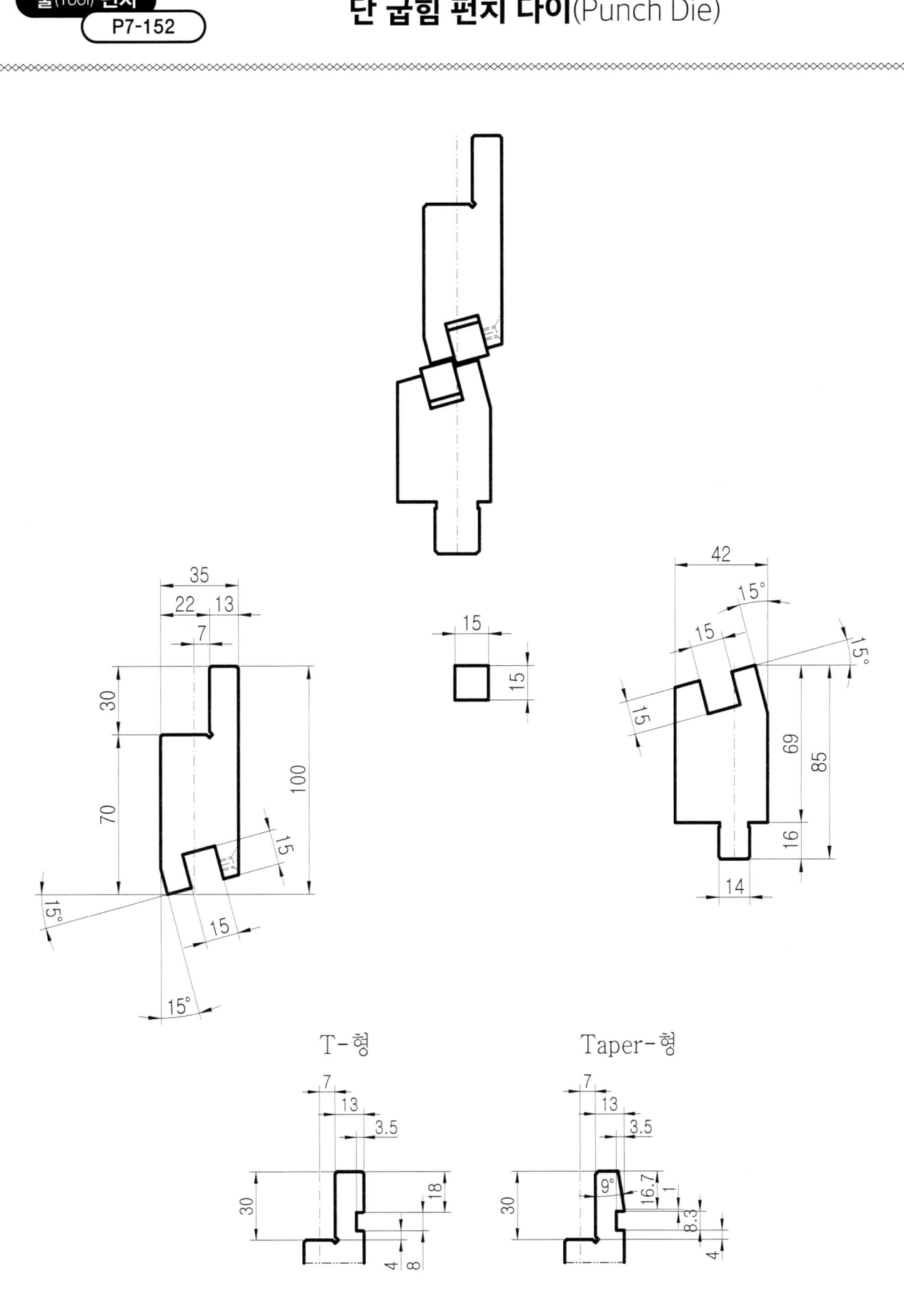

T-형   Taper-형

알바(R-Bar) 홀더(Holder)

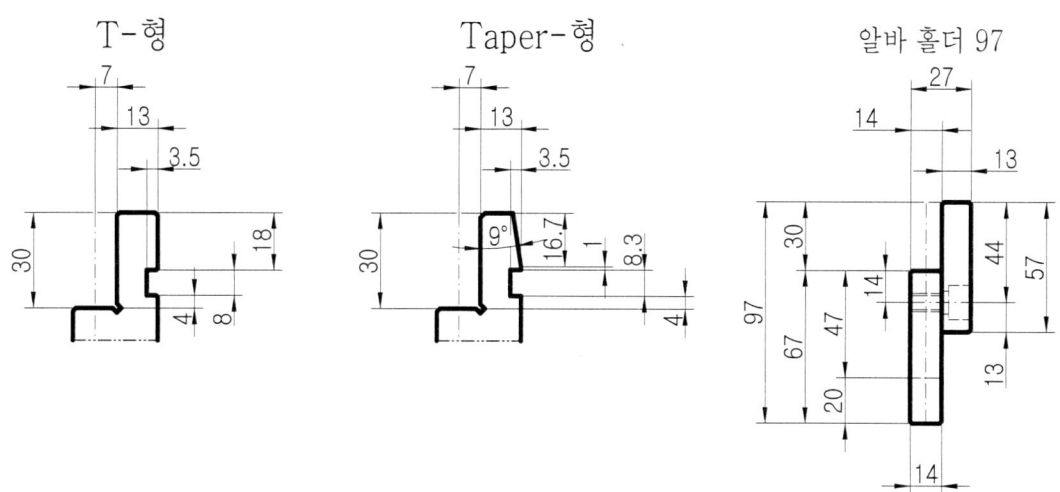

T-형　　　Taper-형　　　알바 홀더 97

아래 알바 홀더는 2000년 이전에 사용하던 조립식입니다.

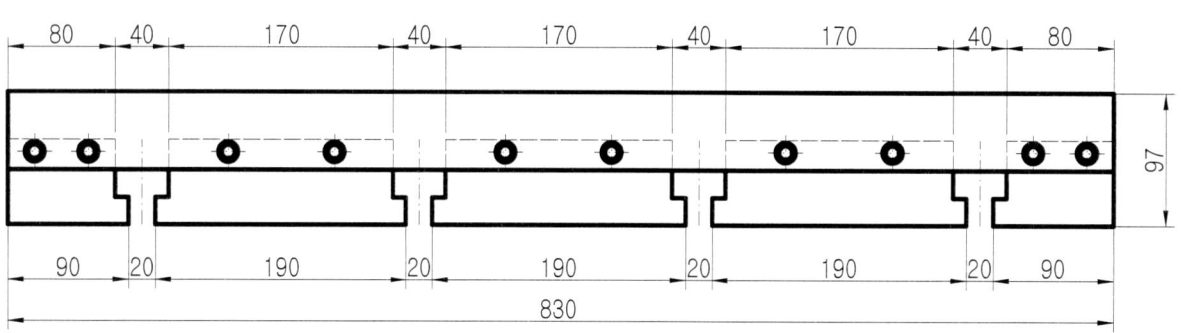

알바 홀더 상판

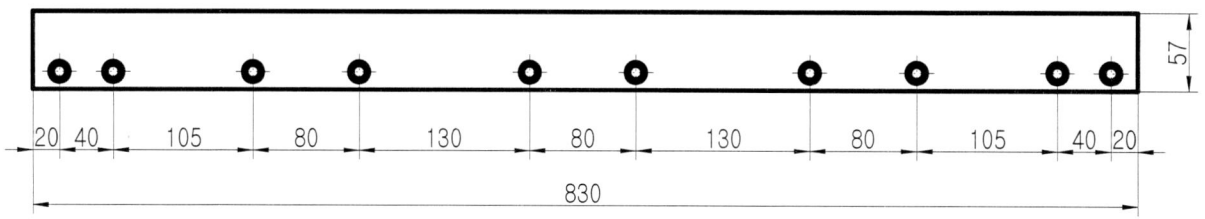

알바 홀더 측판　　　알바 홀더 중판

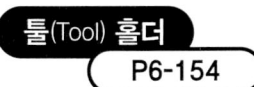
툴(Tool) 홀더

알바(R-Bar) 홀더(Holder)

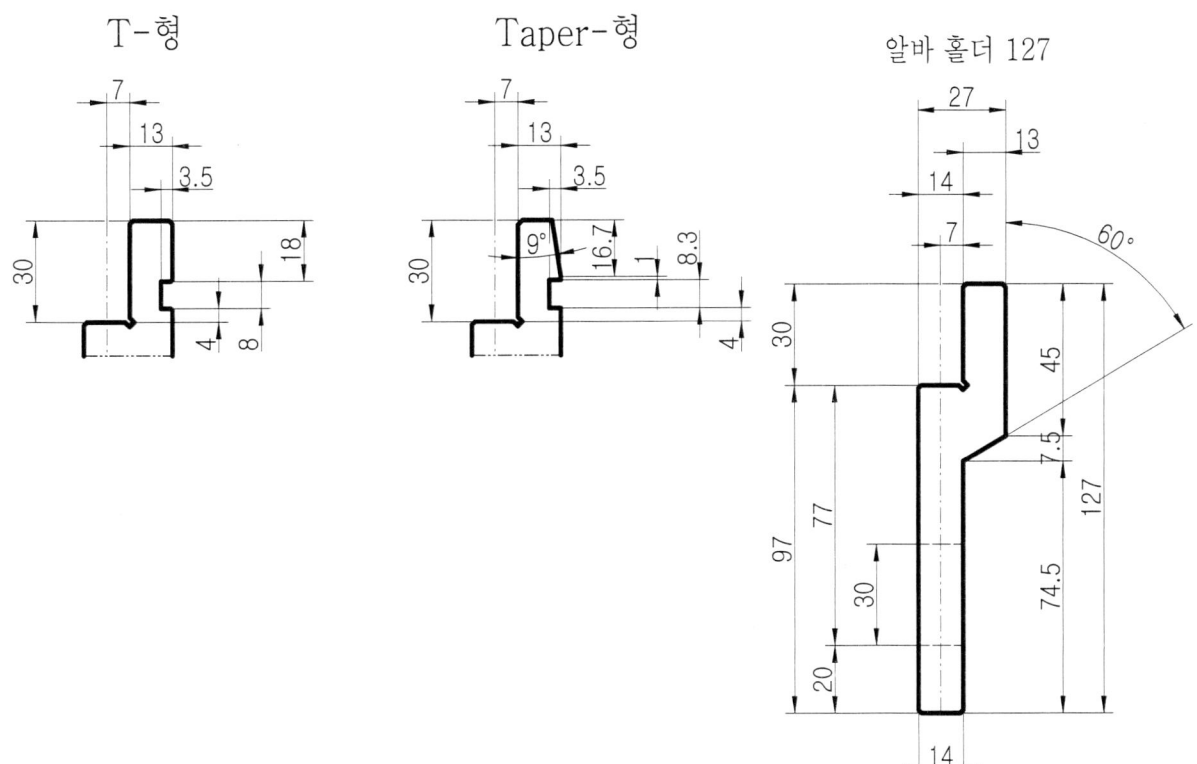

일체형 알바 홀더입니다.

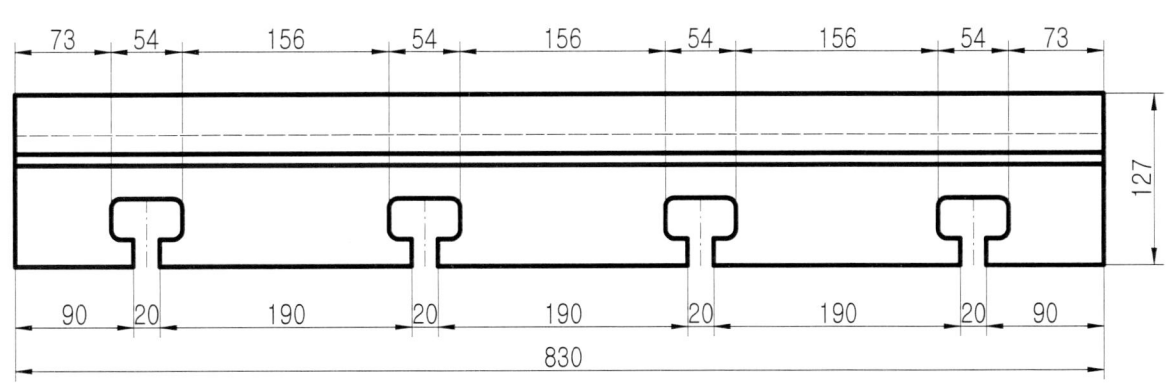

알바(R-Bar) 홀더(Holder)

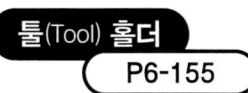

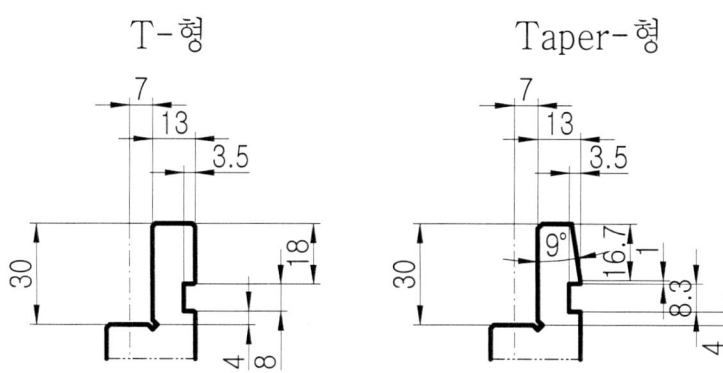

T-형

Taper-형

알바 홀더 127

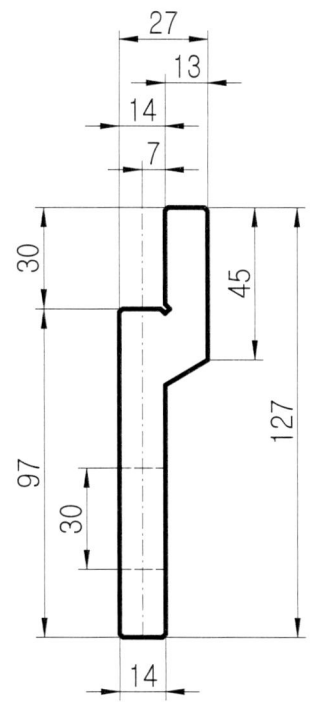

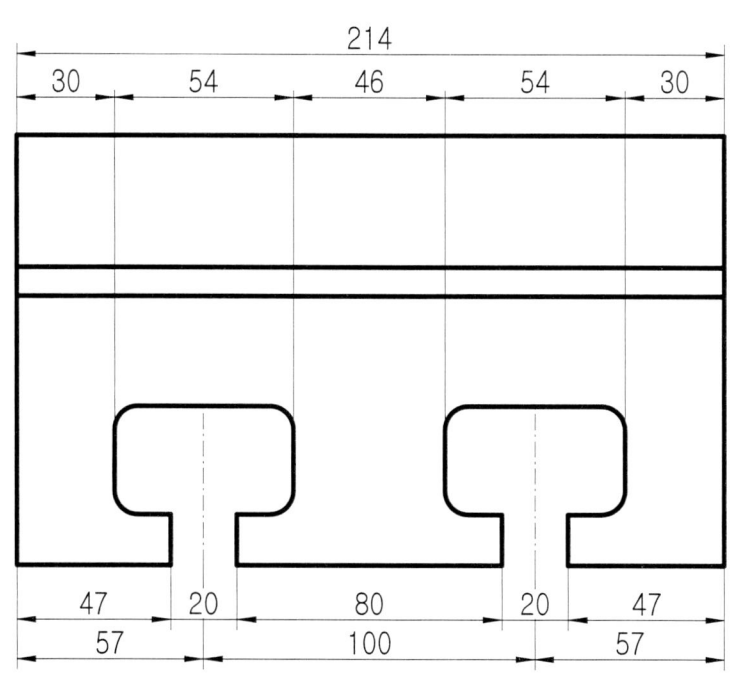

툴(Tool) 홀더 P6-156

알바(R-Bar) 홀더(Holder)

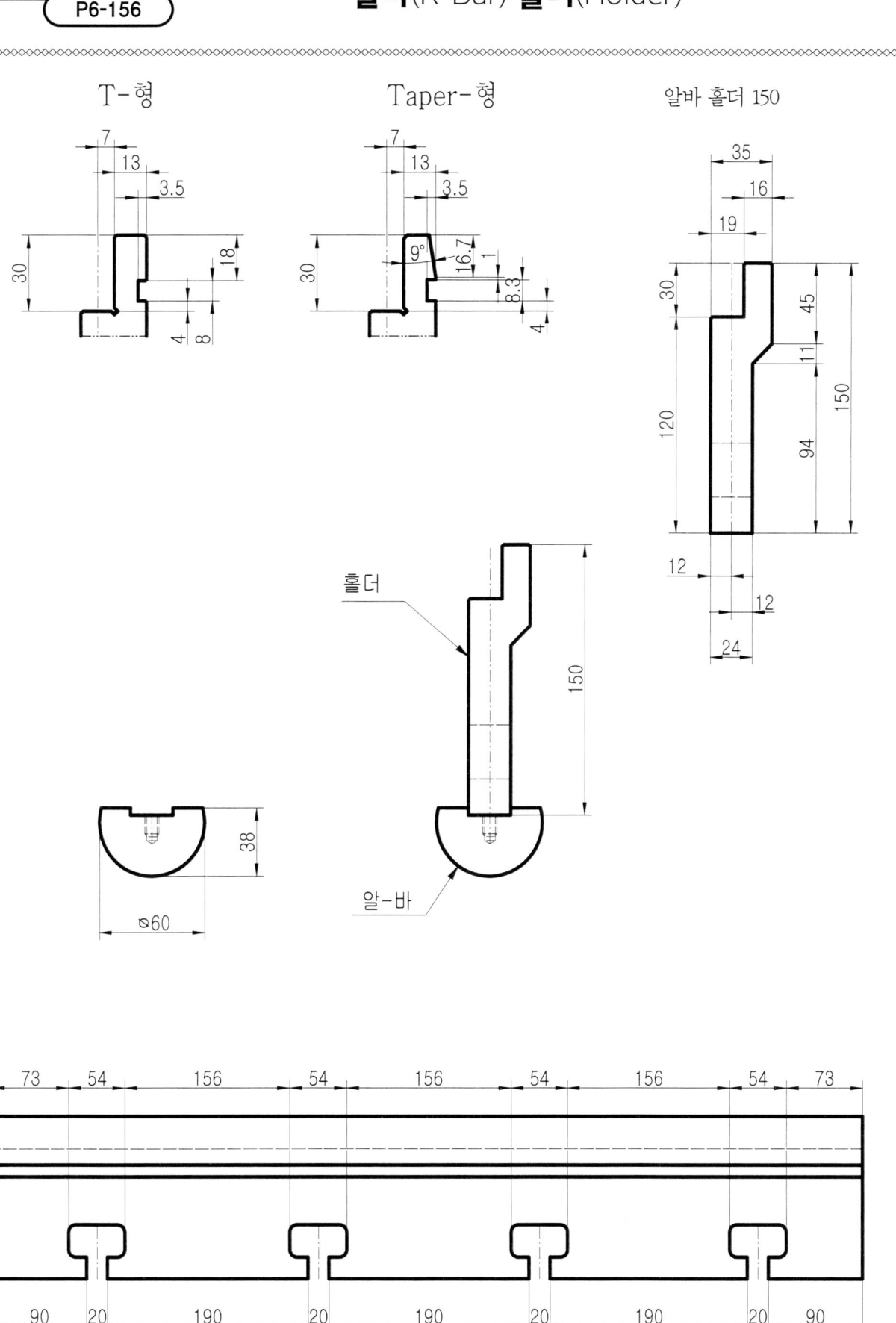

톨(Tool) 홀더
P6-157

알바(R-Bar)

Ø20

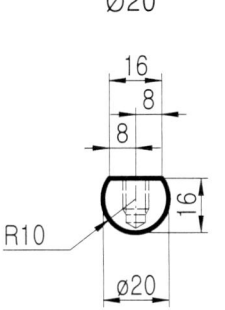

Ø25

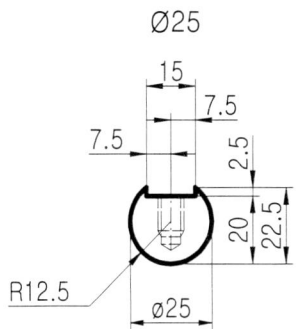

Ø30

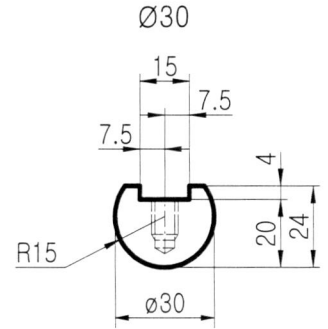

Ø35

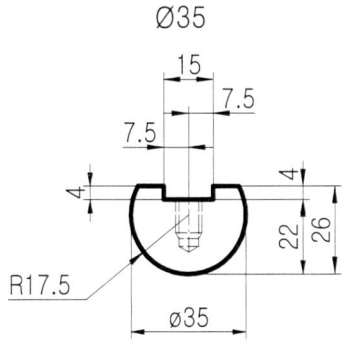

Ø38

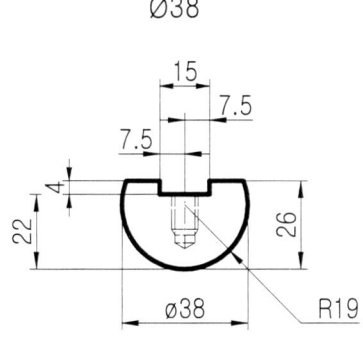

Ø40

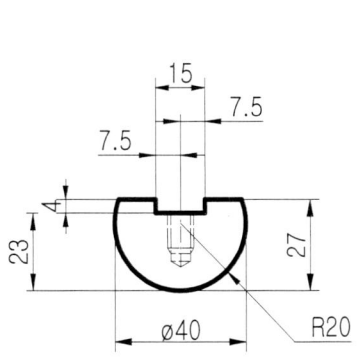

Ø45

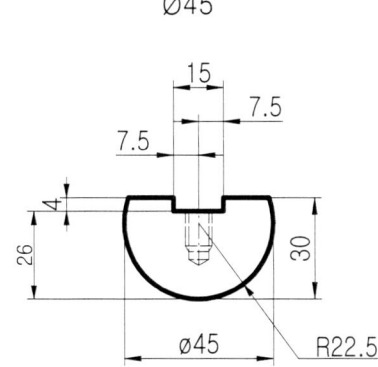

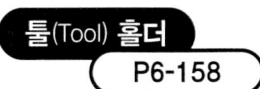

알바(R-Bar)

Ø50
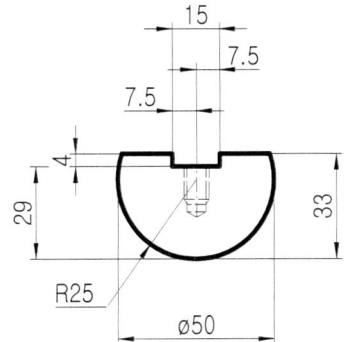

Ø60
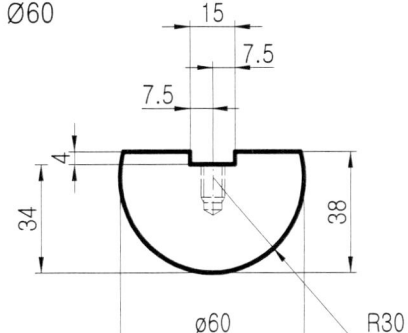

Ø65
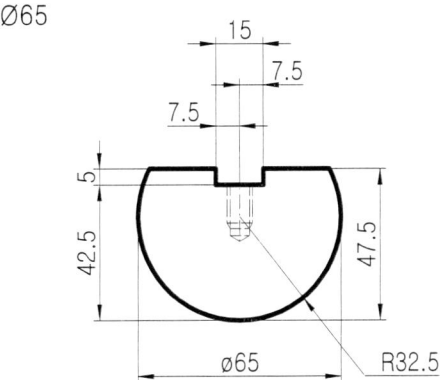

Ø70
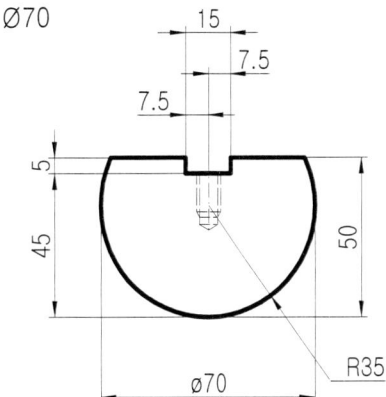

Ø75
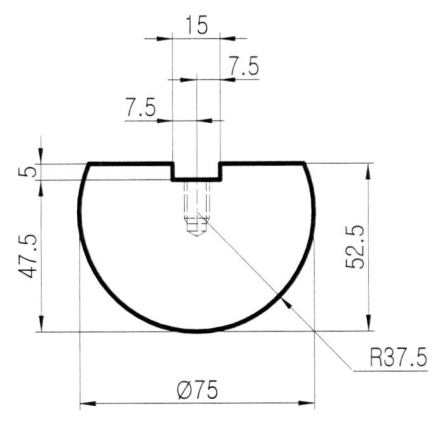

Ø80
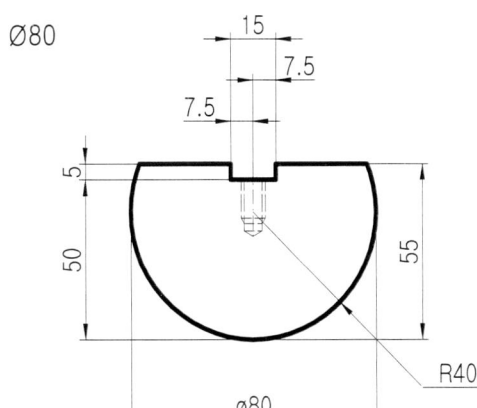

R 펀치(R-Punch), 다이(Die)

R40

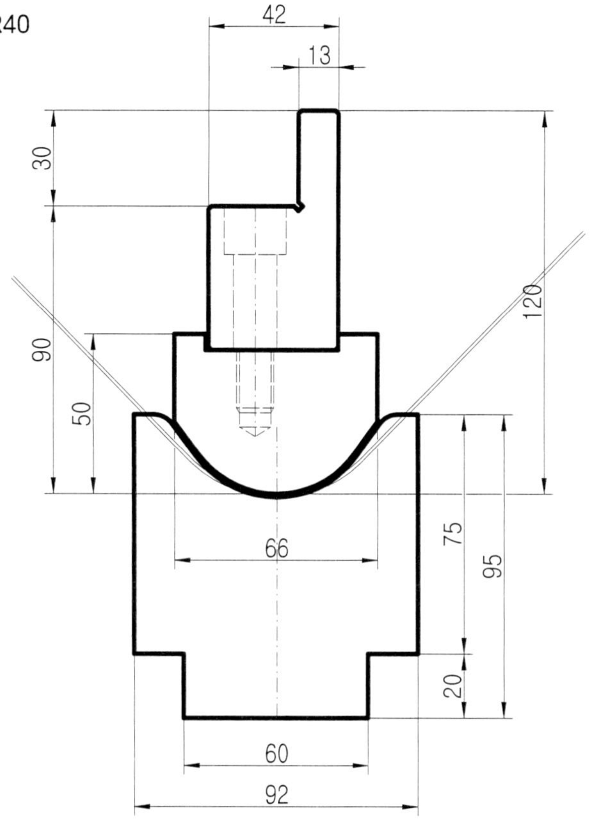

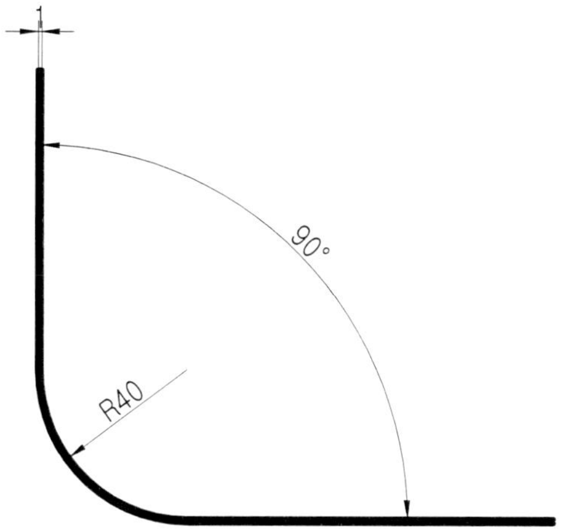

R40 1t 소재 R-굽힘 제품

R45

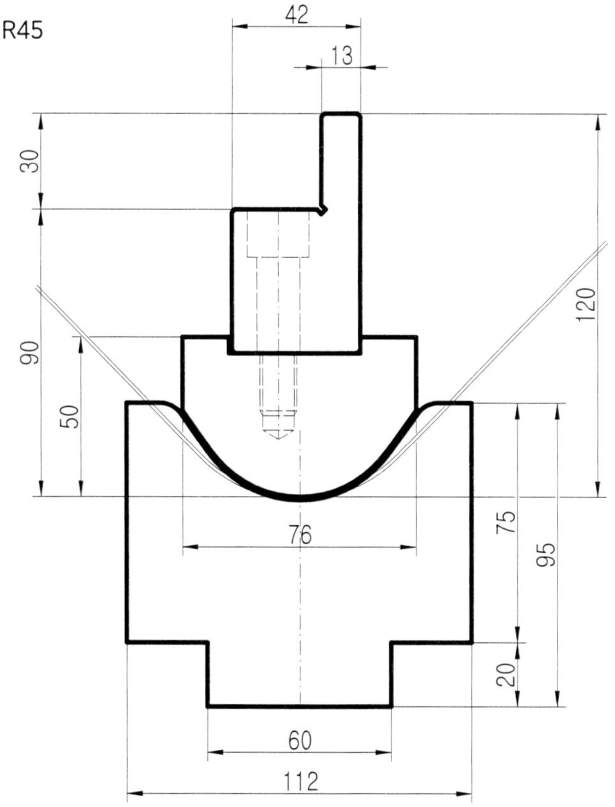

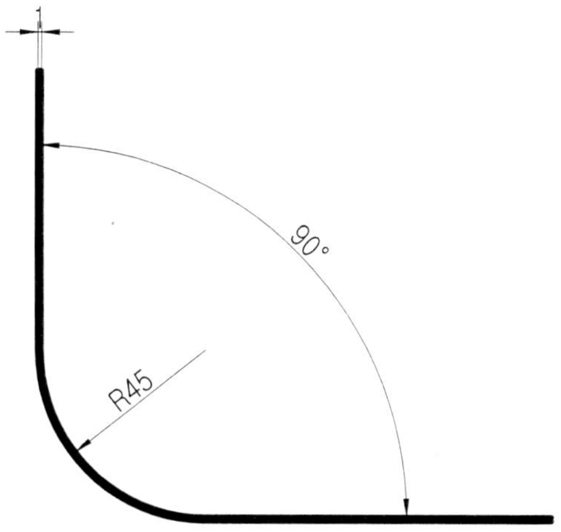

R45 1t 소재 R-굽힘 제품

(본 Design은 제작 시 재질 및 각도에 따라서 사양이 다를 수 있습니다)

툴(Tool) 홀더
P6-160

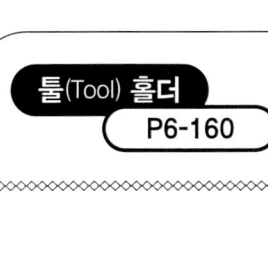

R 펀치(R-Punch), 다이(Die)

R50

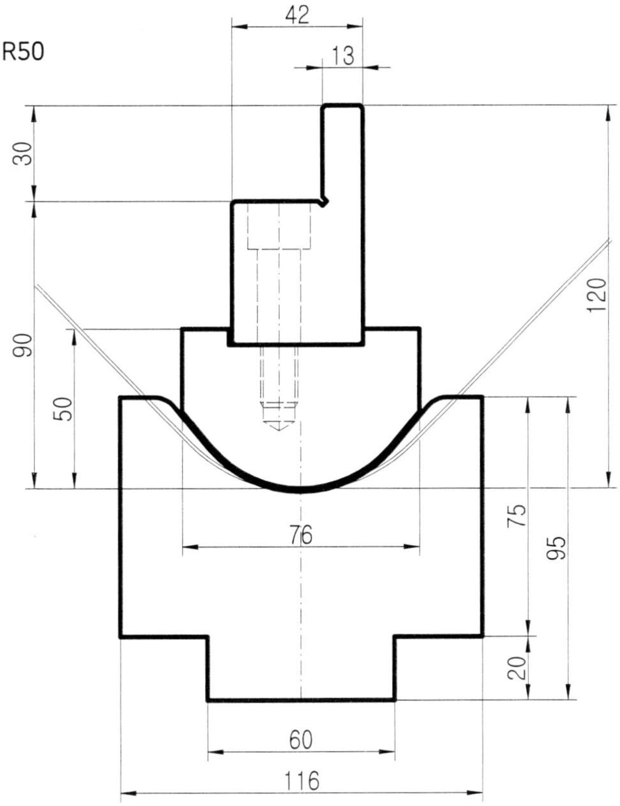

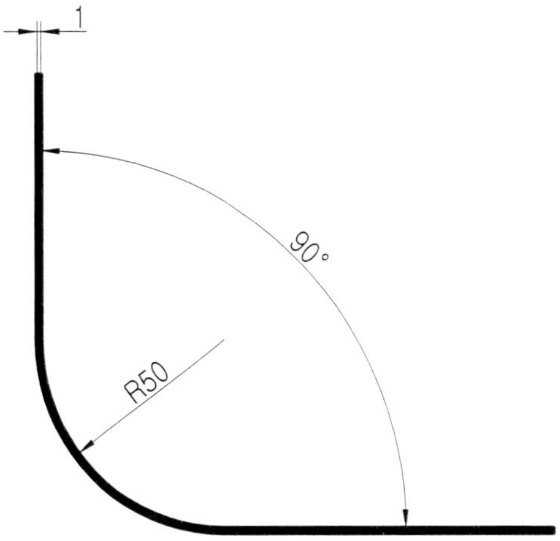

R50 1t 소재 R-굽힘 제품

R55

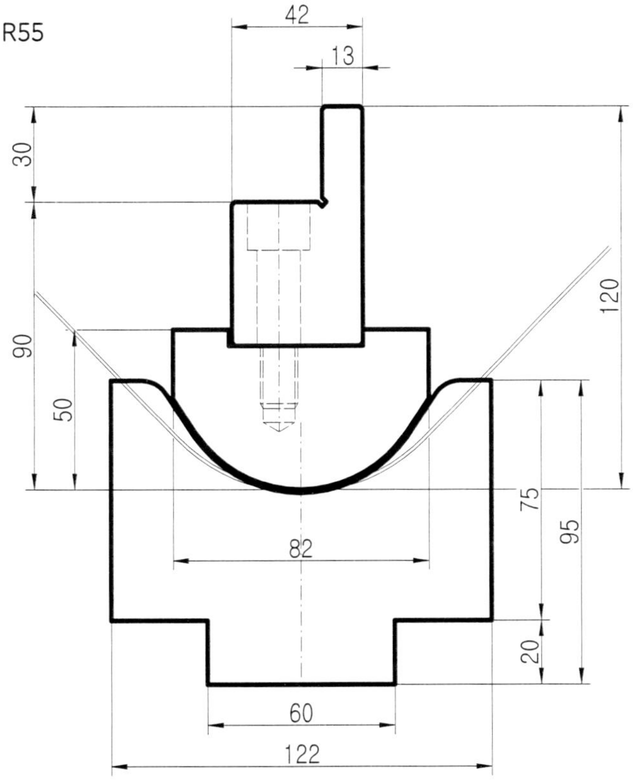

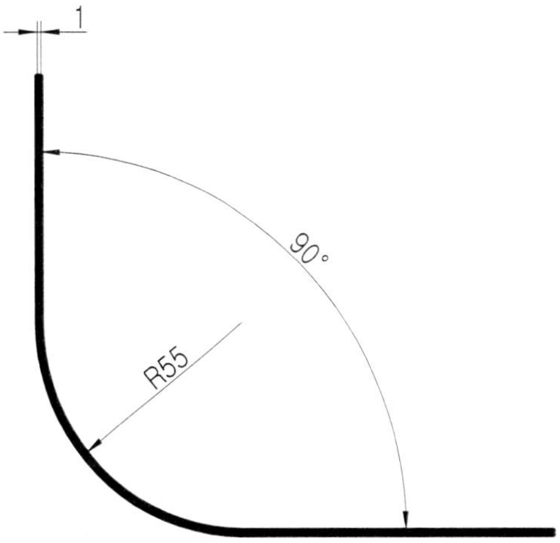

R55 1t 소재 R-굽힘 제품

(본 Design은 제작 시 재질 및 각도에 따라서 사양이 다를 수 있습니다)

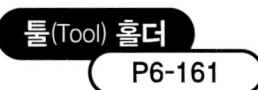

R 펀치(R-Punch), 다이(Die)

R64.5

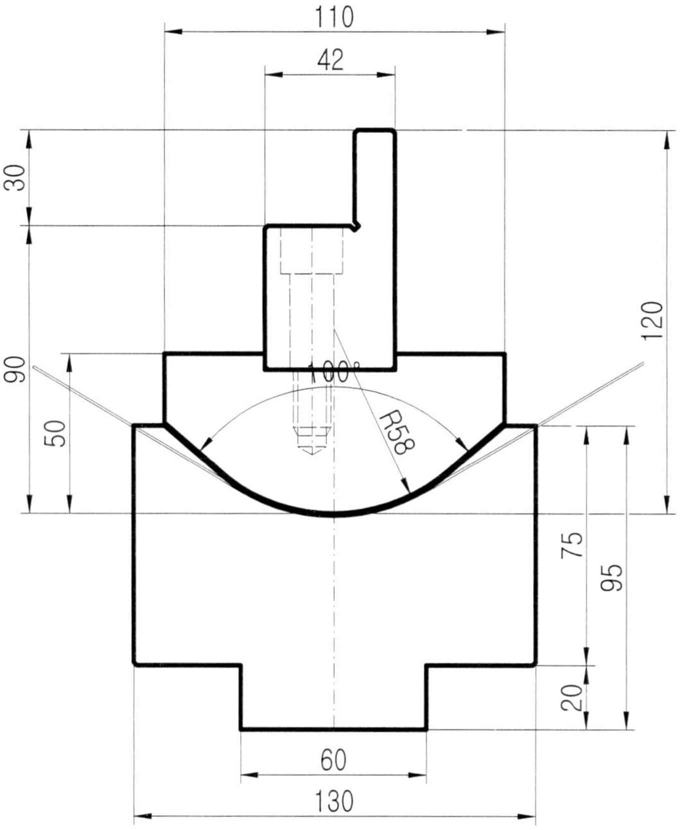

R64.5 0.7t 소재 R-굽힘 제품

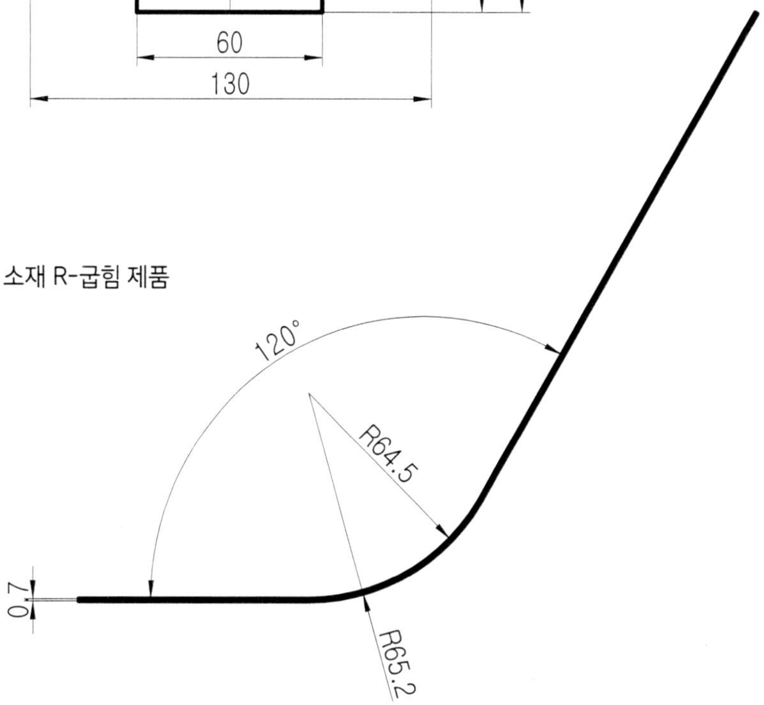

(본 Design은 제작 시 재질 및 각도에 따라서 사양이 다를 수 있습니다)

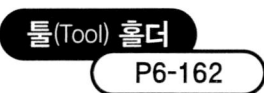

R 펀치(R-Punch), 다이(Die)

R70

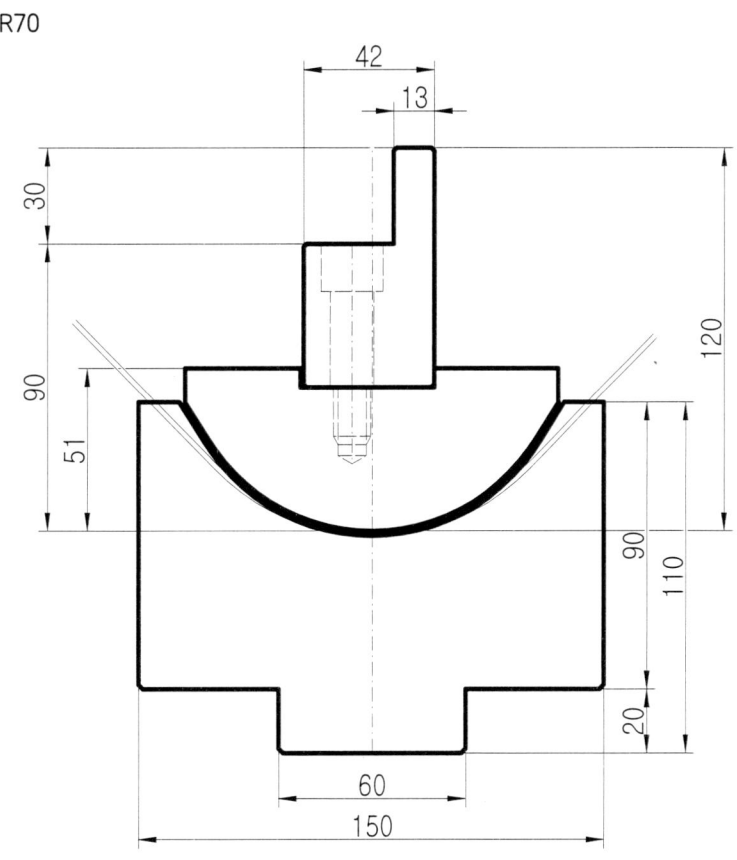

R70 1.6t 소재 R-굽힘 제품

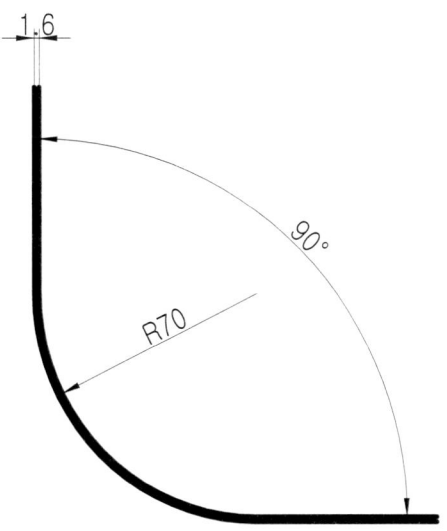

(본 Design은 제작 시 재질 및 각도에 따라서 사양이 다를 수 있습니다)

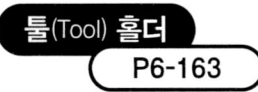

R 펀치(R-Punch), 다이(Die)

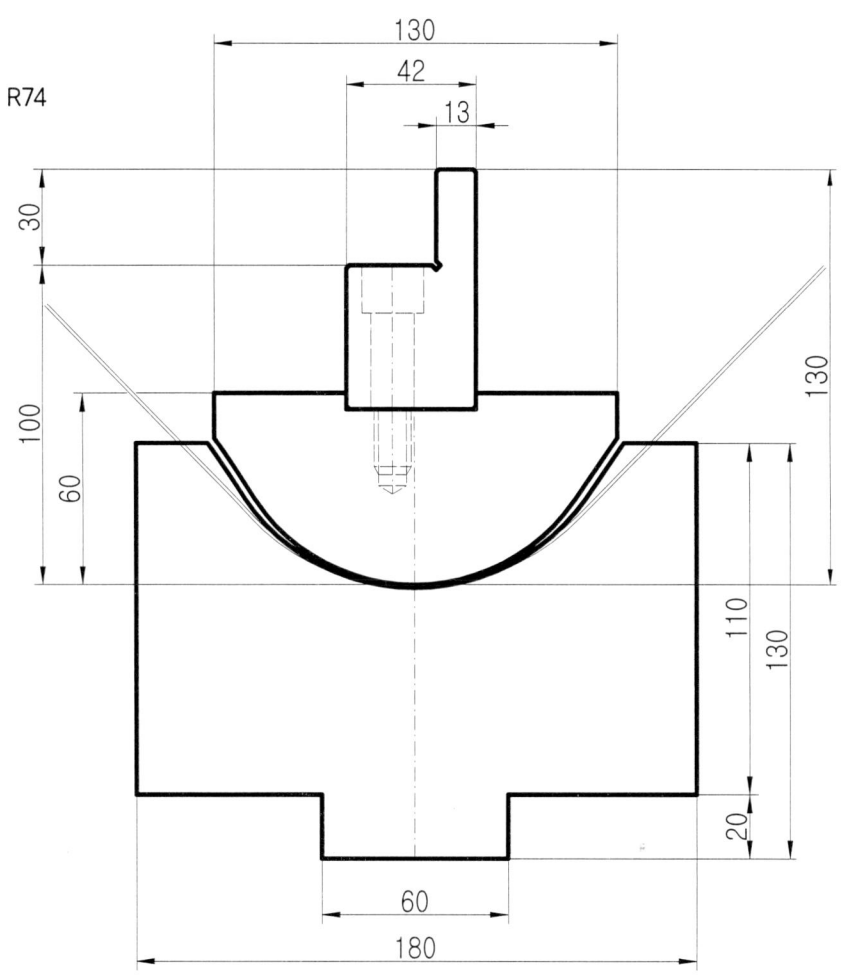

R74 1t 소재 R-굽힘 제품

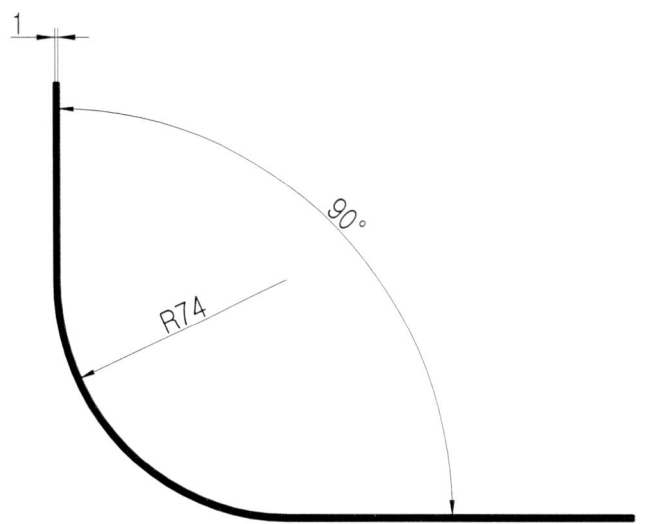

(본 Design은 제작 시 재질 및 각도에 따라서 사양이 다를 수 있습니다)

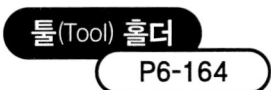

R 펀치(R-Punch), 다이(Die)

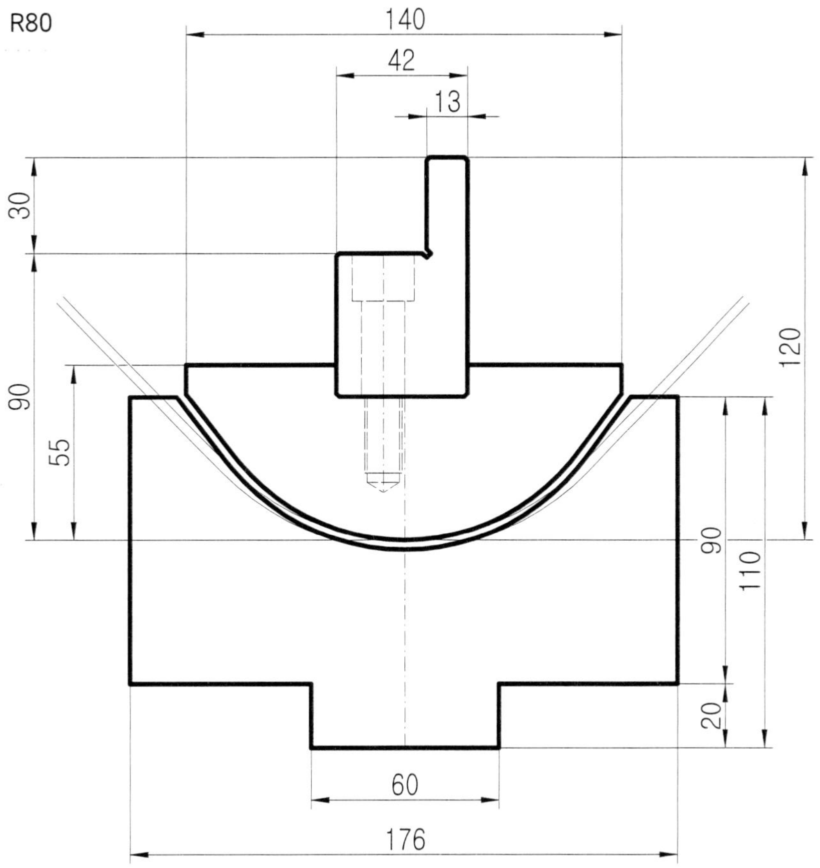

R80 3t 소재 R-굽힘 제품

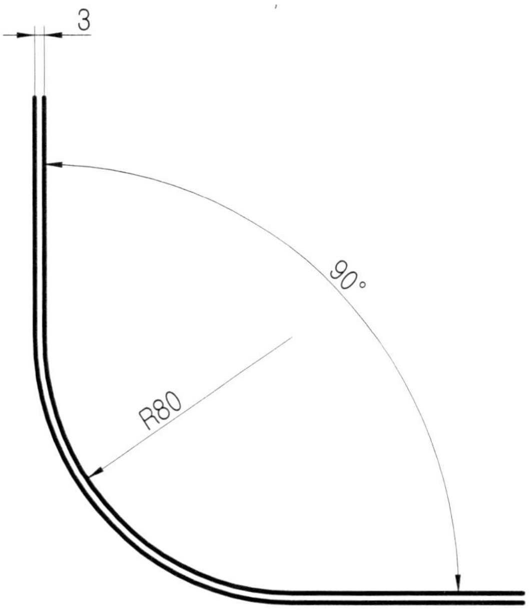

R 펀치(R-Punch), 다이(Die)

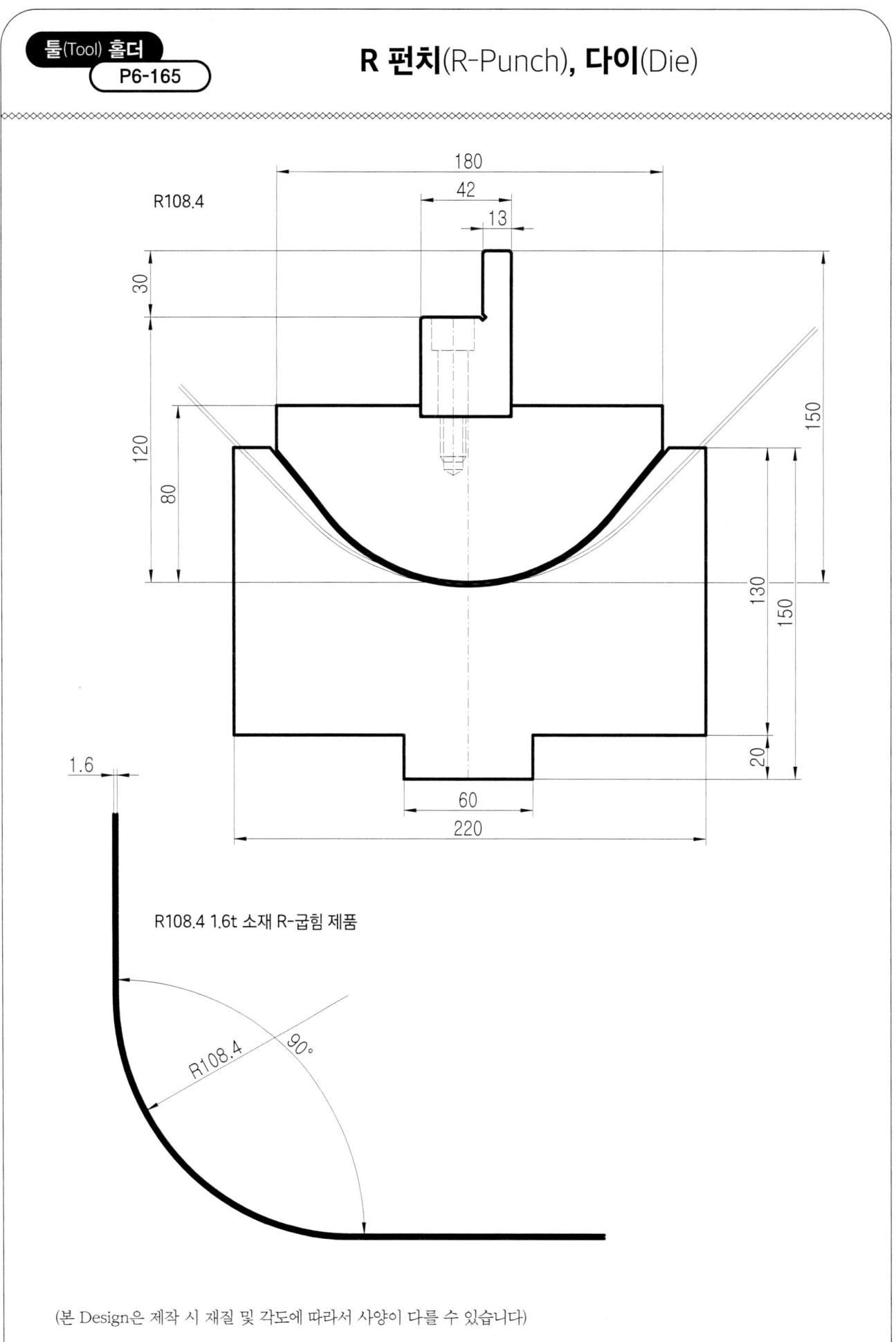

R108.4 1.6t 소재 R-굽힘 제품

(본 Design은 제작 시 재질 및 각도에 따라서 사양이 다를 수 있습니다)

툴(Tool) 홀더

H8-166

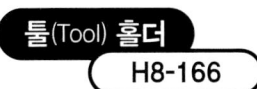

펀치 홀더(Punch Holder)

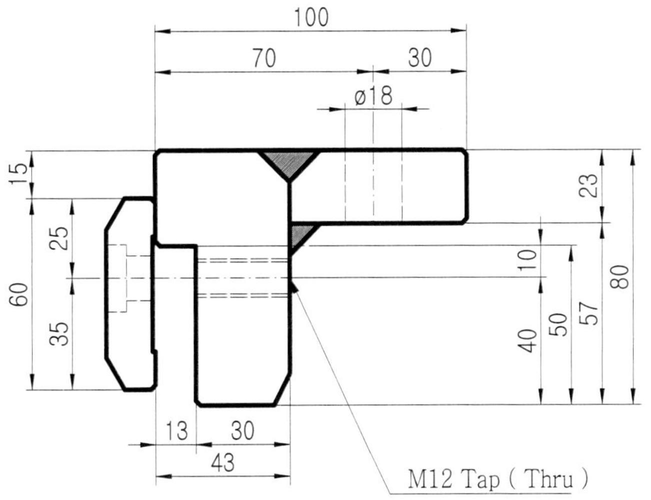

80×100×L

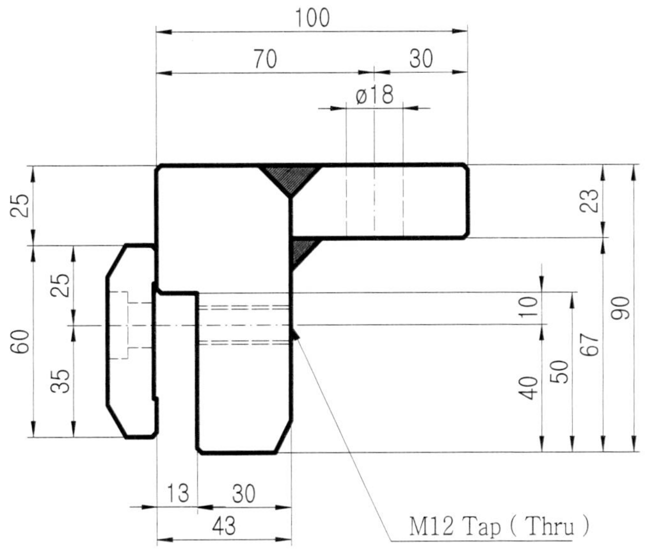

90×100×L

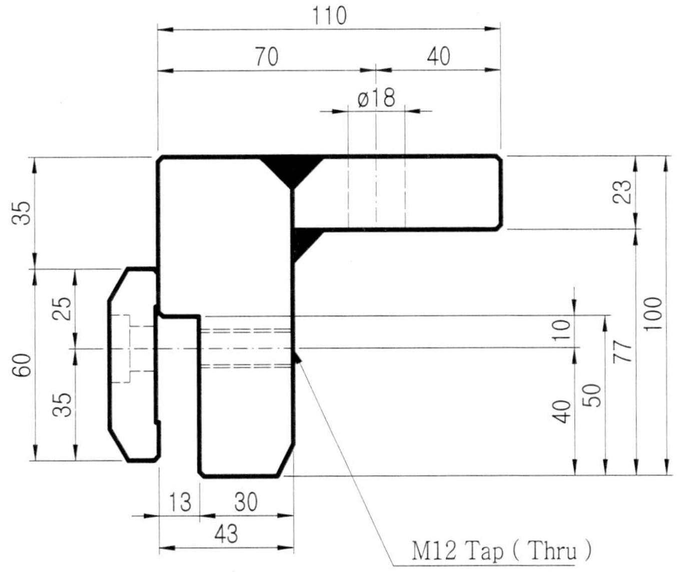

100×110×L

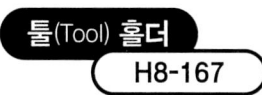

펀치 홀더(Punch Holder)

77×88×L
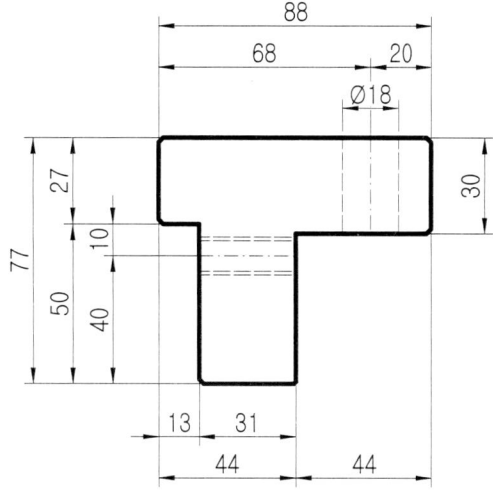

83×113×L
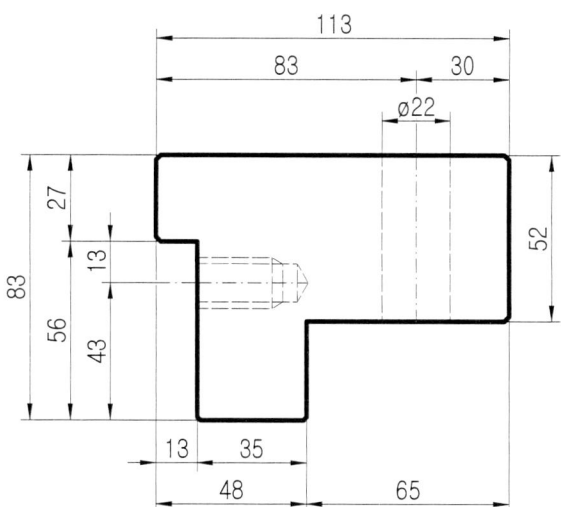

83×115×L
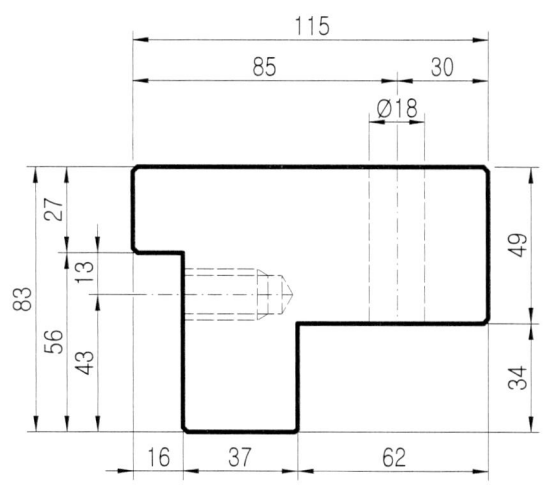

95×120×L
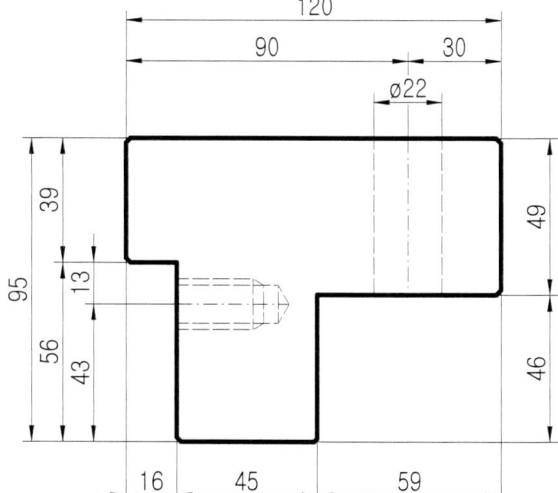

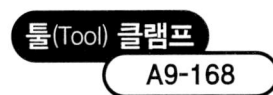

고정 장치(Clamp)

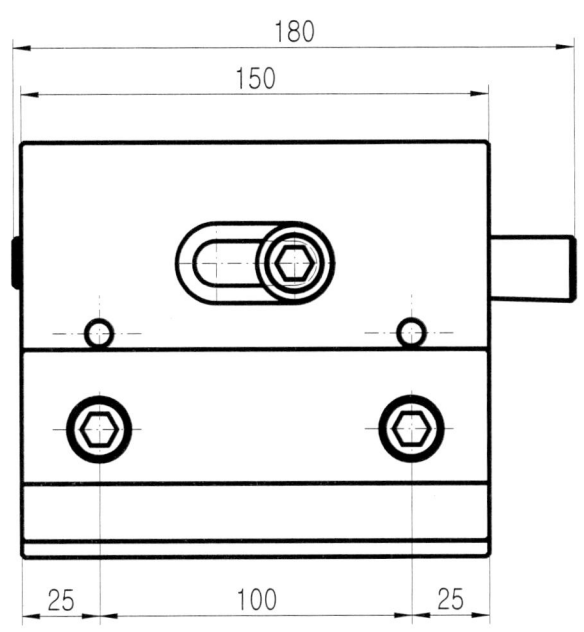
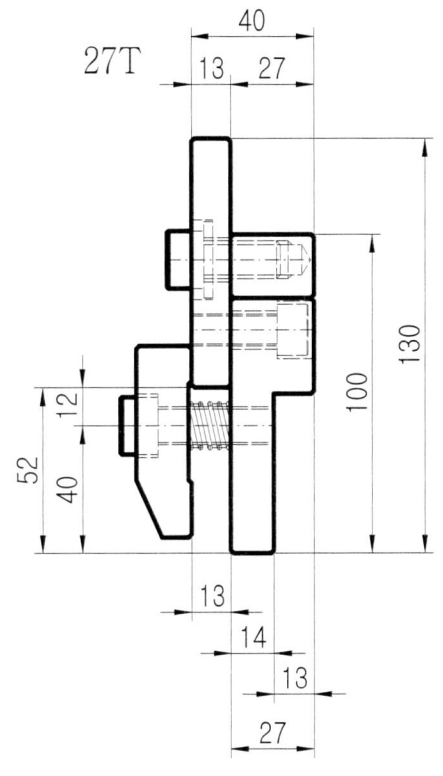

약 0.5~3.2t 소재를 굽힘하는 고정 장치(Clamp)입니다.

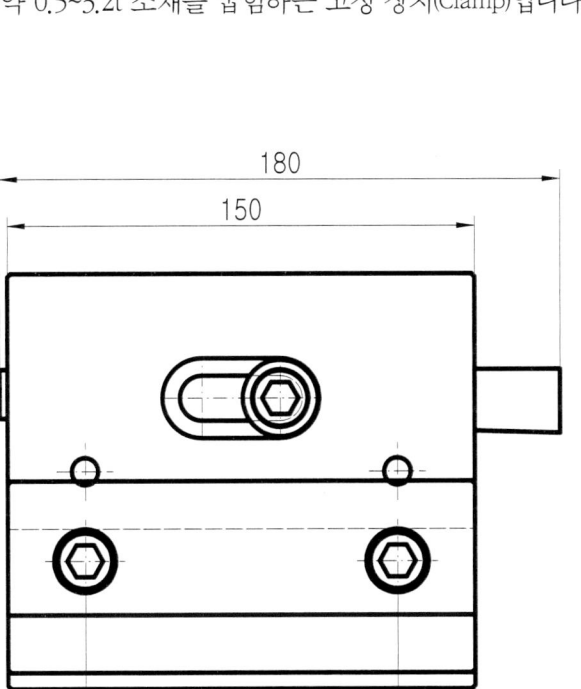
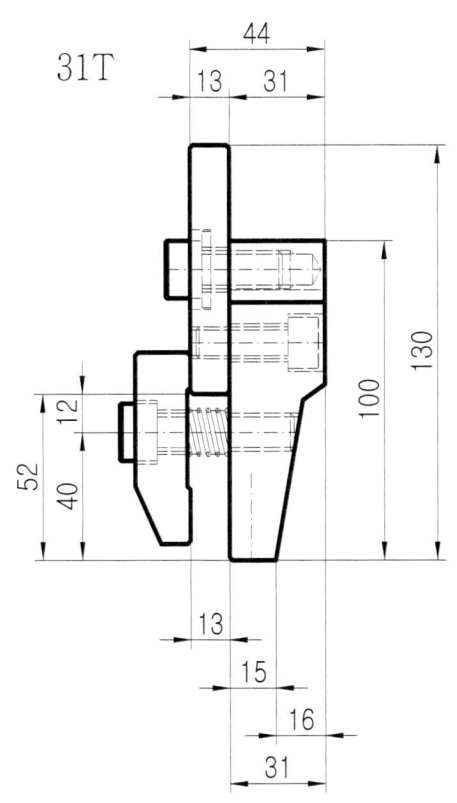

약 0.5~6t 소재를 굽힘하는 고정 장치(Clamp)입니다.

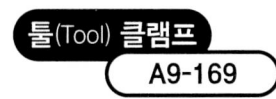

고정 장치(Clamp)

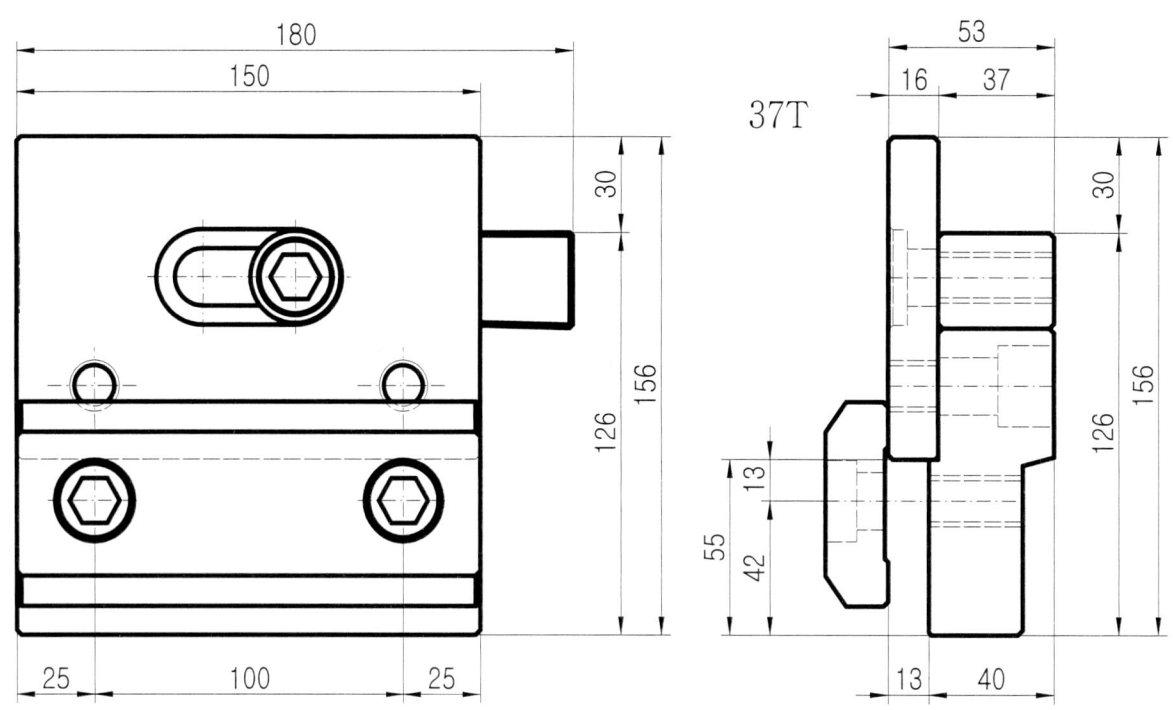

약 0.5~12t 소재를 굽힘하는 고정 장치(Clamp)입니다.

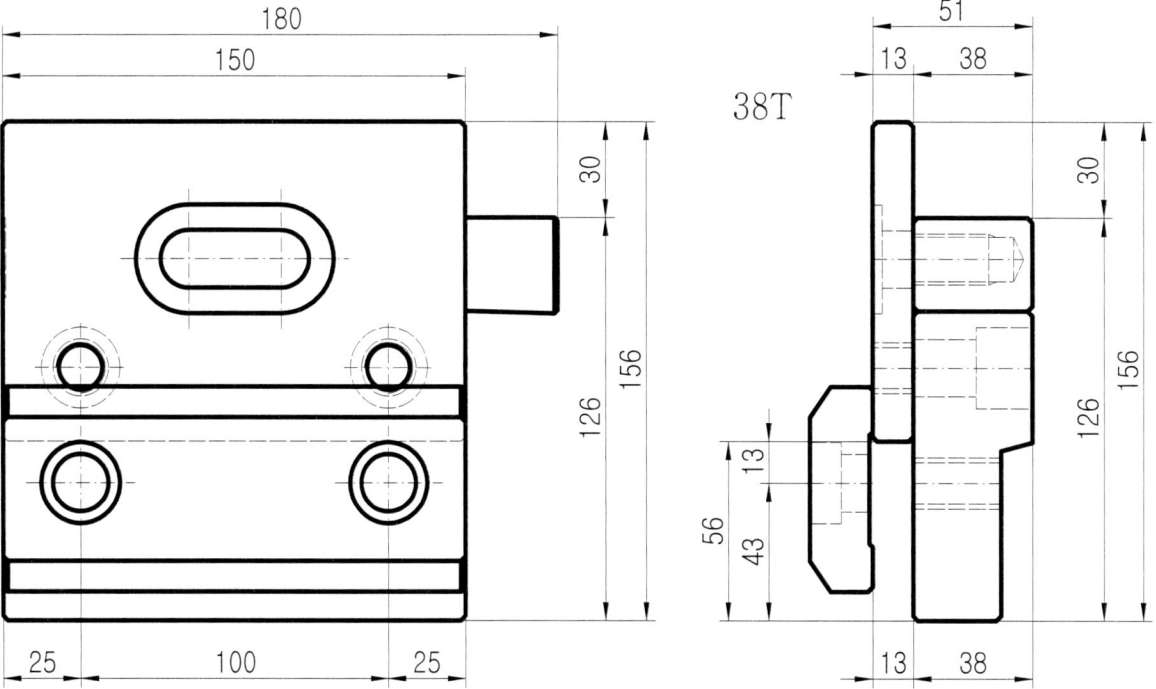

약 0.5~12t 소재를 굽힘하는 고정 장치(Clamp)입니다.

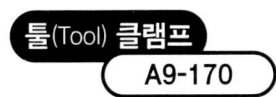

고정 장치(Clamp)

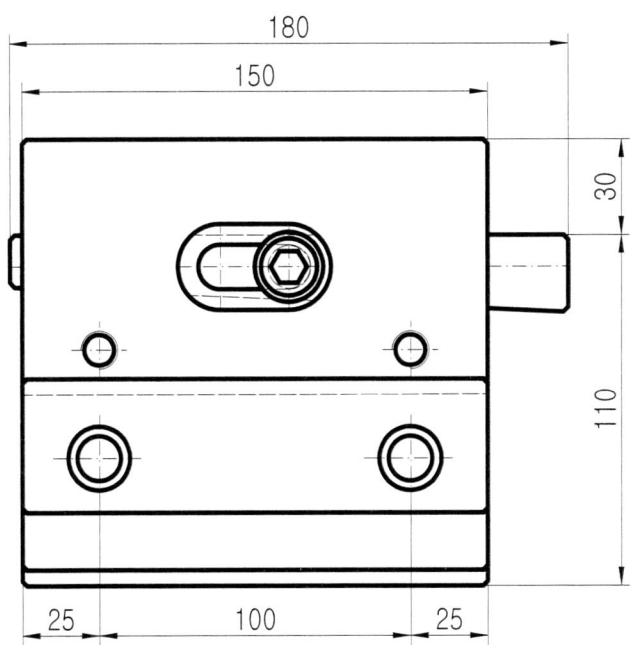
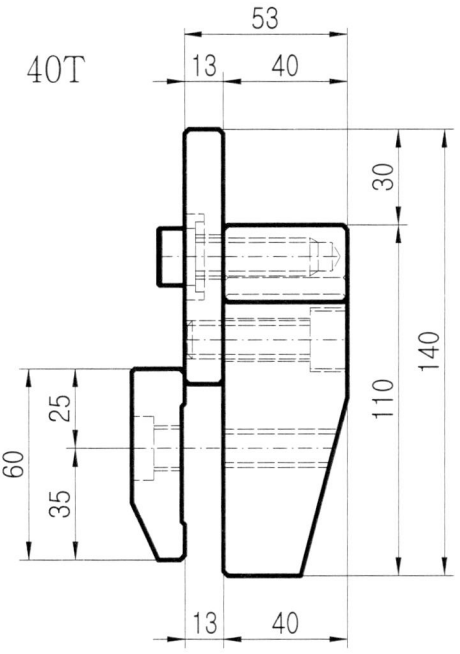

약 12~19t 소재를 굽힘하는 고정 장치(Clamp)입니다.

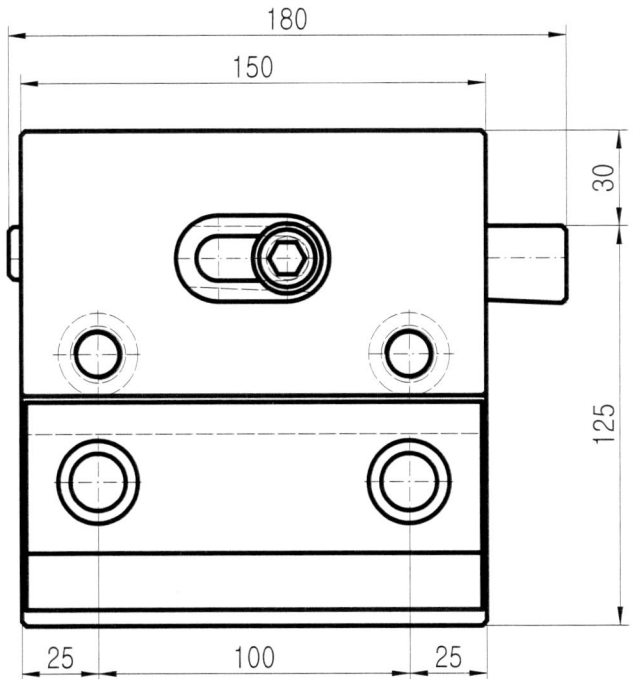
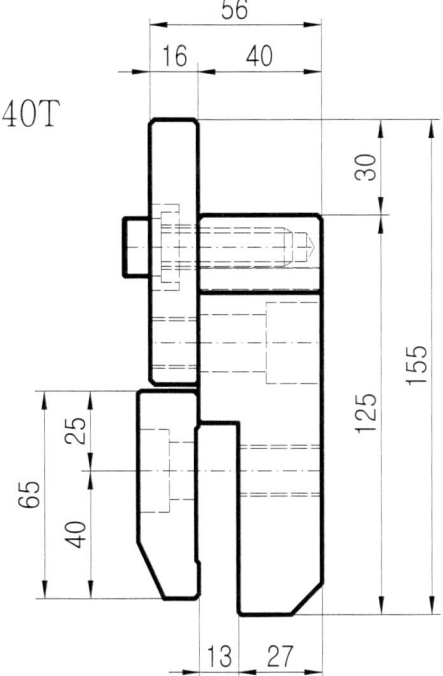

약 0.5~6t 소재를 굽힘하는 고정 장치(Clamp)입니다.

샤링 나이프(Shearing Knife)

L=2670, 3170, 4160, 5150 치수

L=3155, 4155 치수, 폭 100, 103

샤링 나이프(Shearing Knife)

Tap과 접시머리 볼트 체결용 측면도입니다.

주문 시 공업용 Knife의 측면을 잘 확인하여 발주하여야 실수가 없을 것입니다.
Knife는 일반적으로 측면도가 직각 90°인 경우가 대부분입니다. 그러나 일부 측면은 기울기(Taper)가 있을 수 있어 직각 점검을 하여야 할 것입니다.

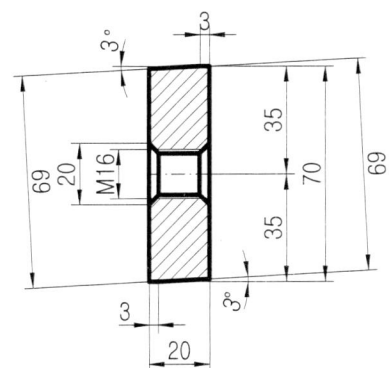
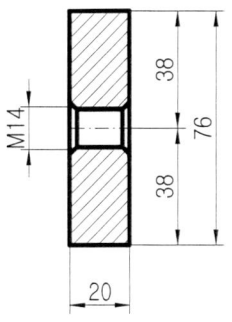

M14 Tap 볼트 체결용 측면도

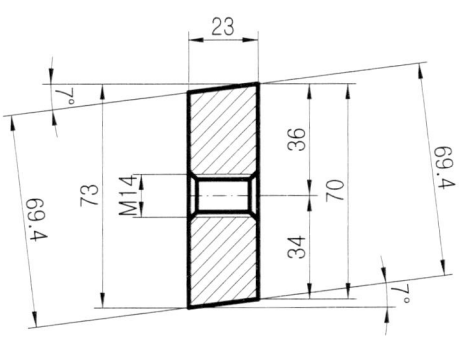
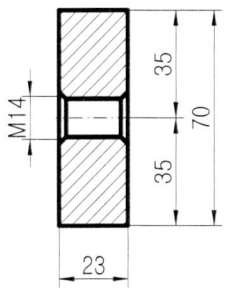

M14 Tap 볼트 체결용 측면도

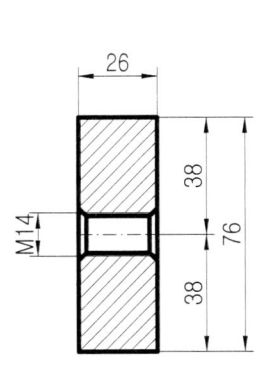
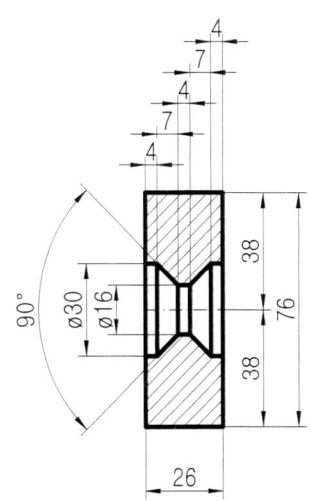

M14 Tap 접시머리 볼트 체결용 측면도

나이프(Shearing Knife)

나이프(Knife) K10-173

형성(Forming) 절단 나이프(Knife)입니다.
특수기계 제작사에서 형성(Forming) 절단 나이프(Knife)를 나타낸 것입니다.
형성의 디자인이 많으나 대표적인 형상을 나타낸 것입니다.

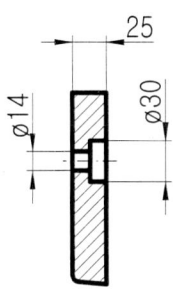

UPPER-25×140×1200

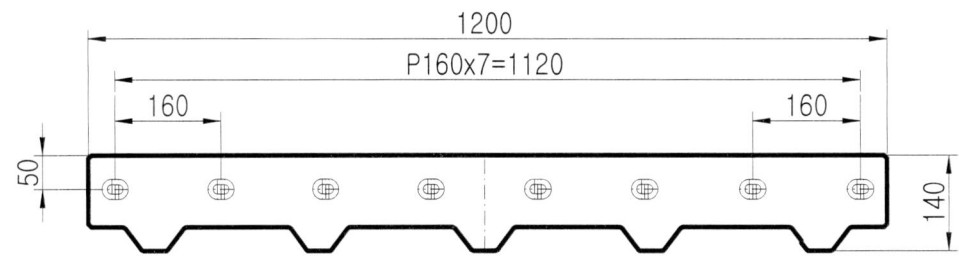

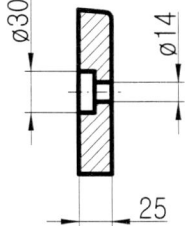

LOWER-25×120×1200

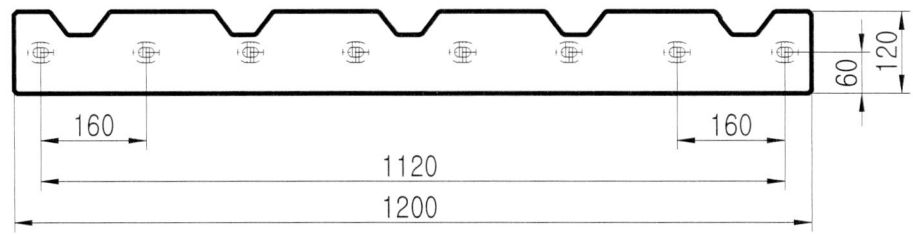

나이프(Shearing Knife)

천장재 형성 절단 나이프(Knife)와 익스펜디드(Expanded Form) 절단 나이프(Knife)입니다.

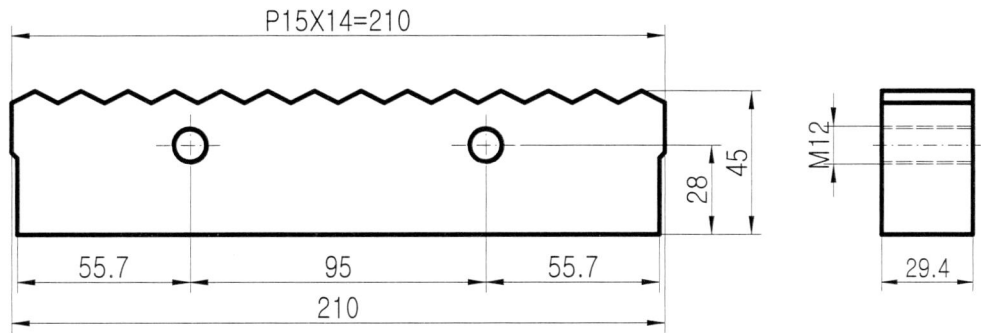

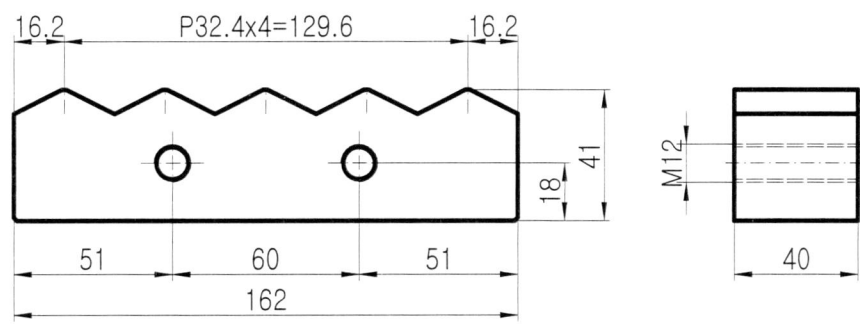

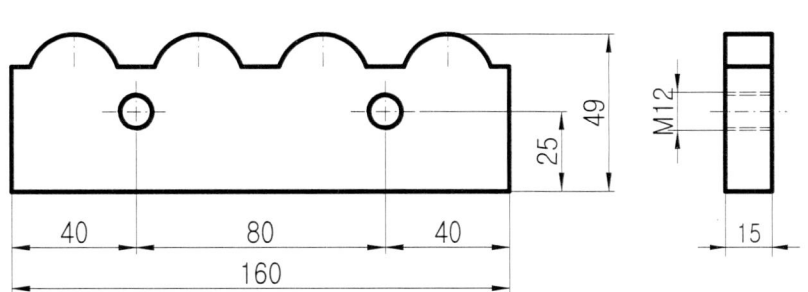

코너 나이프 (Corner Knife)

K10-175

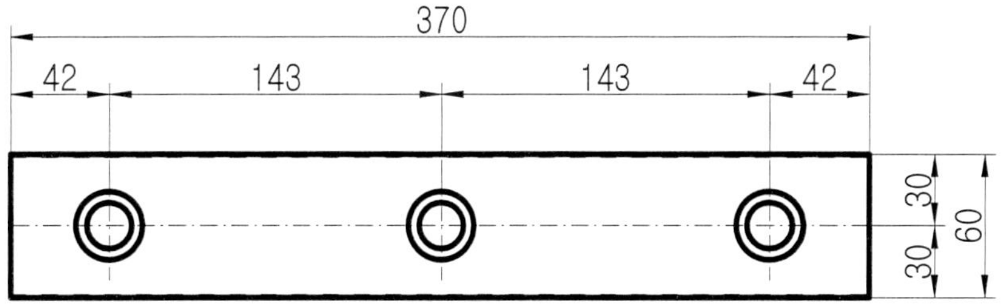

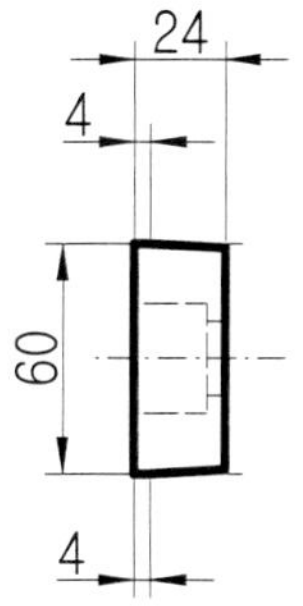

24×60×370

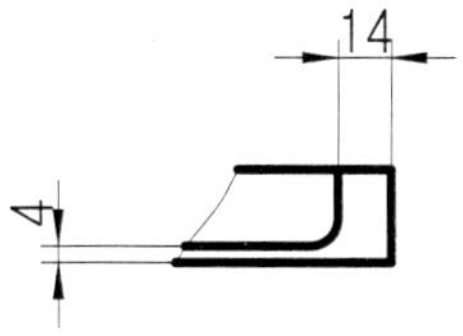

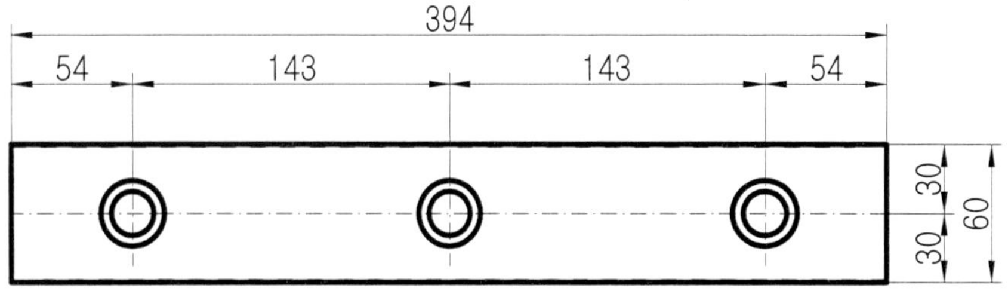

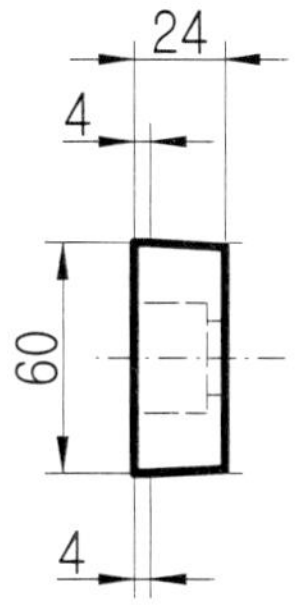

24×60×394

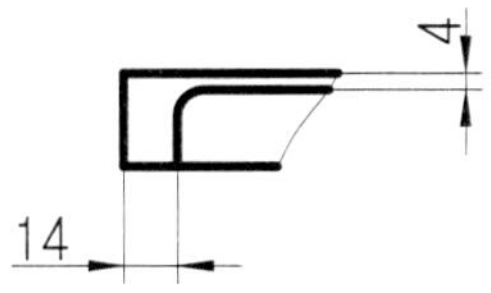

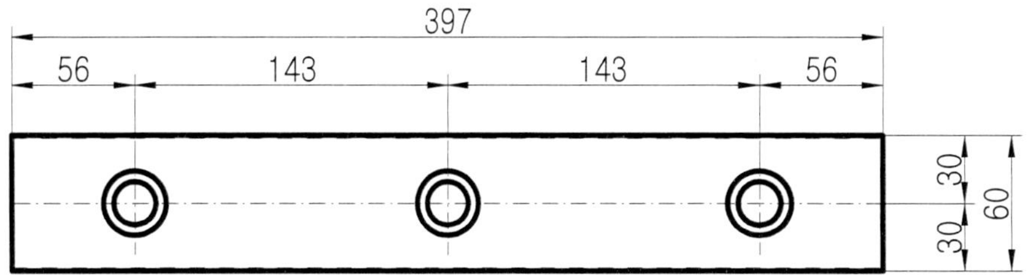

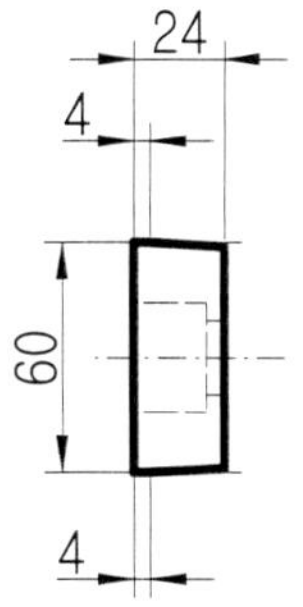

40×60×397

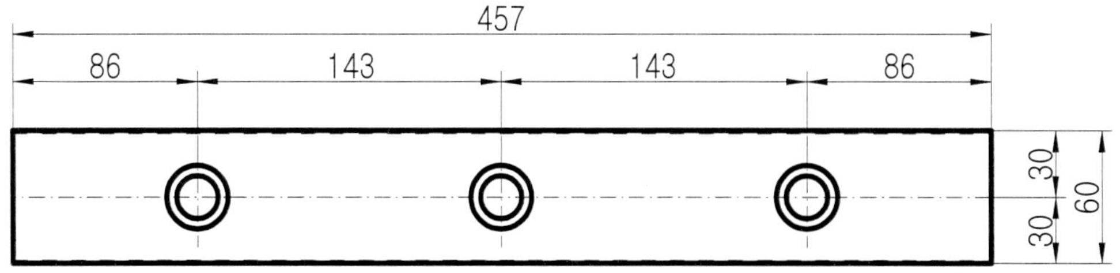

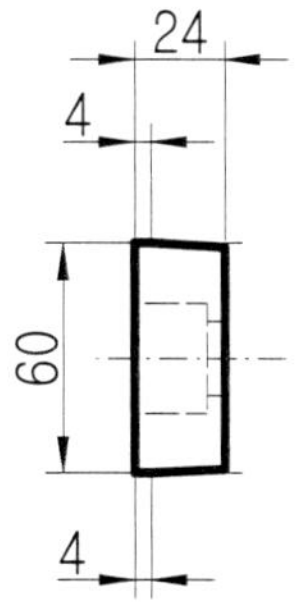

40×60×457

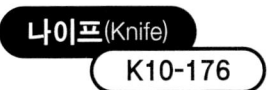

변 코너 나이프(Square Corner Knife)

UPPER-40×60×80

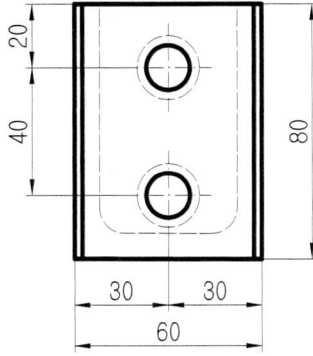

LOWER-17×42×80

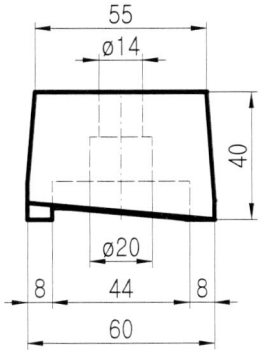
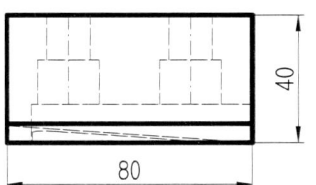

LOWER-17×42×144

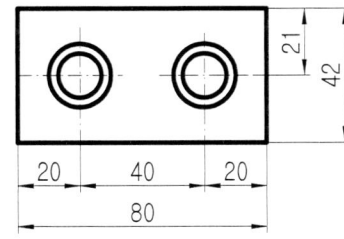
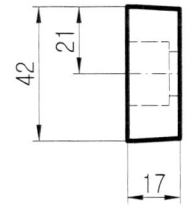
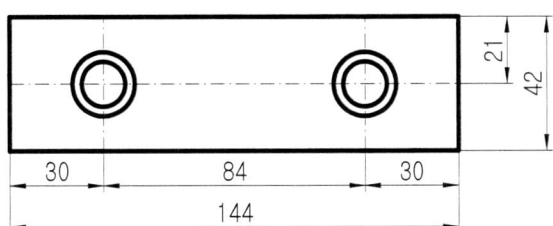
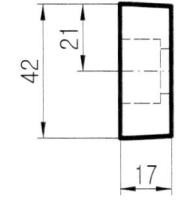

로트 나이프(Lot Knife)

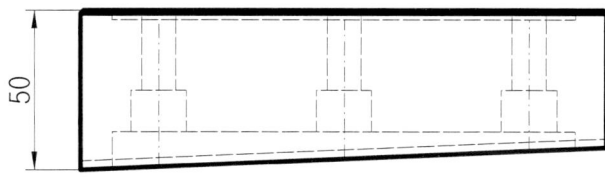

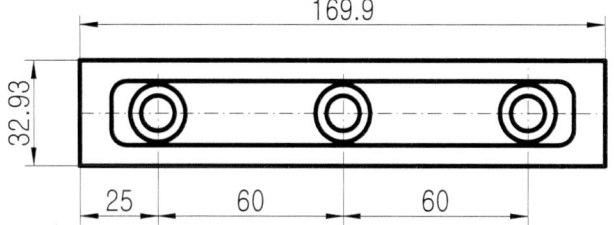 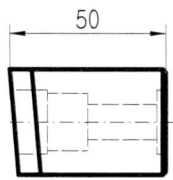

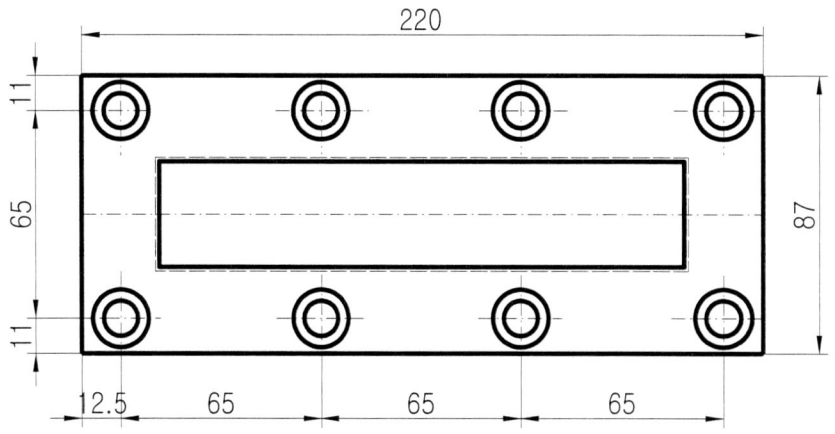 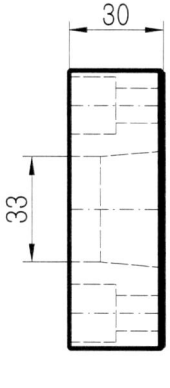

나이프(Knife) K10-178

로트 나이프(Lot Knife)

UPPER-33×50×135

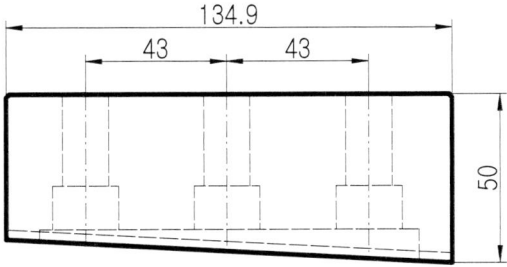
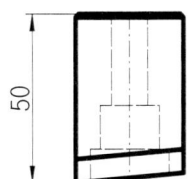

LOWER-30×87×185

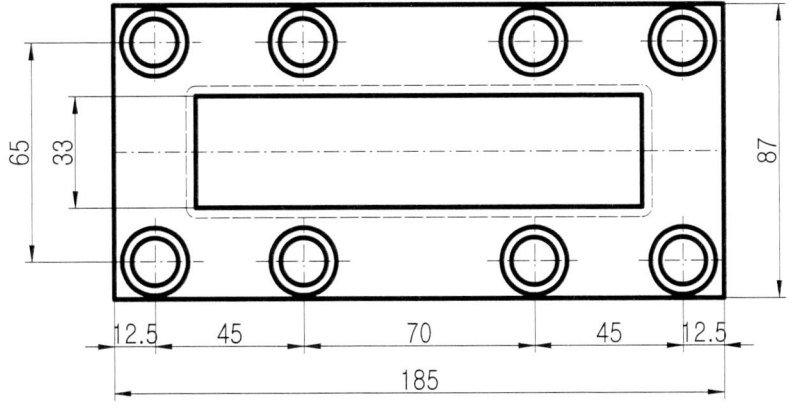
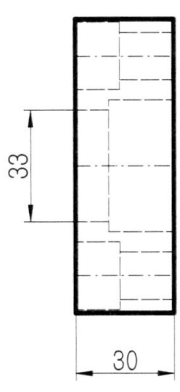

나이프(Knife) K10-179
앵글 코너 나이프(Angle Corner Knife)

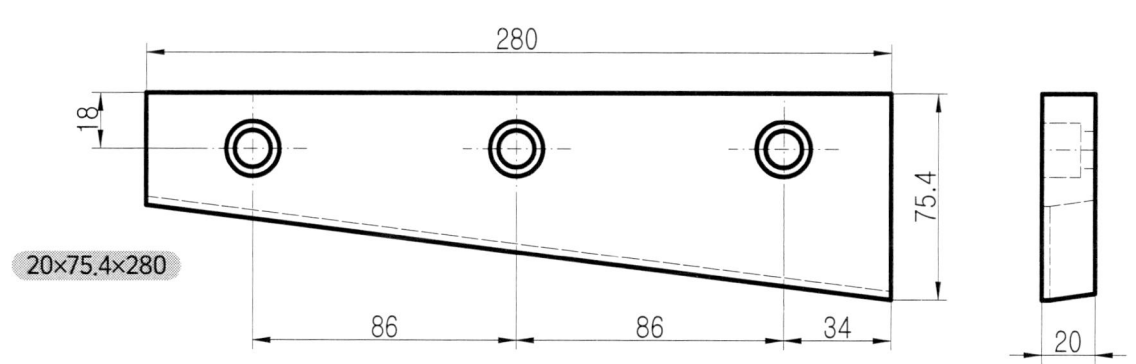

20×75.4×280

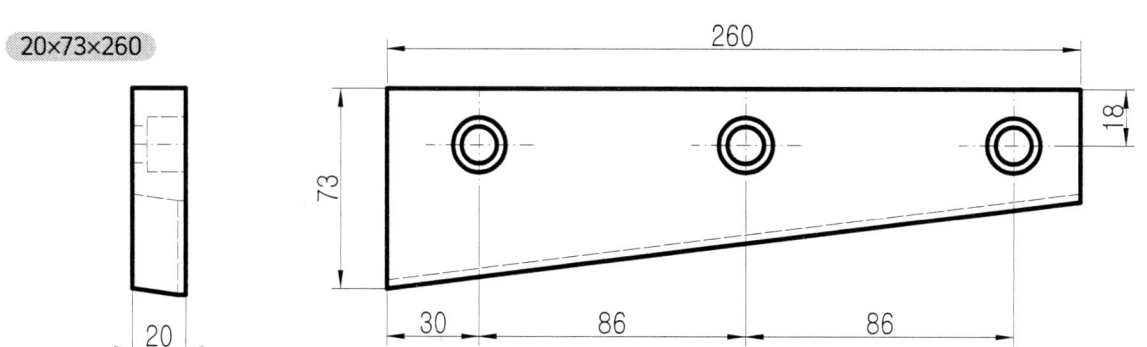

20×73×260

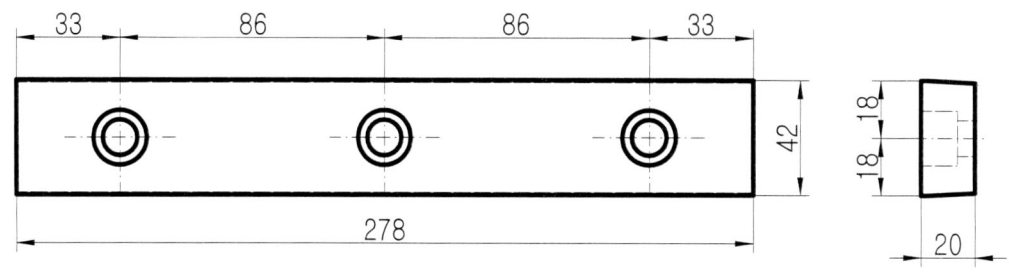

20×42×278

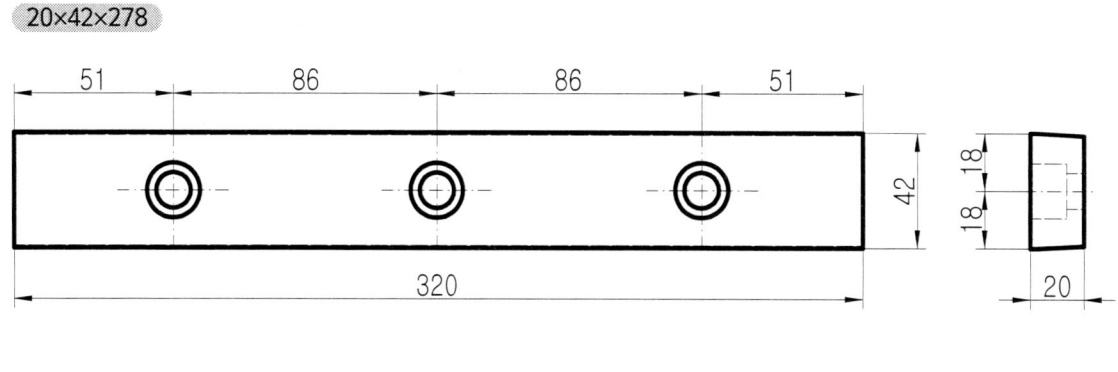

20×42×320

가제트 코너 나이프(Gazette Corner Knife)

UPPER-45×150×200

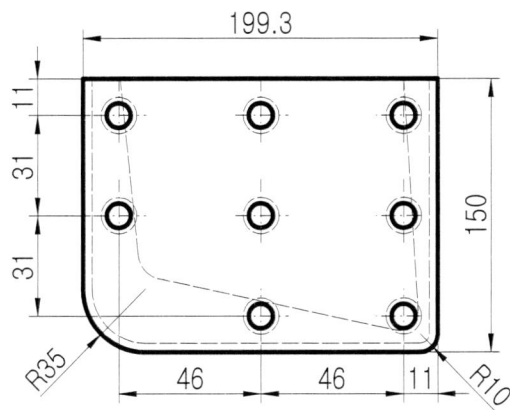

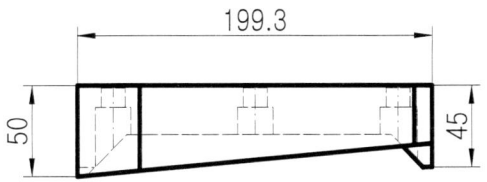
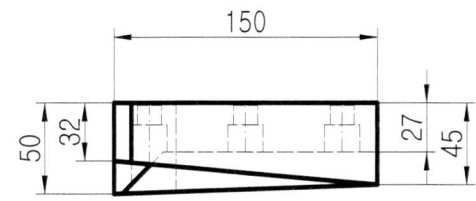

LOWER-25×200×300

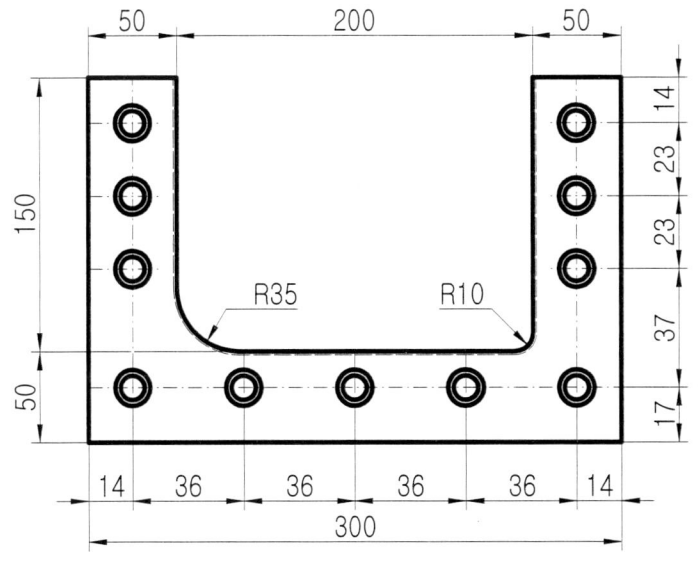
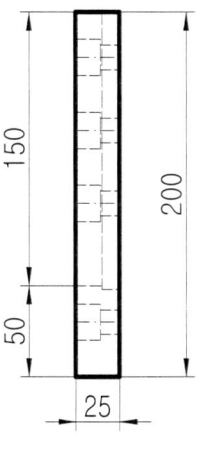

가제트 코너 나이프(Gazette Corner Knife)

UPPER-54×150×250

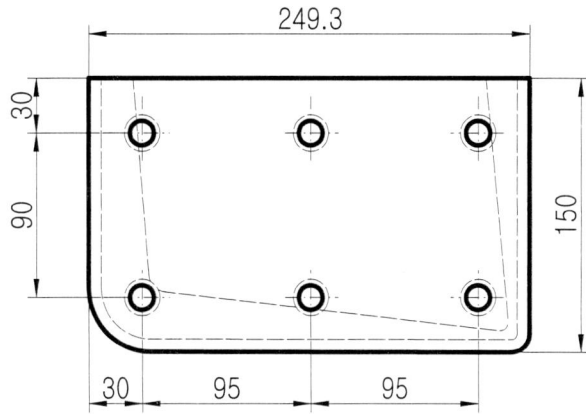

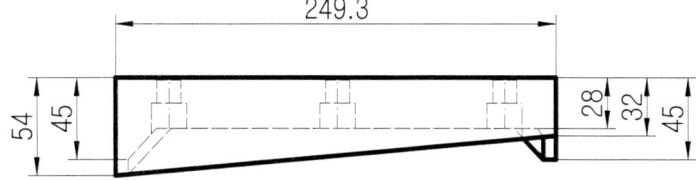
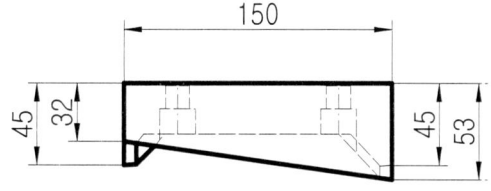

LOWER-30×200×350

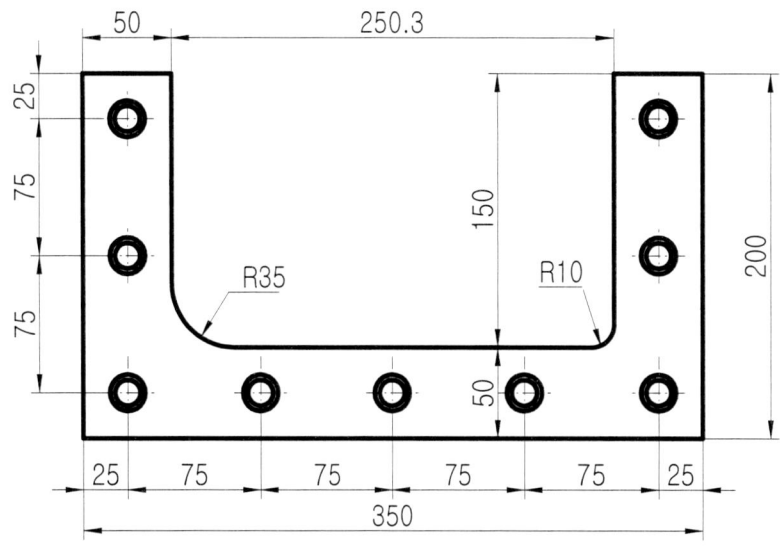
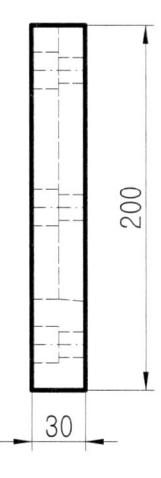

가제트 코너 나이프(Gazette Corner Knife)

UPPER-63×150×300

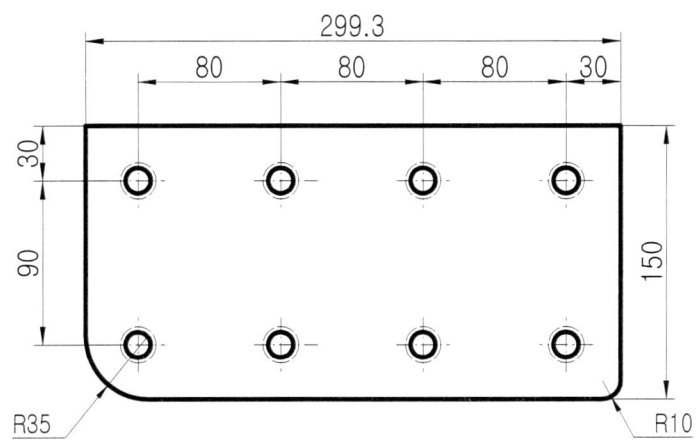

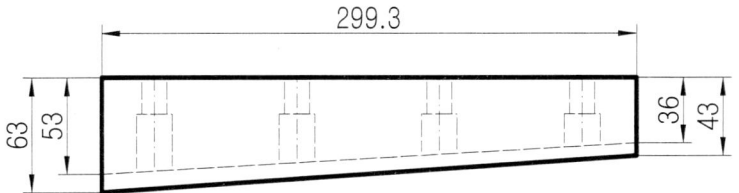
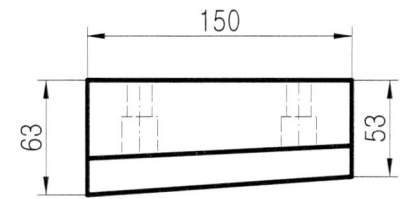

LOWER-30×100×400
LOWER-30×50×100

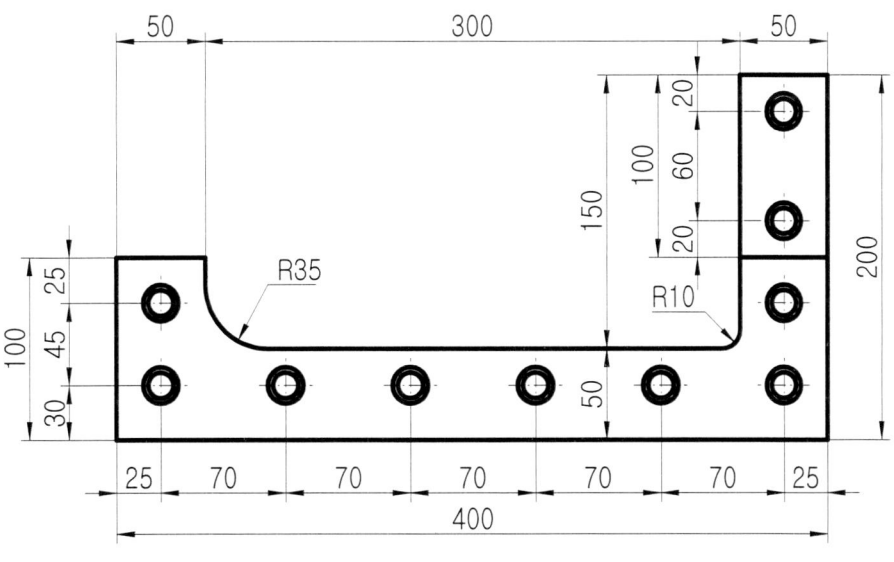
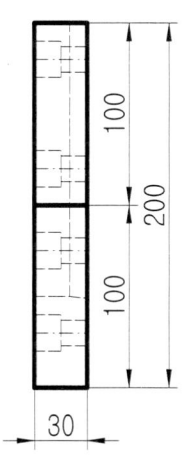

나이프(Knife) K10-183
가제트 코너 나이프(Gazette Corner Knife)

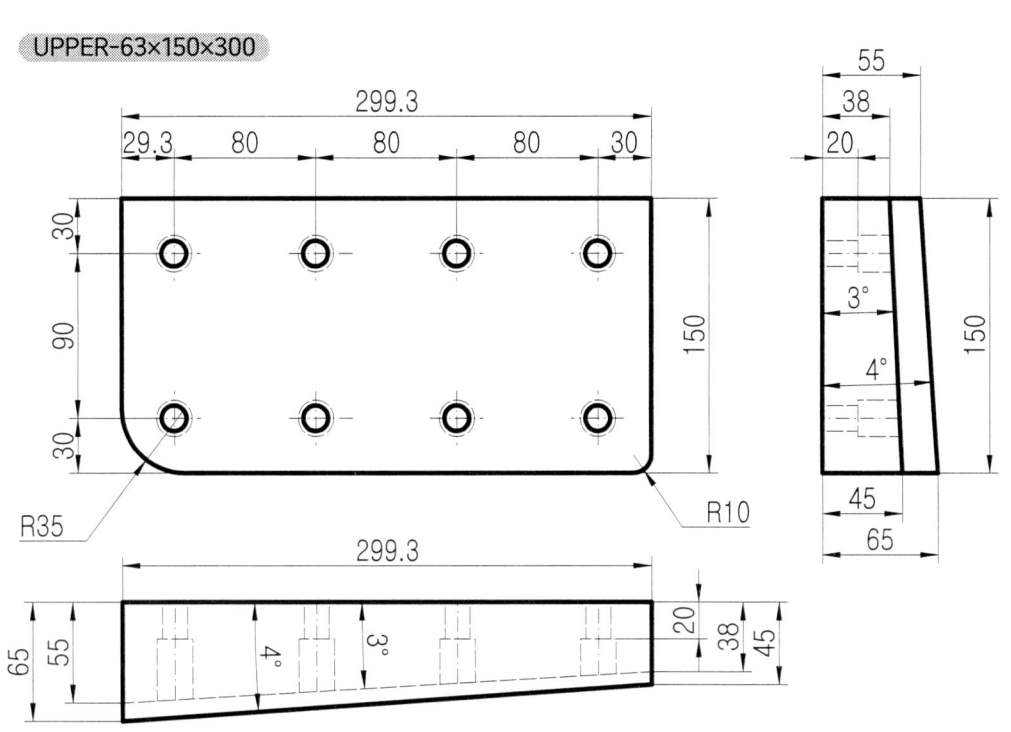

UPPER-63×150×300

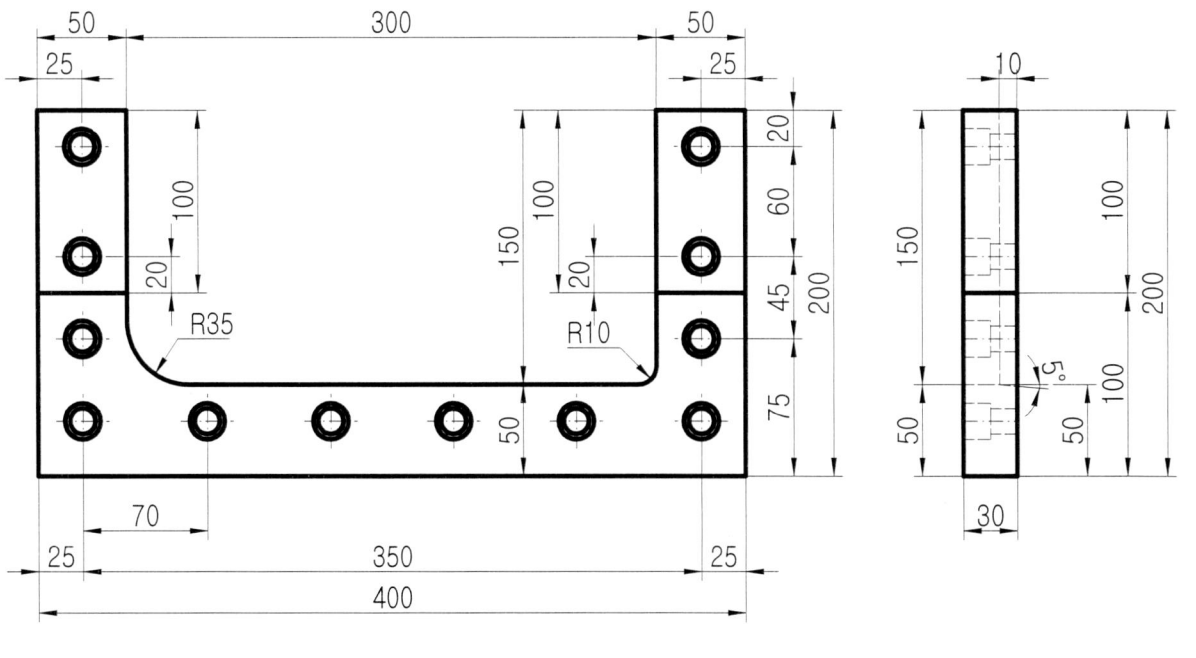

LOWER-30×100×400
LOWER-30×50×100

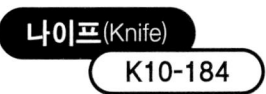

가제트 코너 나이프(Gazette Corner Knife)

UPPER KNIFE-77×200.6×310

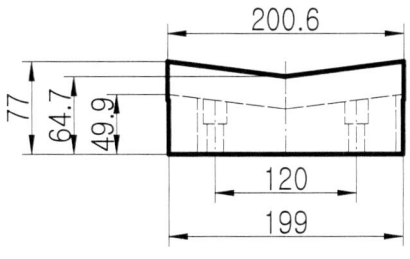
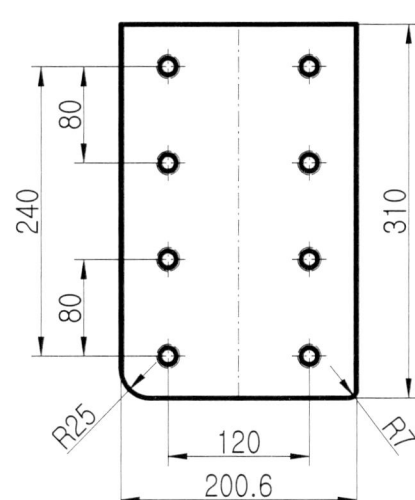
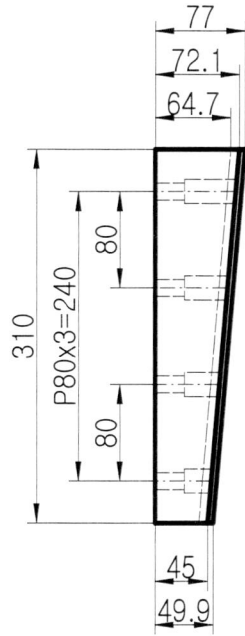

LOWER KNIFE-30×100×300
LOWER KNIFE-30×49.4×260

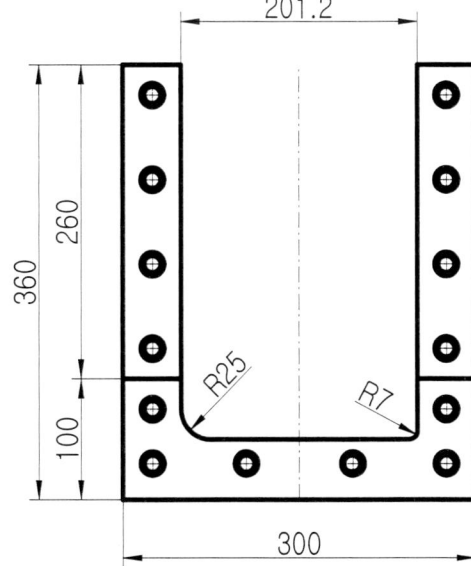
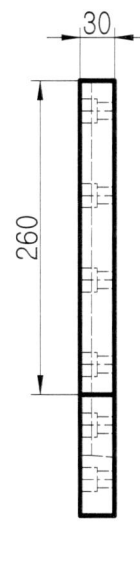

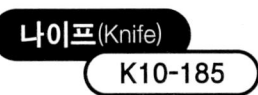

고철 나이프(Scrap Metal Knife)

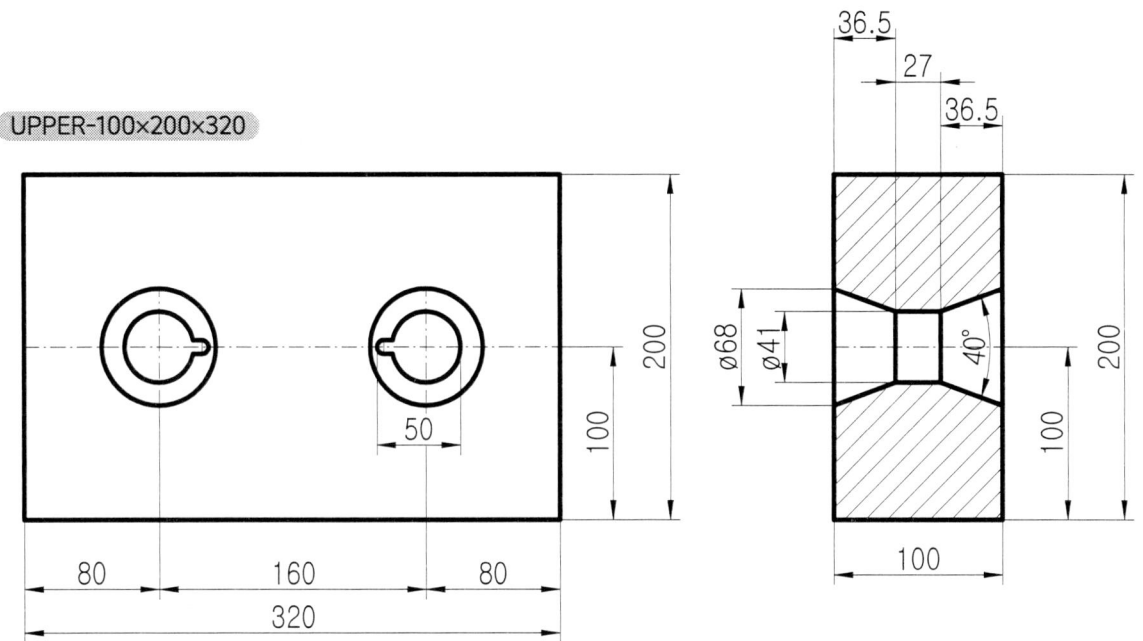

UPPER-100×200×320

LOWER-24×44×108

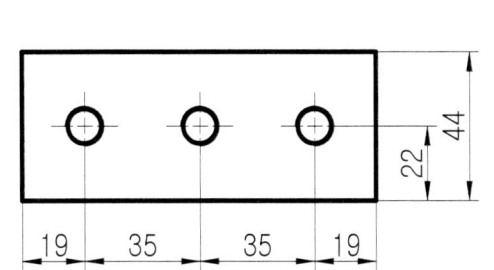
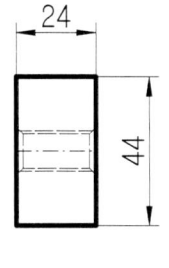

고철 나이프(Scrap Metal Knife)

24×80×120

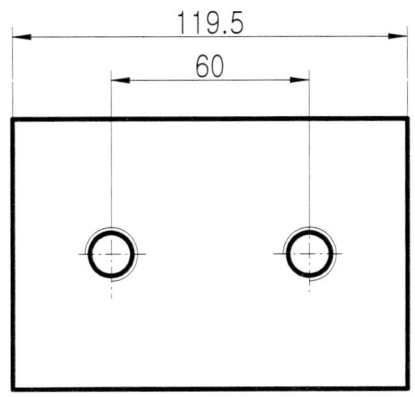
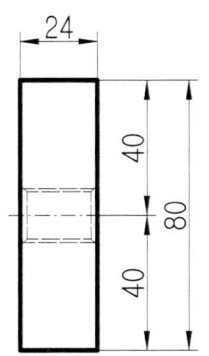

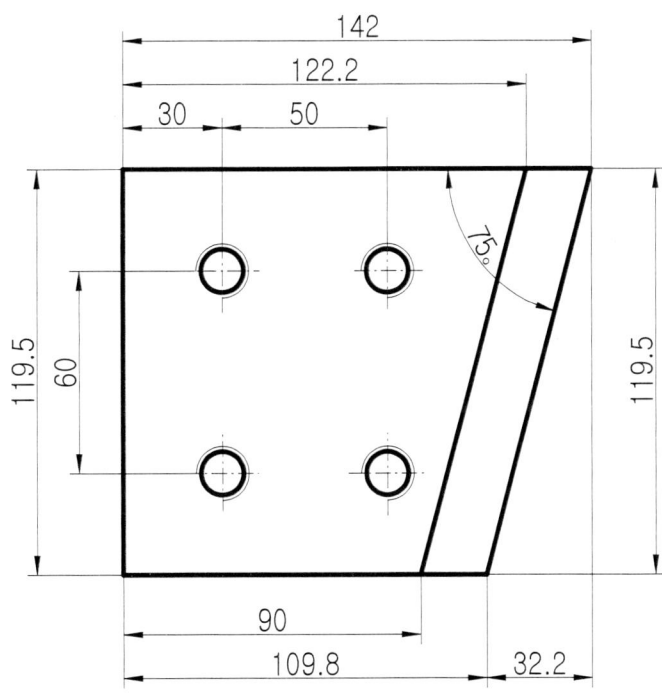

24×120×142

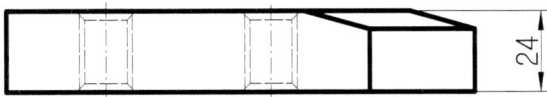

나이프(Knife) K10-187

고철 나이프(Scrap Metal Knife)

26×70×120

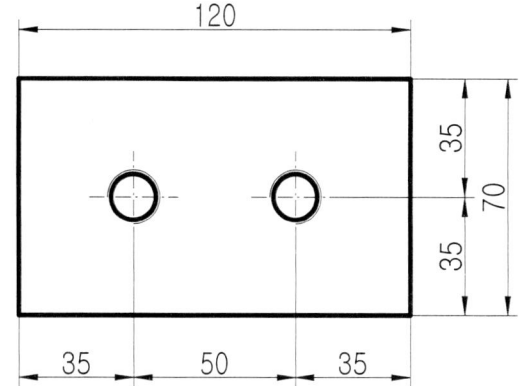
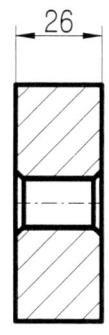

26×70×100

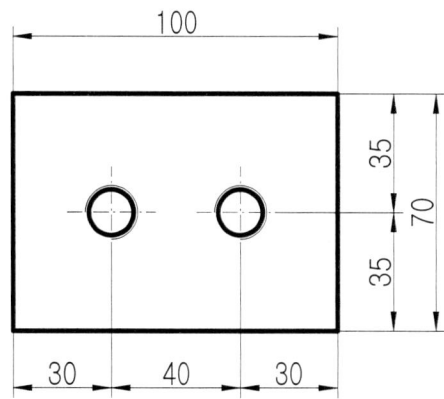
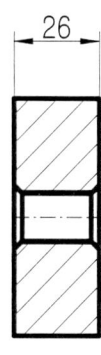

고철 나이프(Scrap Metal Knife)

고철 나이프(Scrap metal)

26×120×142

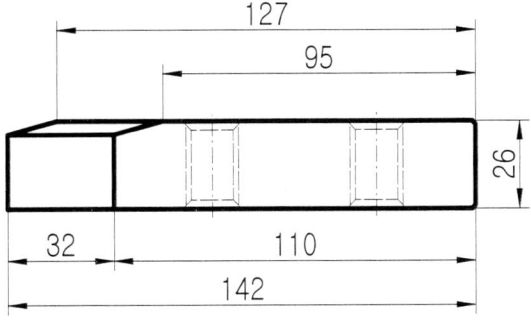

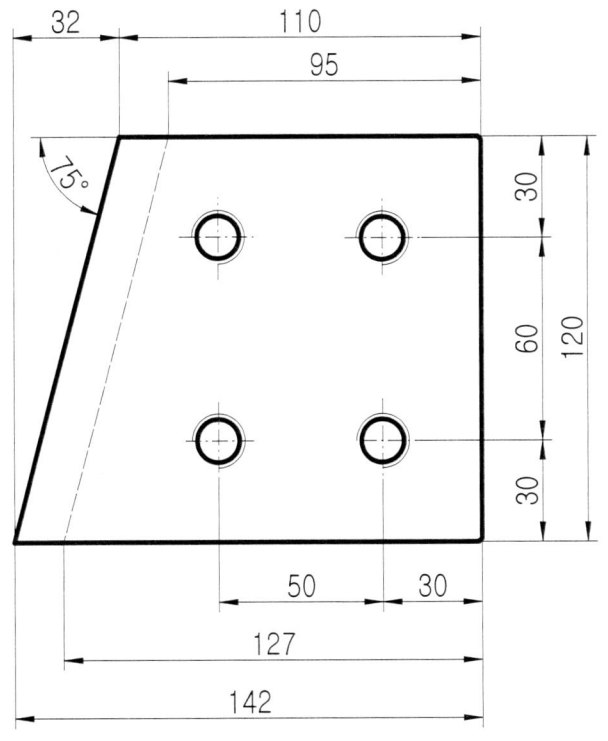

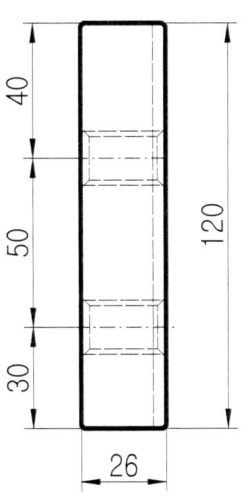

작두 나이프(Rotary Knife)

나이프(Knife) K10-189

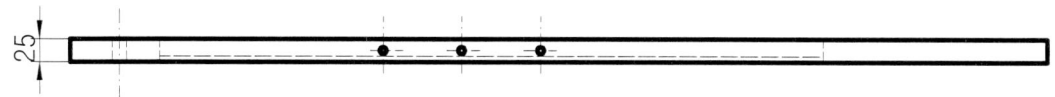

UPPER-25×105×1100

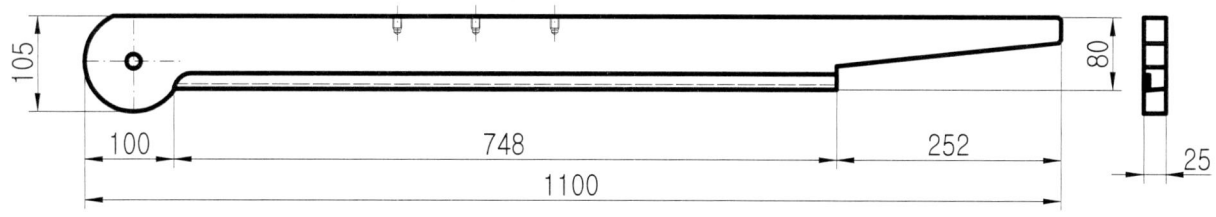

LOWER-25×55×790

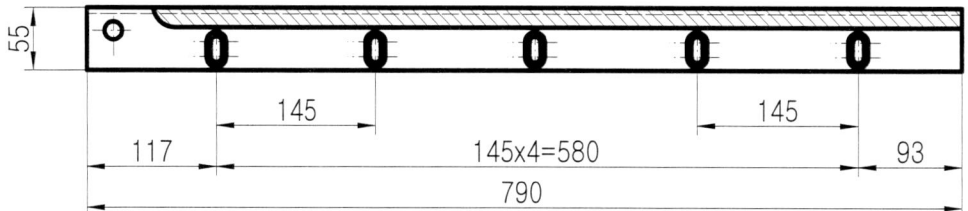

작두 나이프(Rotary Knife)

UPPER-25×105×1960

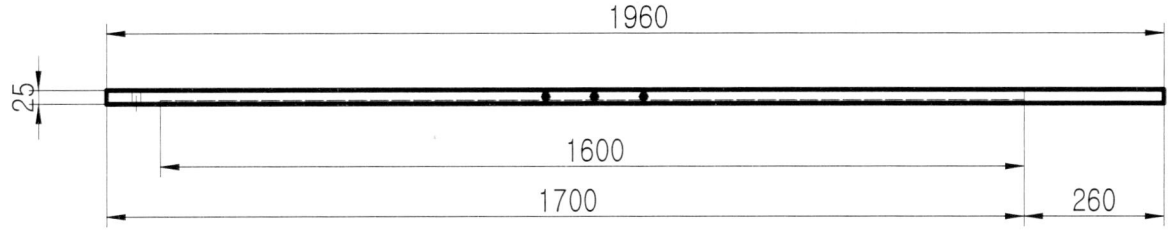

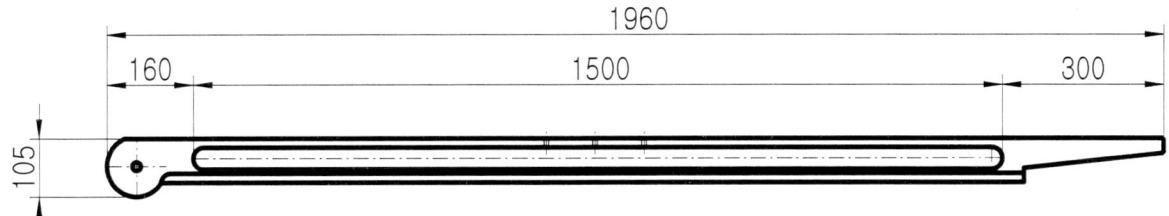

LOWER-25×55×1640

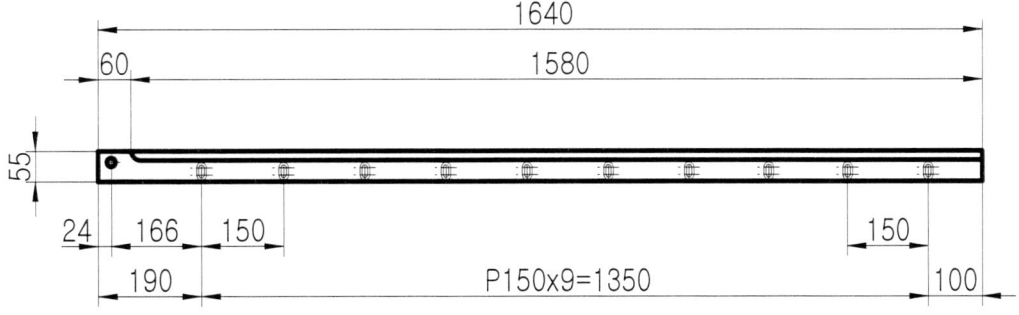

나이프(Knife) K10-191

앵글 커터(Angle Cutter)

UPPER-27×110×141

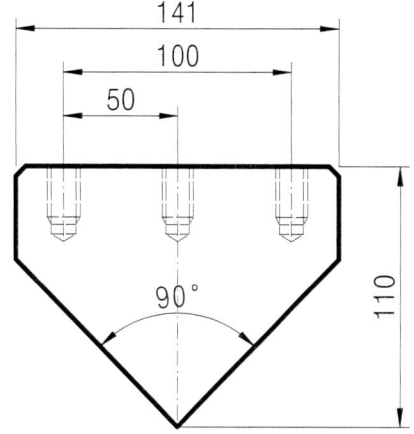
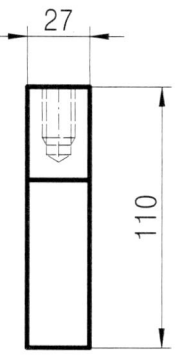

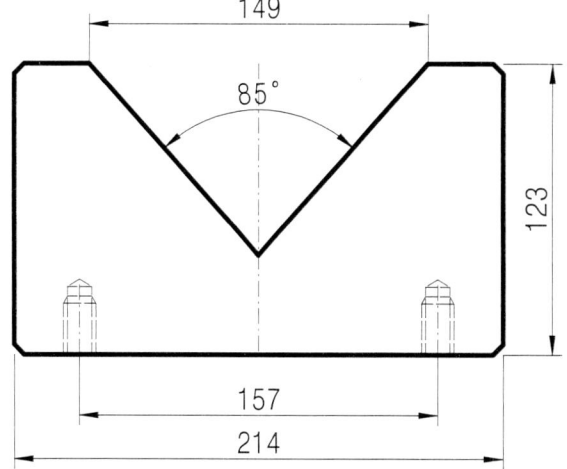
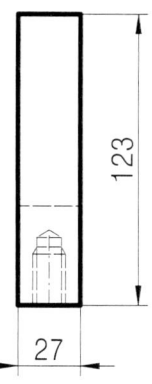

LOWER-27×123×214

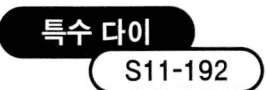

특수 다이(Special Die)

시이밍(Seaming) 다이(Die)입니다.
한 다이(Die)로 시이밍(Seaming)과 헤밍(Hemming) 작업을 할 수 있는 효율적인 굽힘 툴(Tool)입니다.

0.5t에서 1.6t까지의 소재 굽힘 작업을 하는 것으로, 후판용은 응력이나 변형으로 인하여 많은 작업을 할 수 없었으며 사용자는 무리한 요구로 인하여 상호 관계가 불편해지는 경우도 많이 보이는 제품이기도 합니다.
이 제품은 슬라이브형입니다. 쐐기 작업을 한 후 헤밍 작업을 하는 제품입니다.

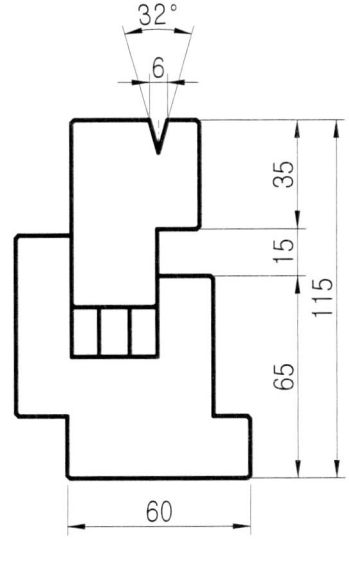

V6 32° 시헤밍 다이

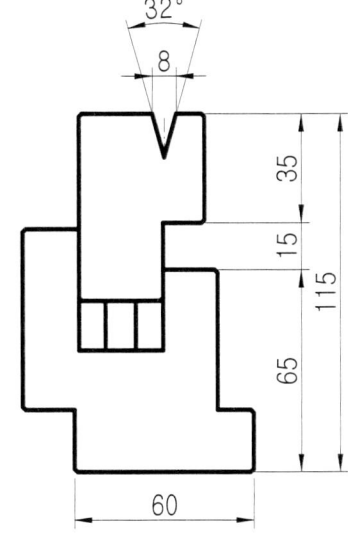

V8 32° 시헤밍 다이

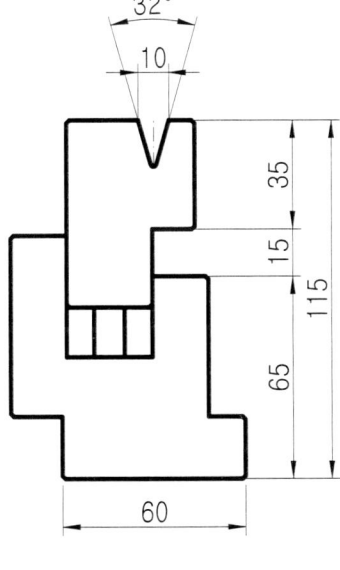

V10 32° 시헤밍 다이

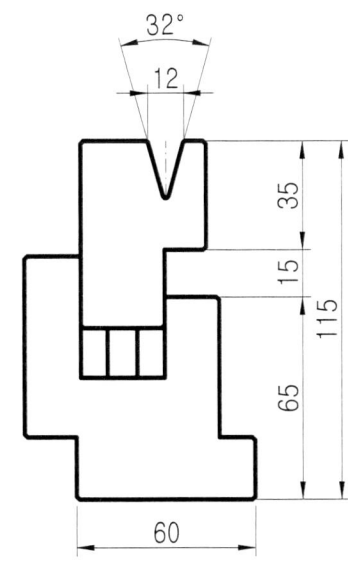

V12 32° 시헤밍 다이

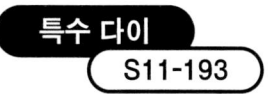

특수 다이(Special Die)

턴(Turn) 다이(Die)입니다.

이 제품은 소재의 표면에 흠이 적게 발생하도록 하기 위하여 상부 V홈 롤(Roll)을 조립하여 제작되었습니다.

V35 턴(Turn) 다이(Die)

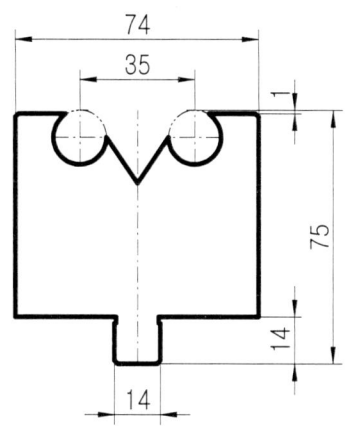

V50 턴(Turn) 다이(Die)

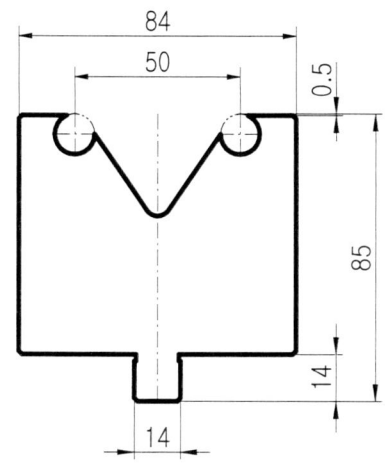

V60 턴(Turn) 다이(Die)

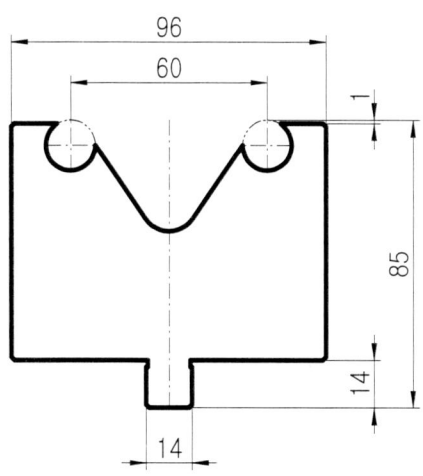

V75 턴(Turn) 다이(Die)

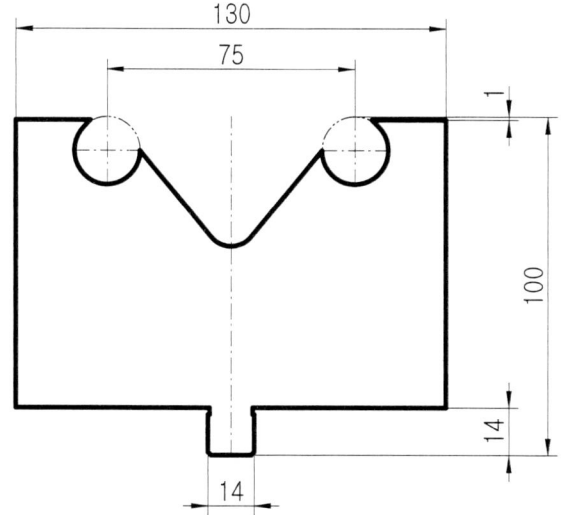

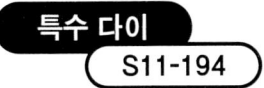

특수 다이(Special Die)

시이밍(Seaming) 다이(Die)입니다.

시이밍(Seaming)과 헤밍(Hemming)을 한 다이(Die)로 작업할 수 있는 효율적인 굽힘 툴(Tool)입니다.

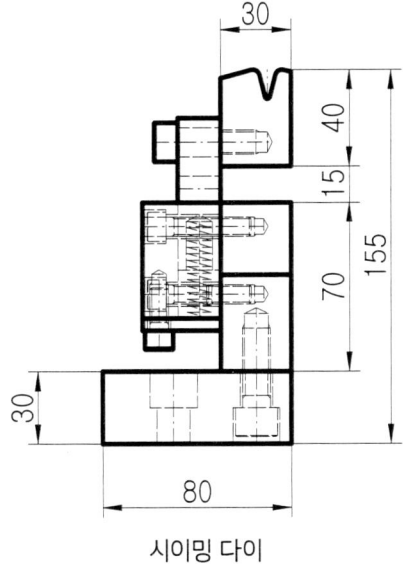

시이밍 다이

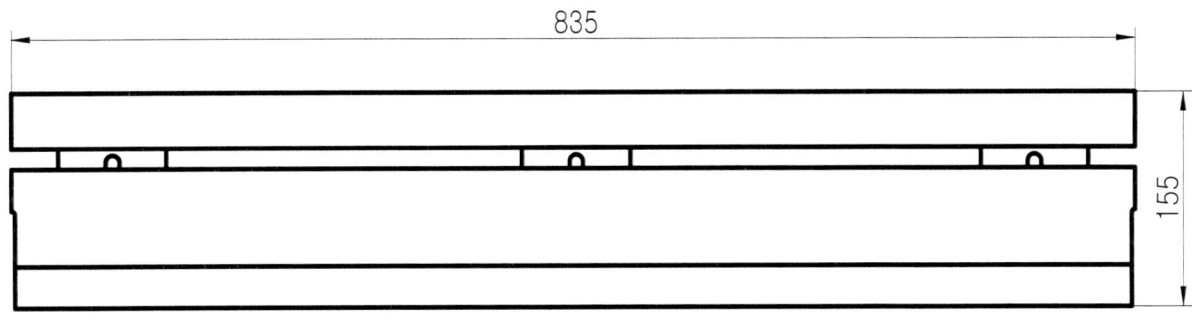

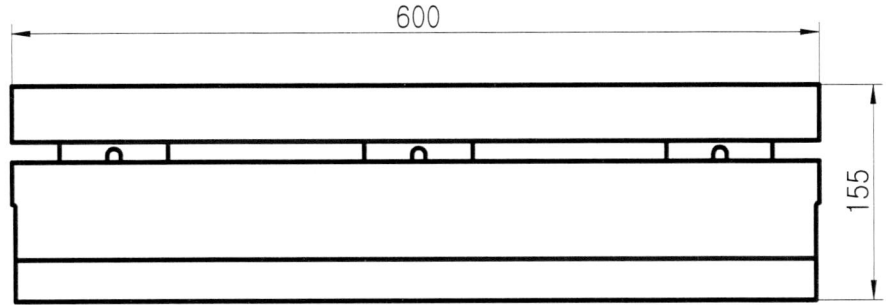

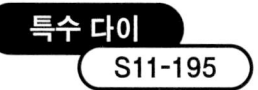

특수 다이(Special Die)

헤밍(Hemming) 다이(Die)입니다.

이 제품은 3.2t 소재 정도의 헤밍을 할 수 있는 제품입니다.

이 제품의 경우 다른 헤밍 다이에서 1.6t 이상으로 응력이 커지면서 밀려나 헤밍(찌그러뜨리기) 작업이 안 되며 밀려나는 현상을 어느 정도 잘 적응할 수 있는 제품입니다.

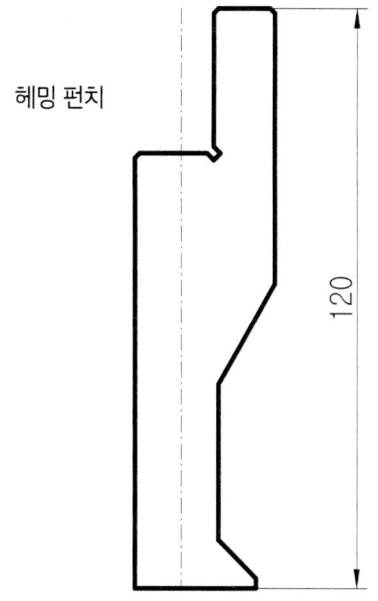

헤밍 펀치

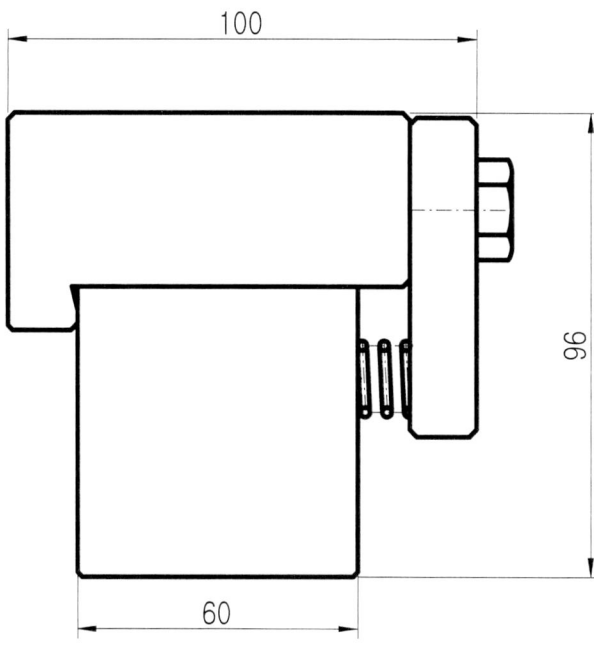

헤밍 다이(Hemming Die)

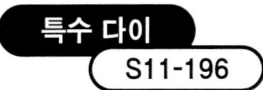

특수 다이(Special Die)

단(층계) 다이(Die)입니다.

이 제품은 Punch와 Die가 복합(Combination)인 다이(Die)입니다.

상판에는 작업에 필요한 V홈을 만들고 하단부에서는 단(층계) 형상 굽힘 작업을 하는 제품입니다.

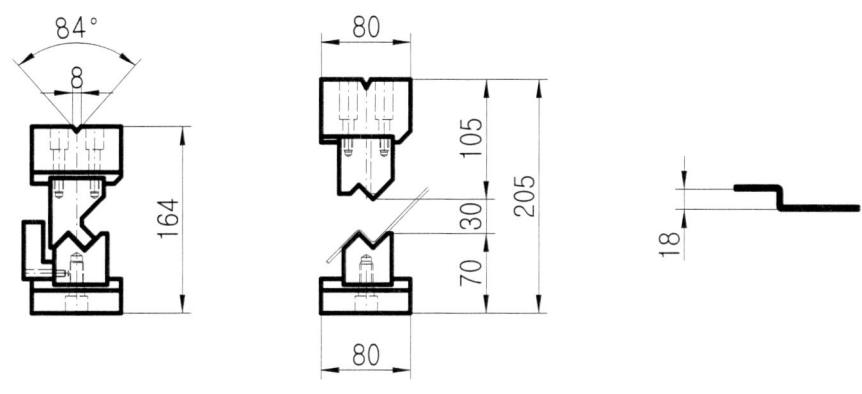

단(층계) 다이(Die)

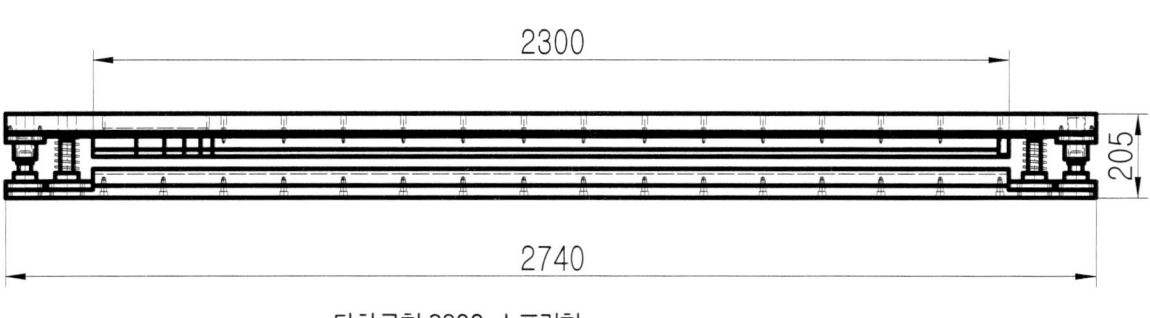

단차금형 2800-스프링형

단차금형 2800-실린더형

특수 다이(Special Die)

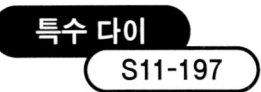
특수 다이 S11-197

쐐기 작업과 헤밍 작업을 하는 툴(Tool)입니다. 특히나 헤밍 작업 시 날개 부분의 길이에 따라 제품의 높이가 달라지는 다이입니다. 시이밍과 헤밍을 복합한 단어로 '시헤밍 다이'로 표현하기로 합니다.

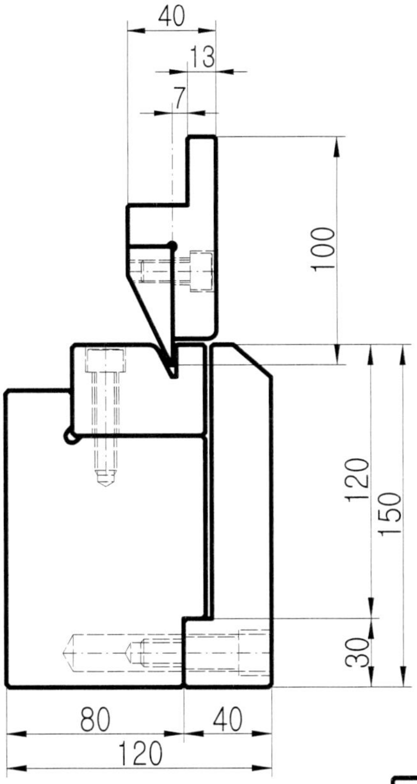

시헤밍 다이 H120

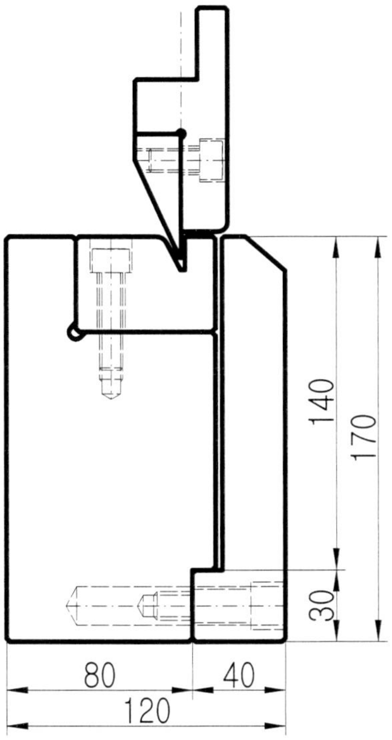

시헤밍 다이 H140

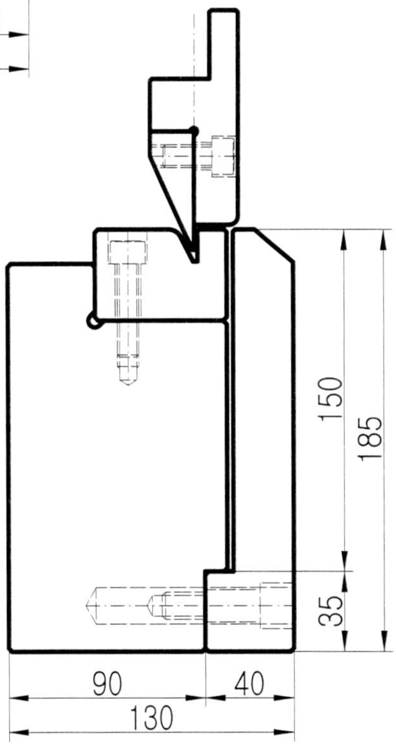

시헤밍 다이 H150

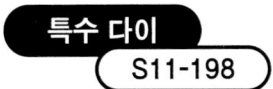

특수 다이(Special Die)

쐐기 작업과 헤밍 작업을 하는 툴(Tool)입니다. 펀치의 경우는 길이 L=835가 기본 길이입니다. 그러나 시헤밍 다이의 경우 L=1650, L=1800, L=2500, L=3000, L=3600, L=4000, L-4400 등 사용자의 사양(Spec)에 따라 결정하시면 됩니다.

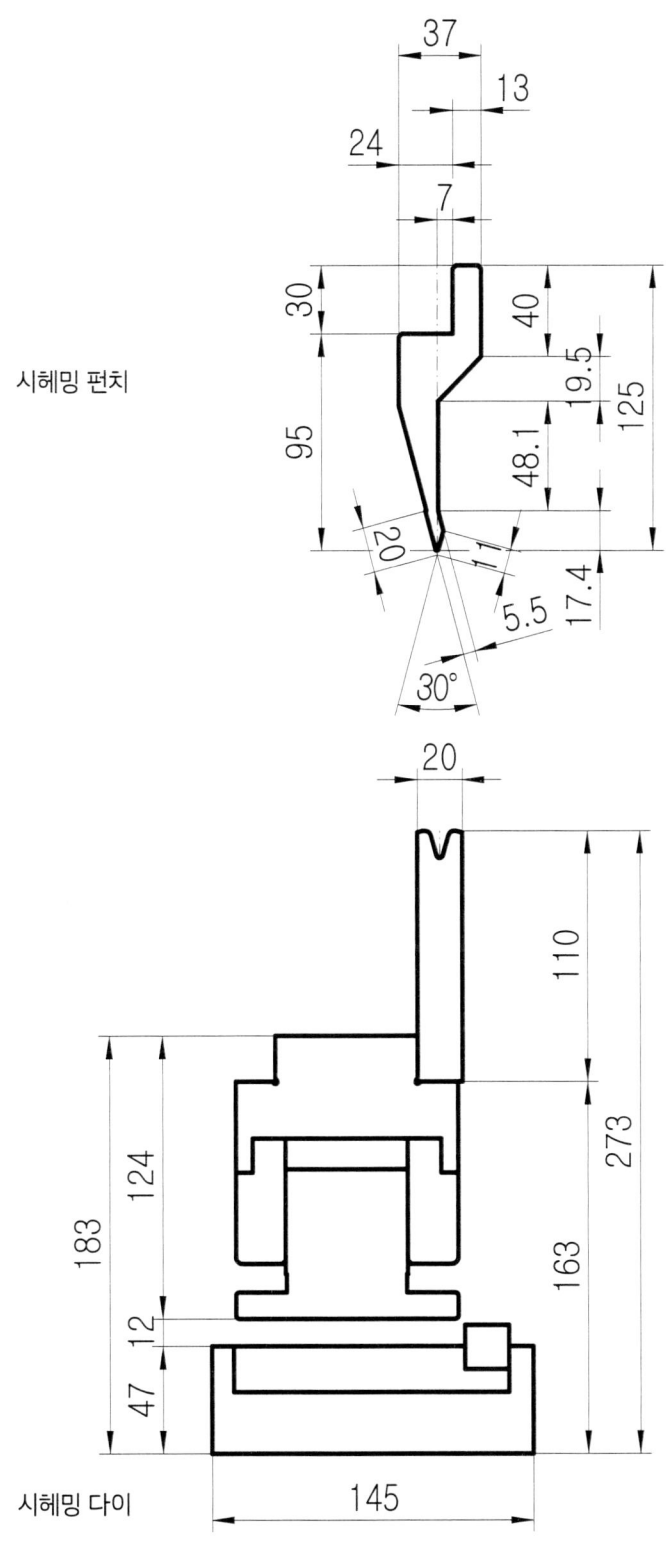

시헤밍 펀치

시헤밍 다이

특수 다이(Special Die)

특수 부품: 쪼인트(Joint)

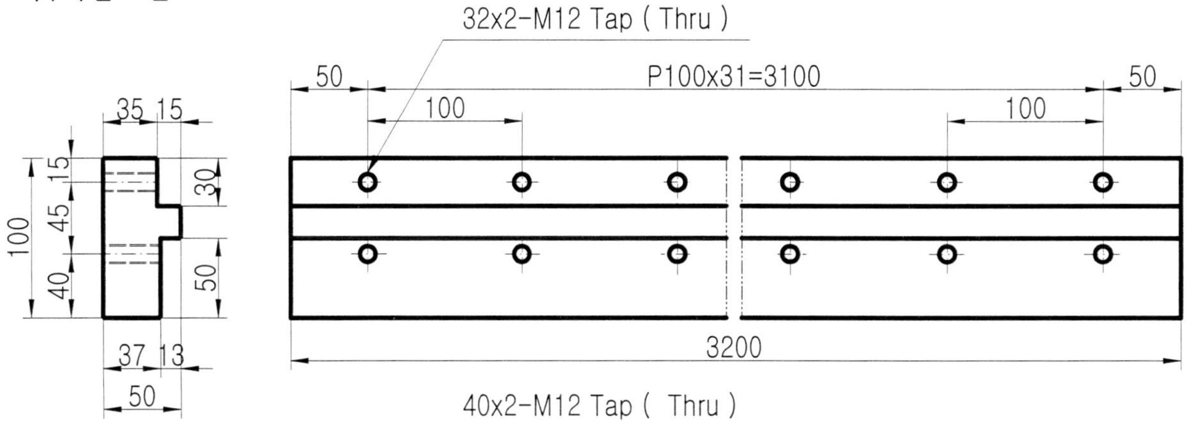

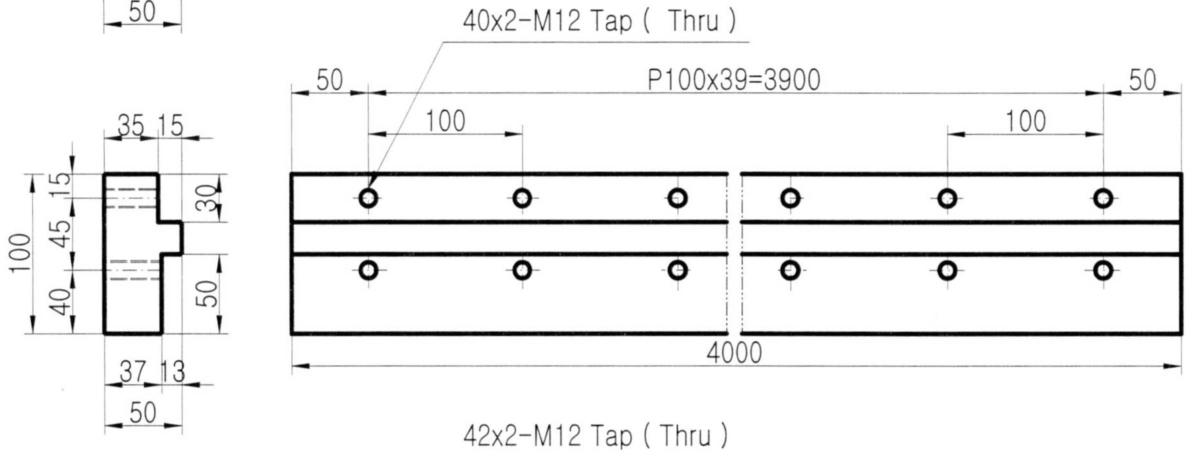

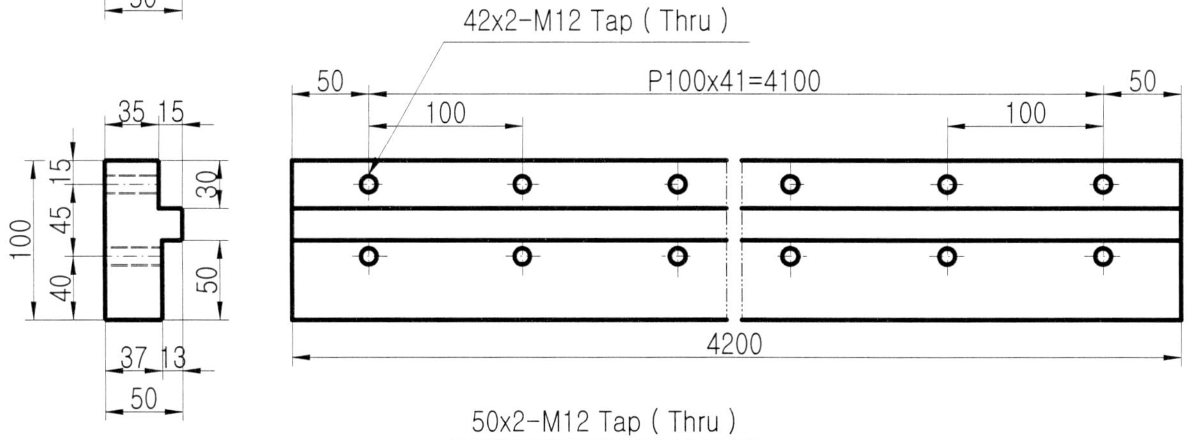

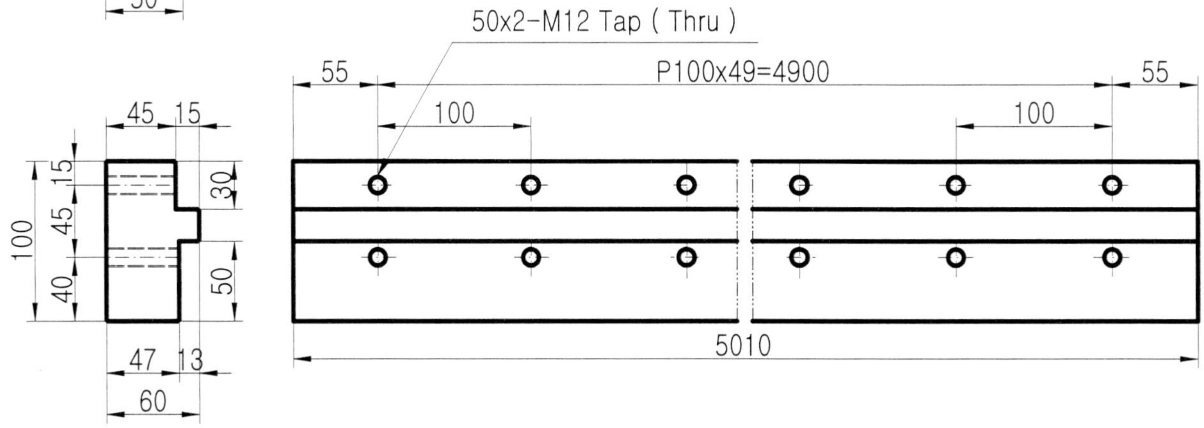

32x2-M12 Tap (Thru)

40x2-M12 Tap (Thru)

42x2-M12 Tap (Thru)

50x2-M12 Tap (Thru)

특수 다이(Special Die)

특수 부품: 쪼인트(Joint)

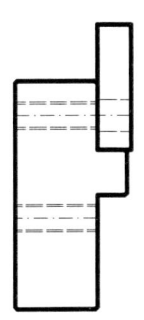

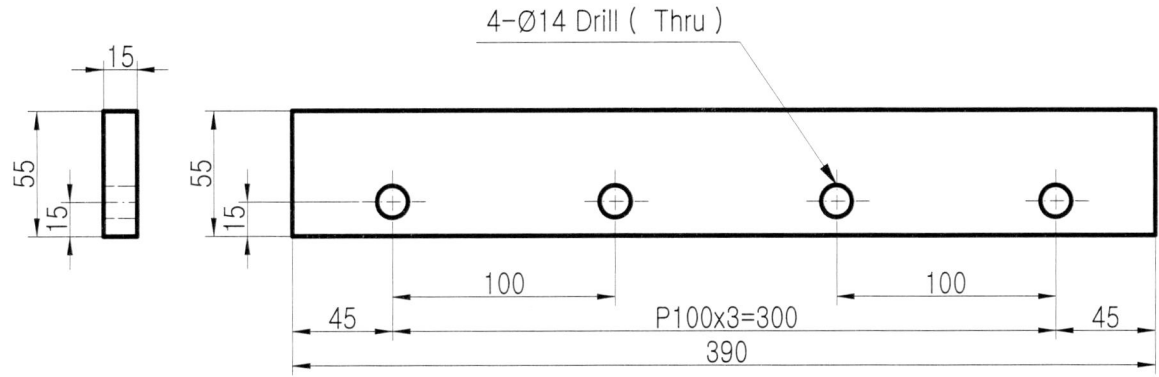

4-Ø14 Drill (Thru)

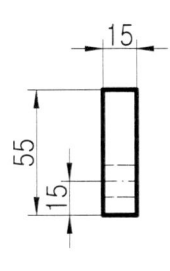
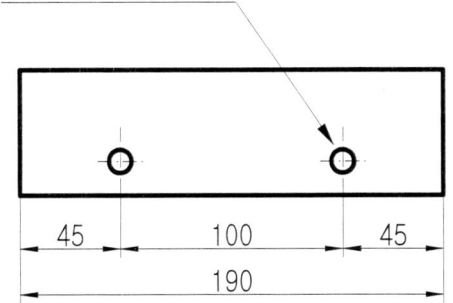

2-Ø14 Drill (Thru)

특수 다이(Special Die)

특수 부품: 커넥트(Connect)

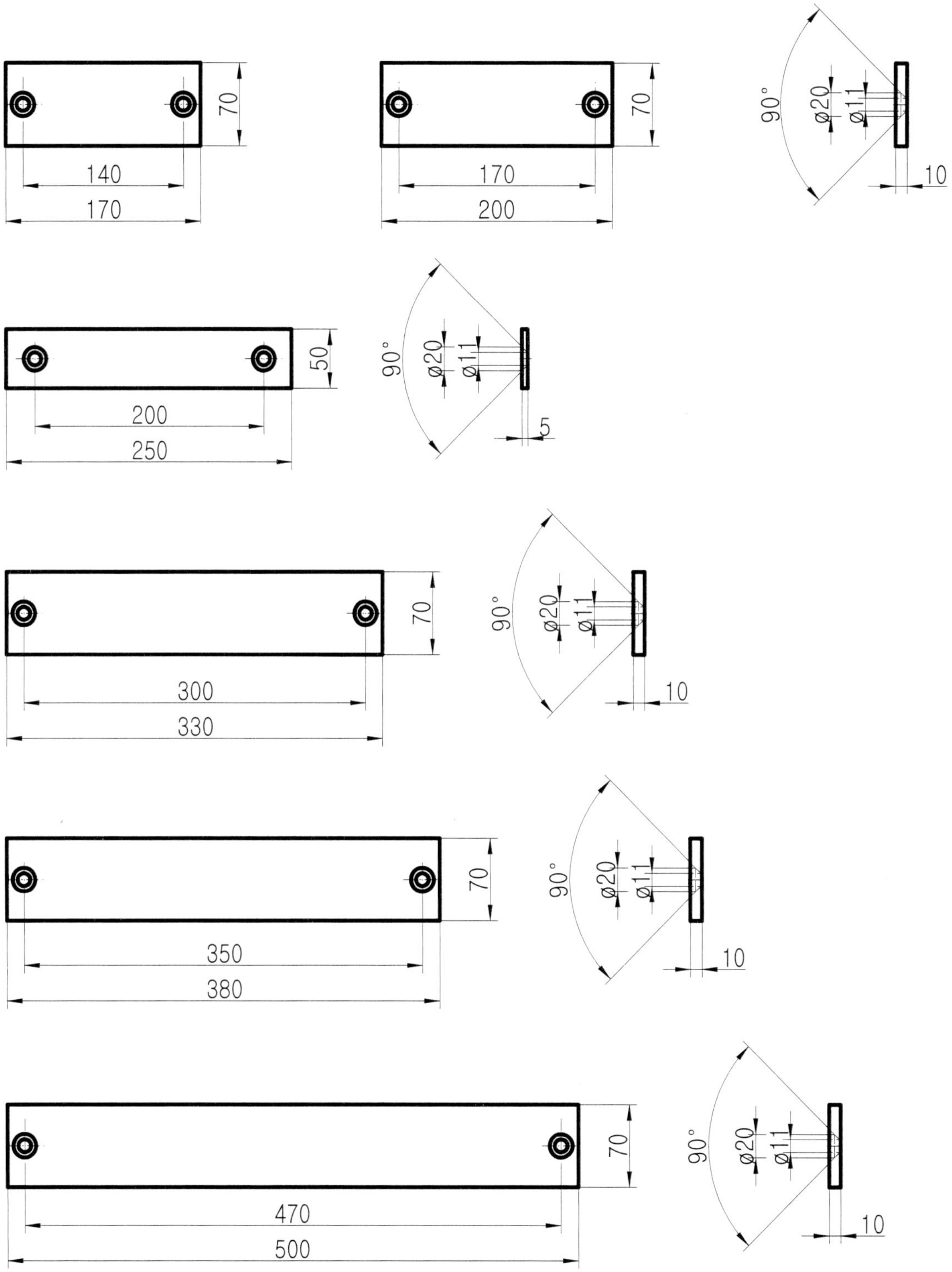

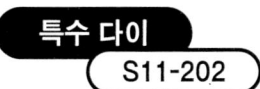

특수 다이(Special Die)

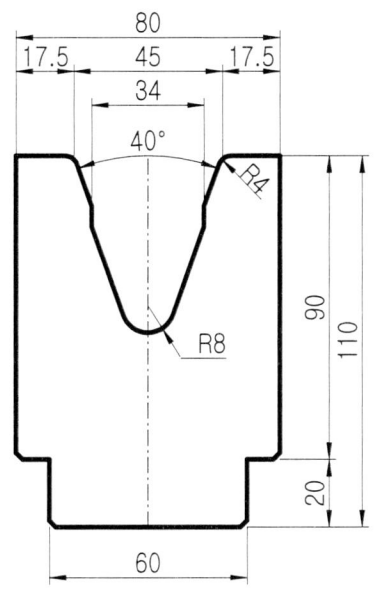
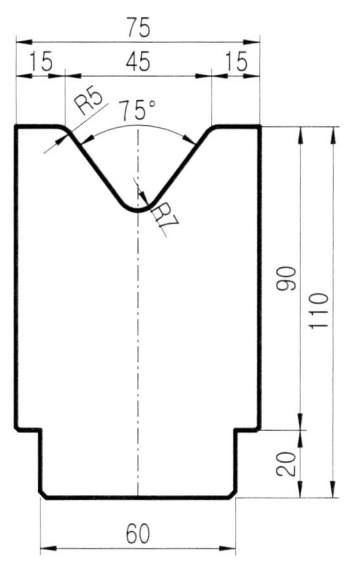
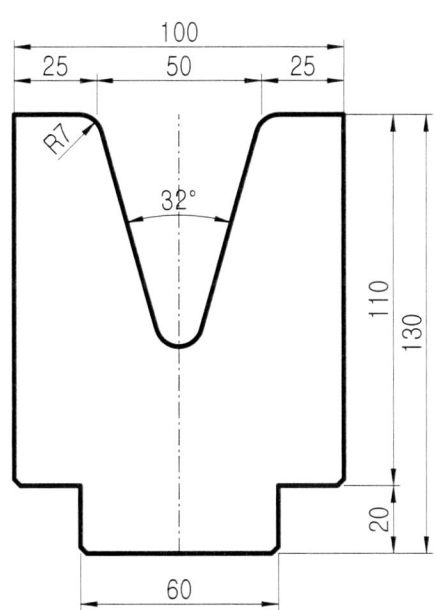
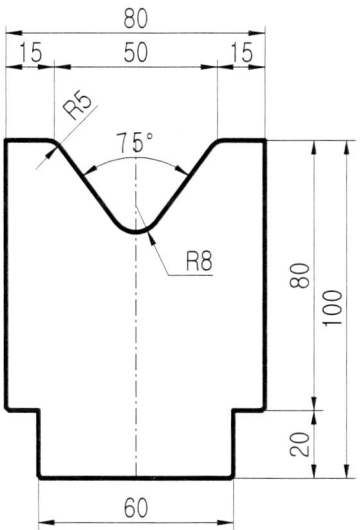

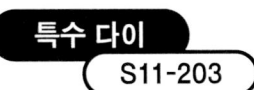

특수 다이(Special Die)

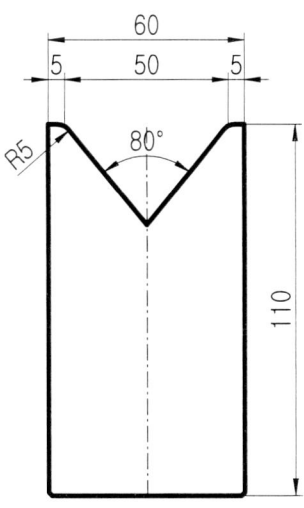
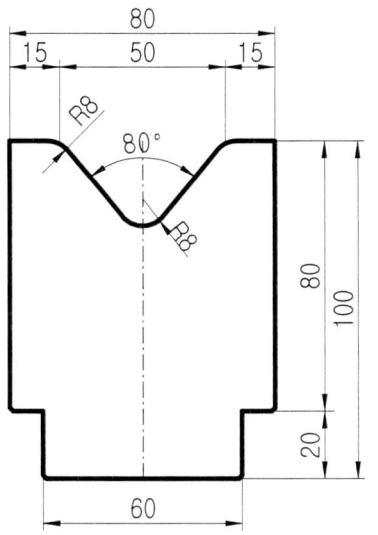
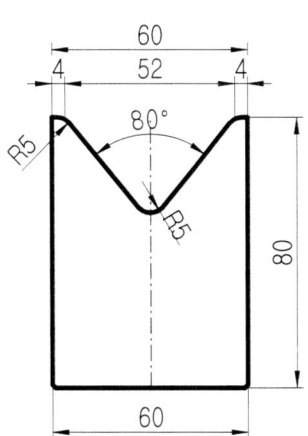
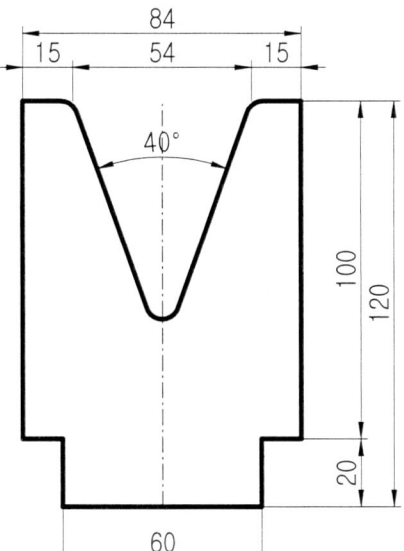

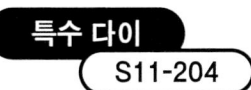

특수 다이(Special Die)

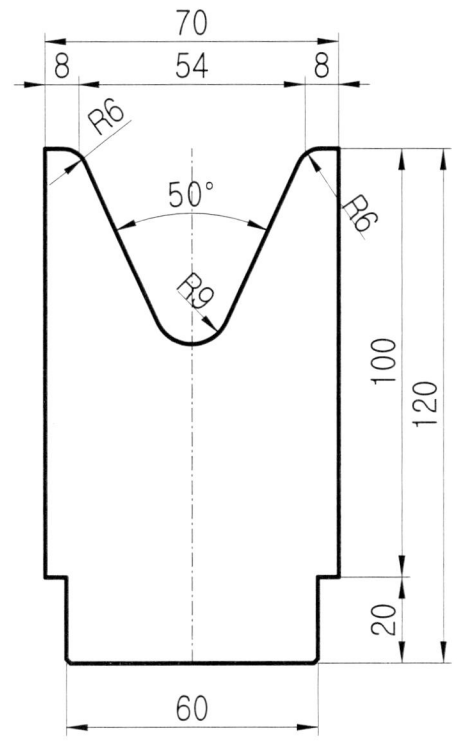

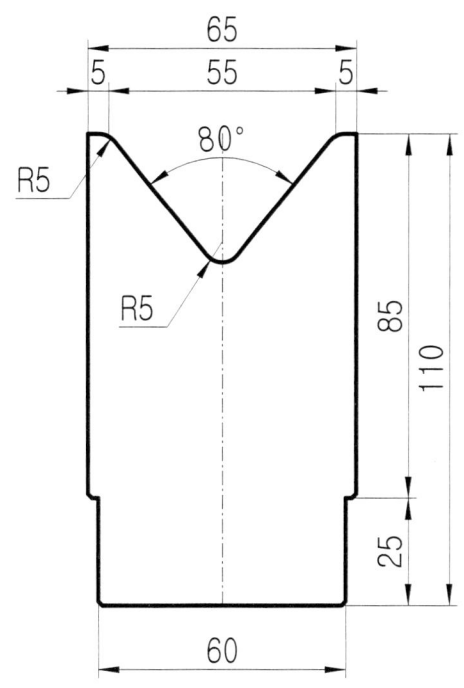

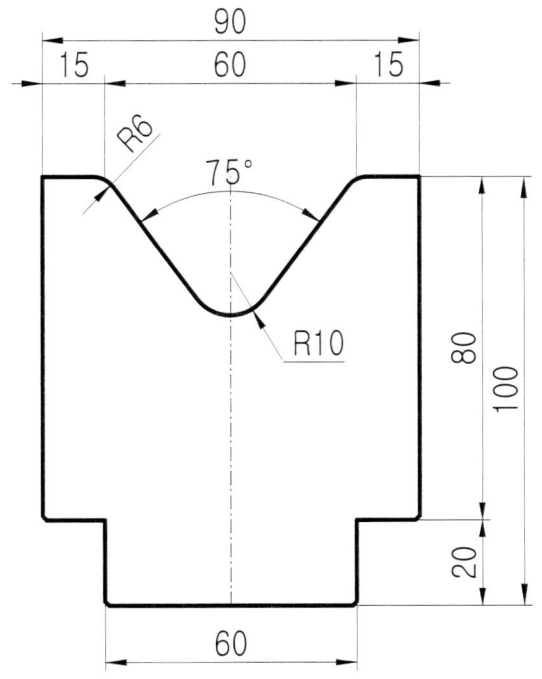

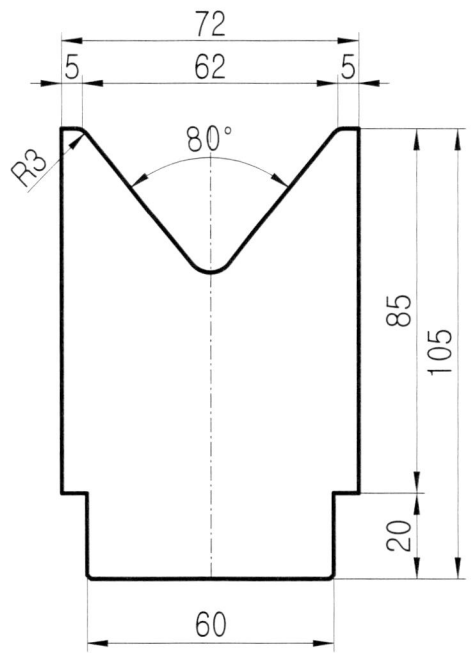

특수 다이(Special Die)

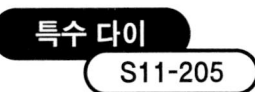

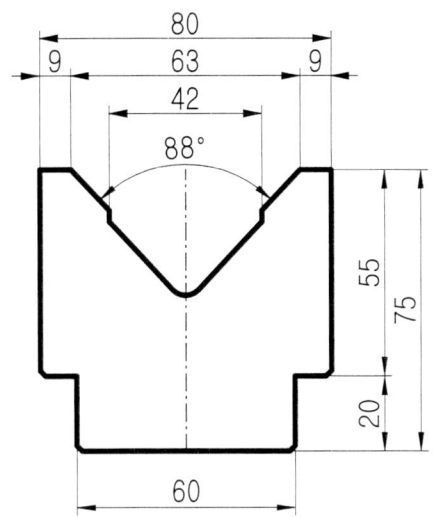

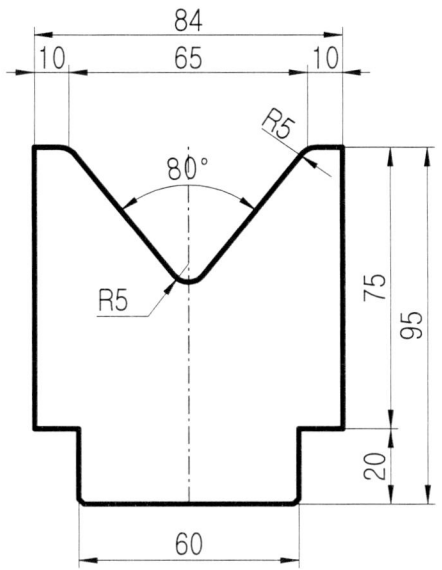

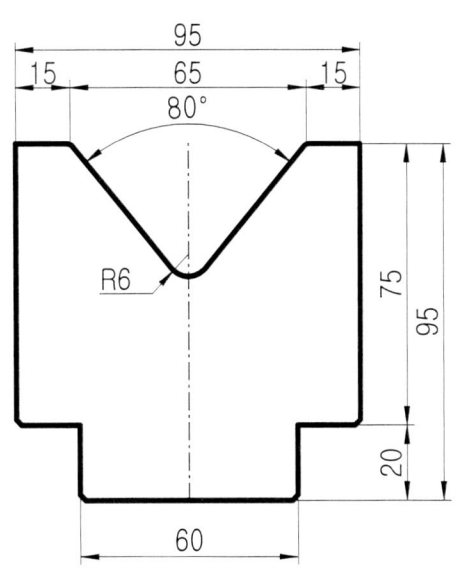

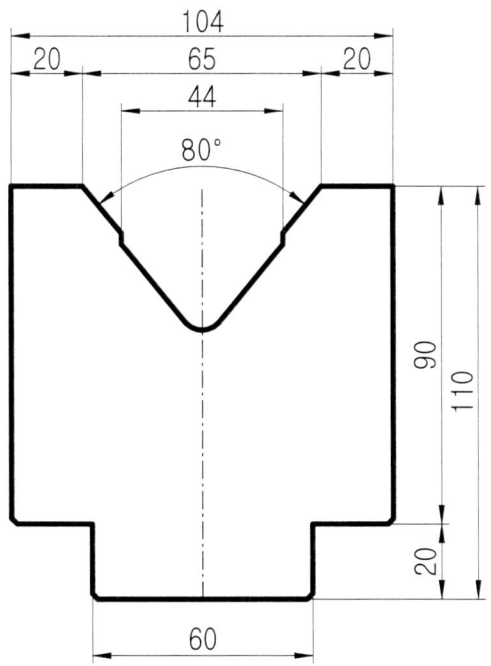

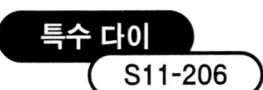

특수 다이(Special Die)

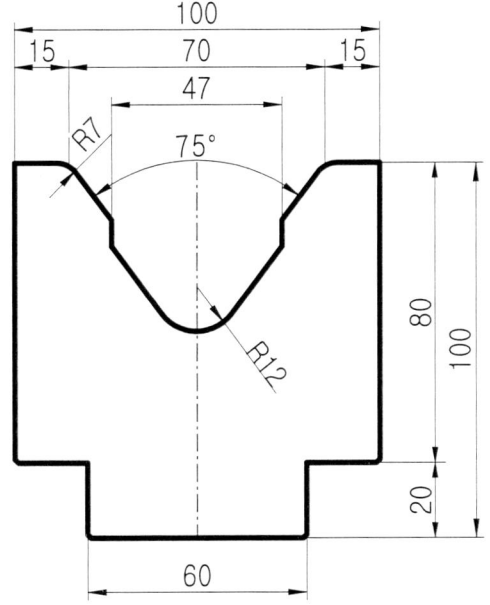
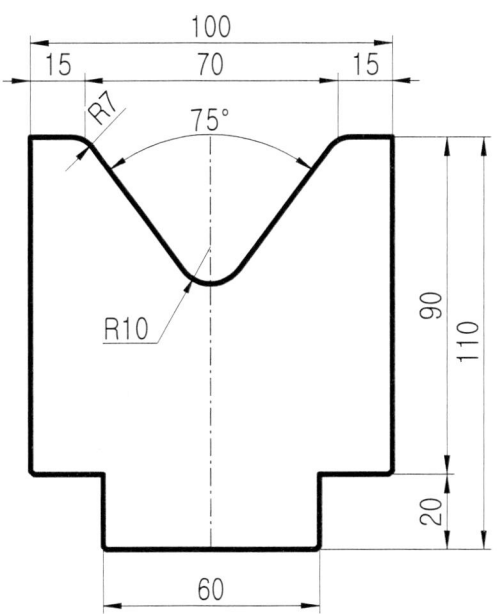
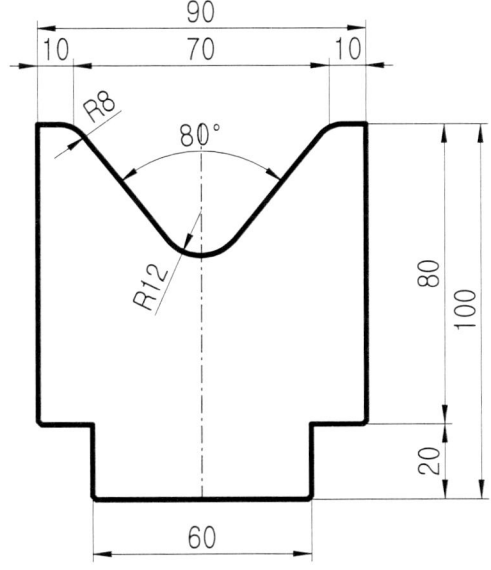
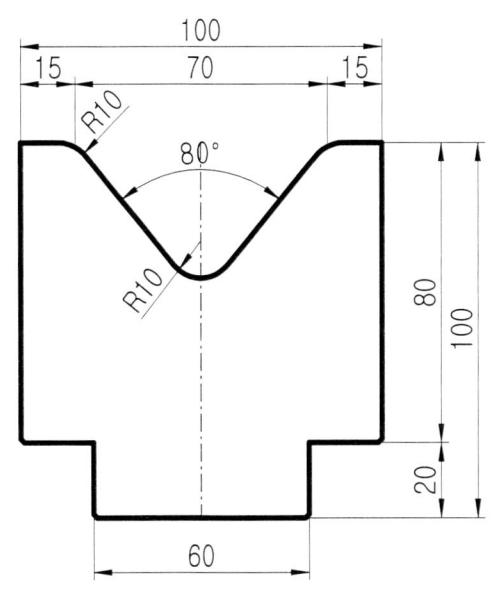

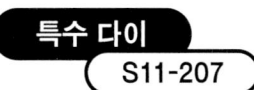

특수 다이(Special Die)

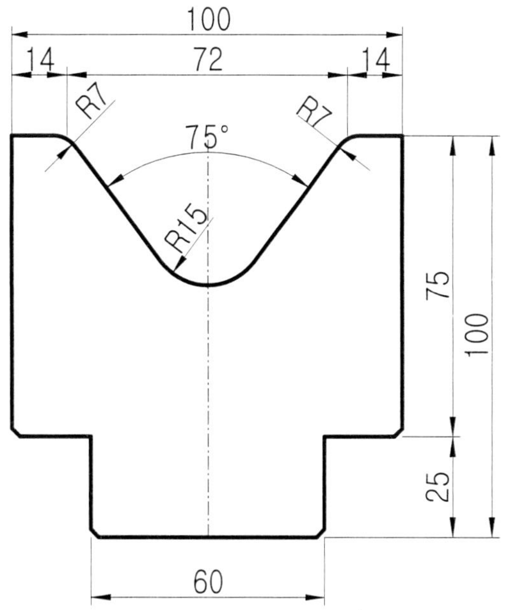

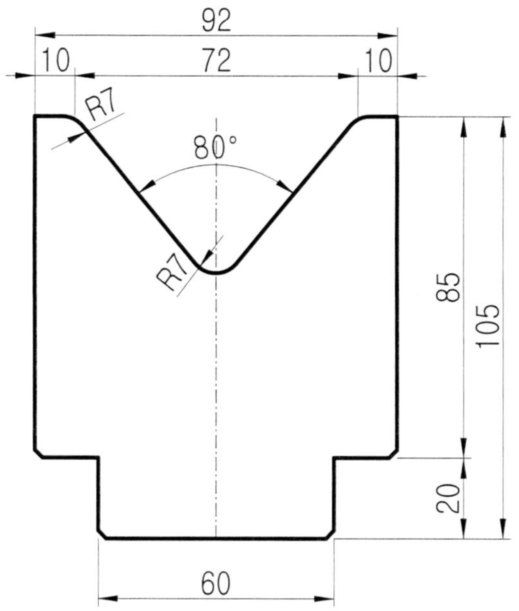

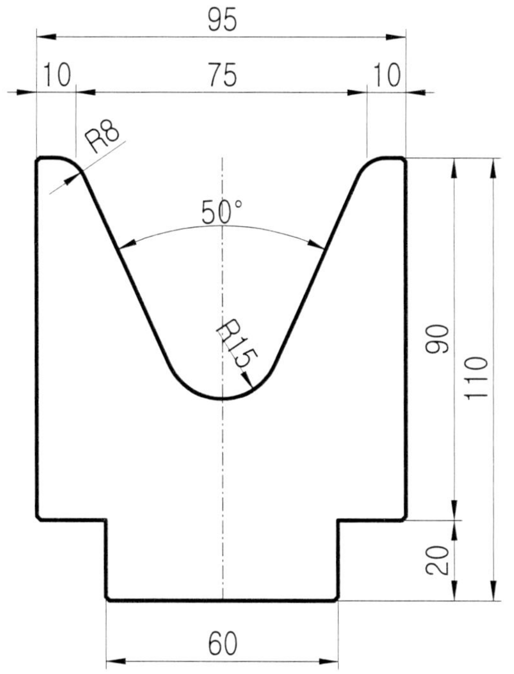

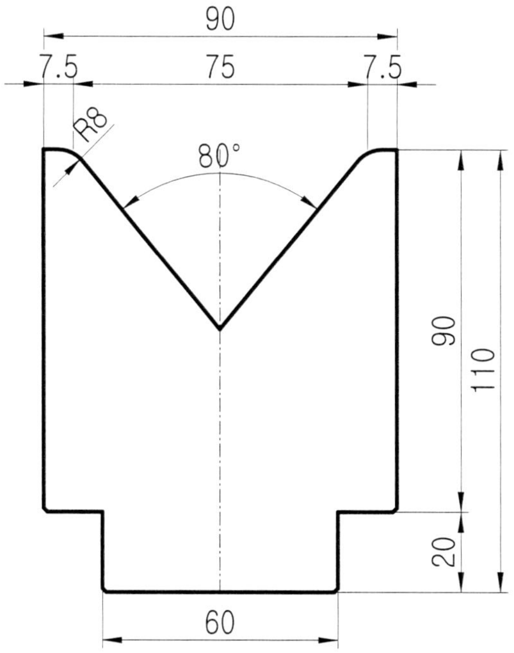

특수 다이(Special Die)

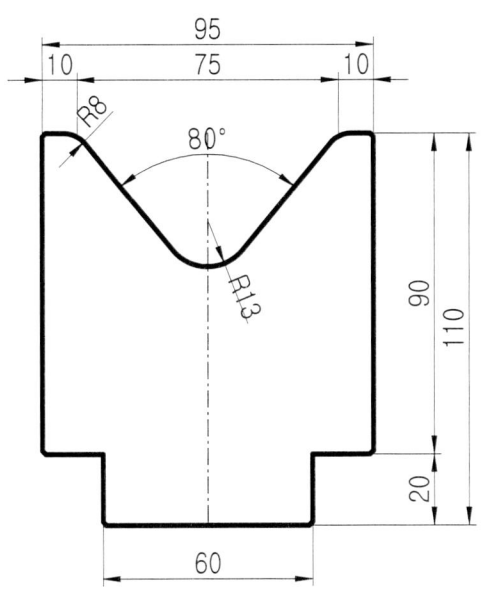
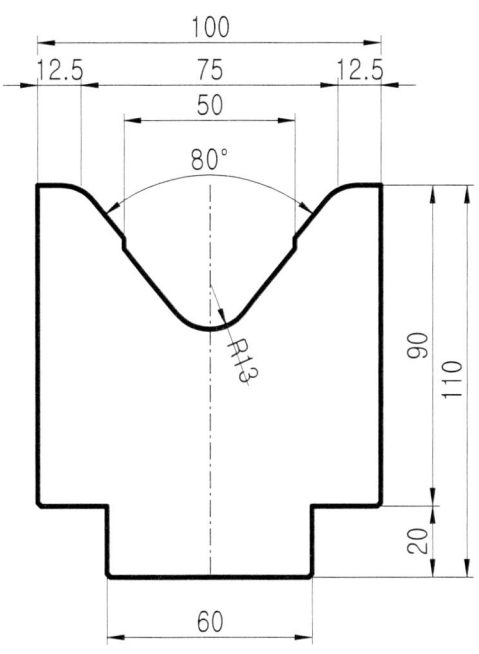
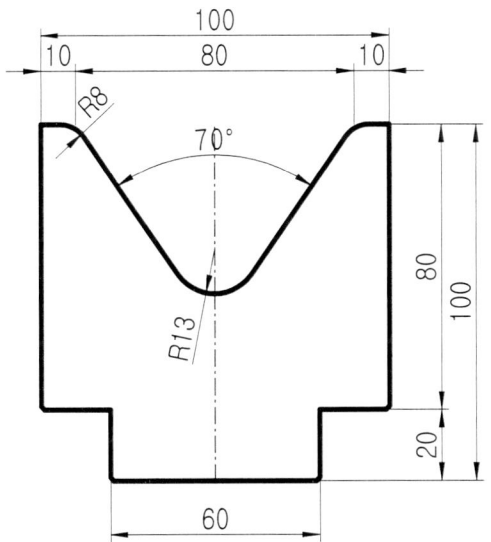
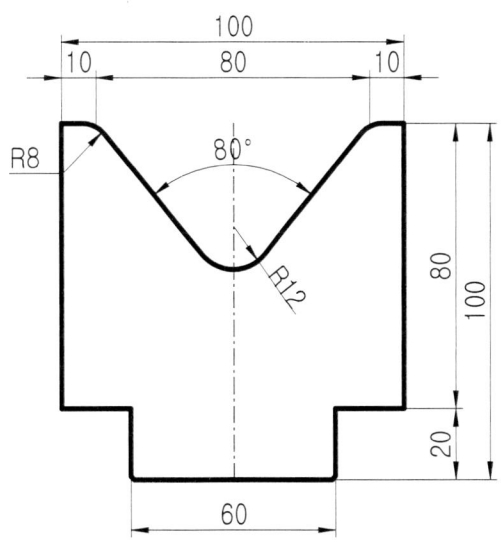

특수 다이 (Special Die)

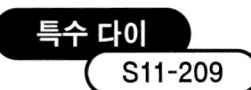
S11-209

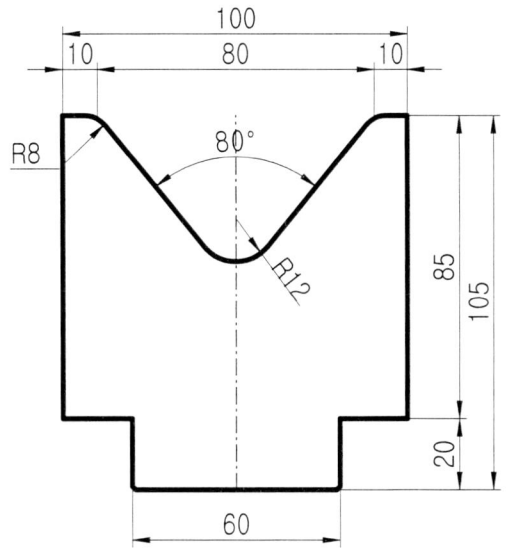

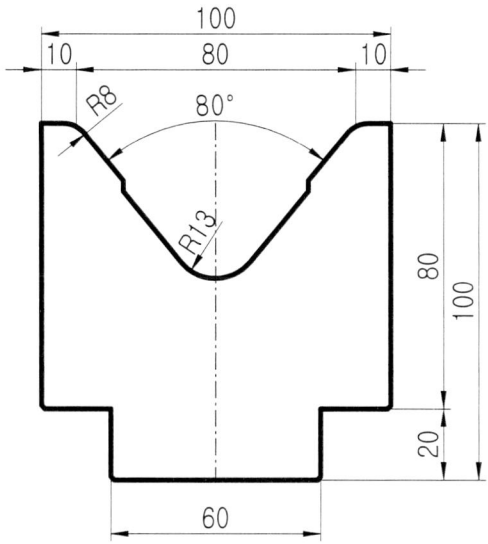

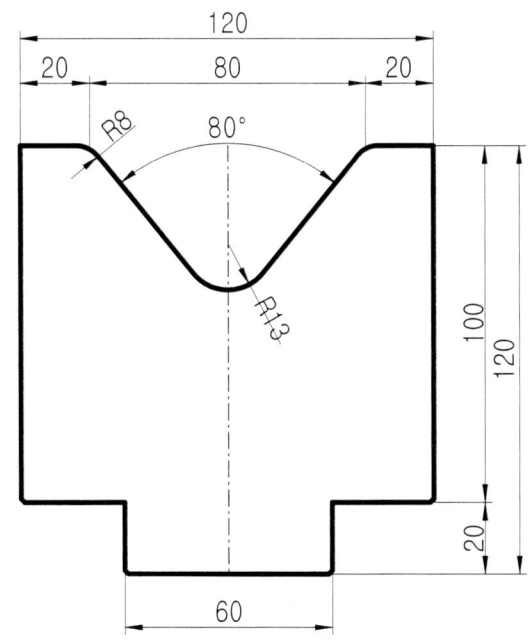

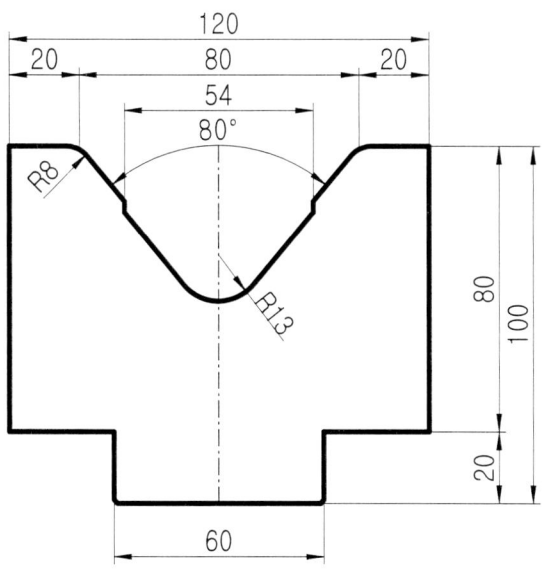

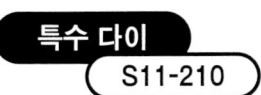

특수 다이(Special Die)

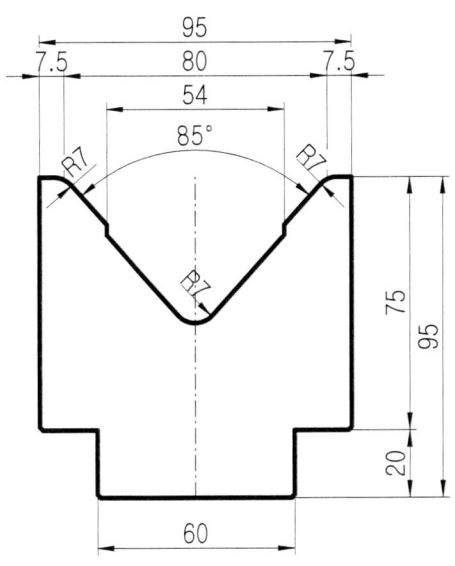
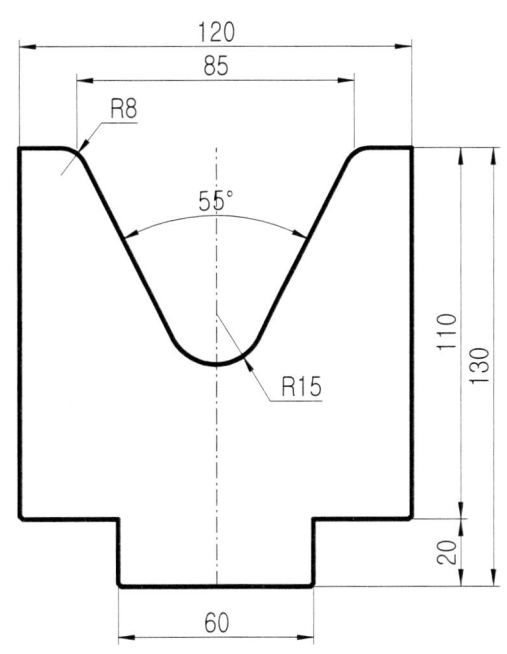
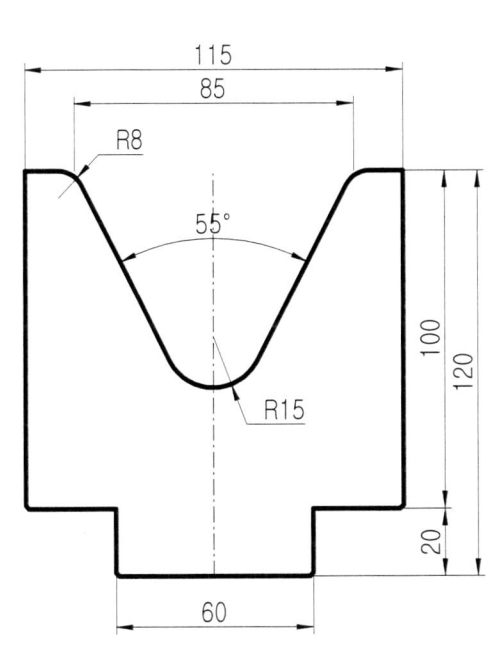
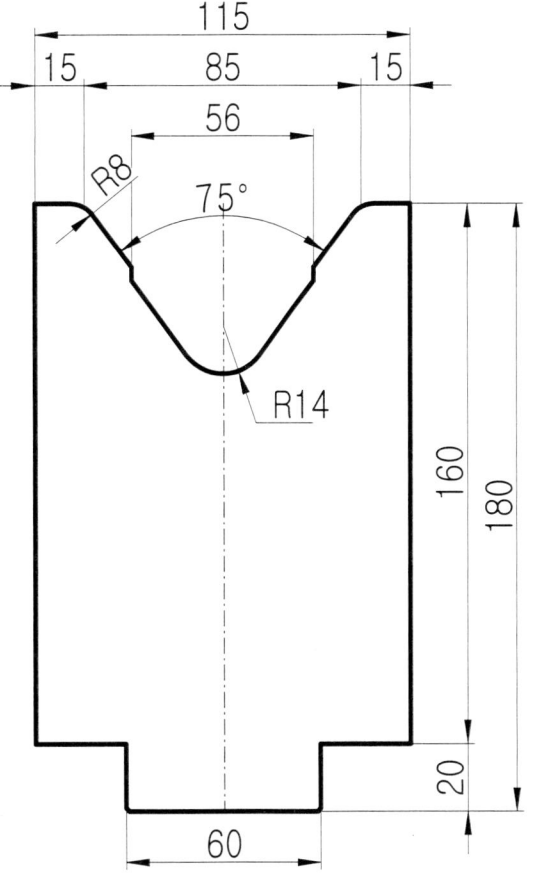

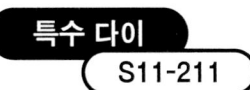

특수 다이(Special Die)

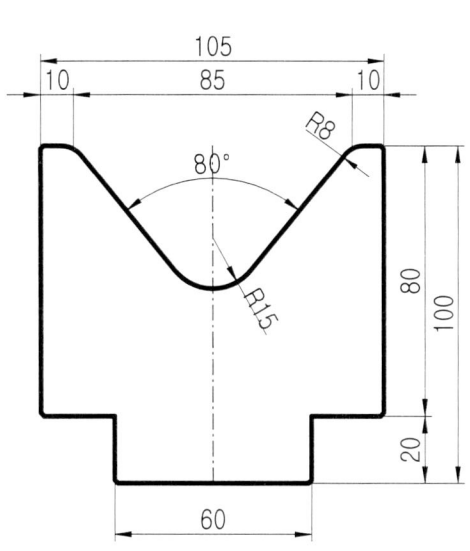
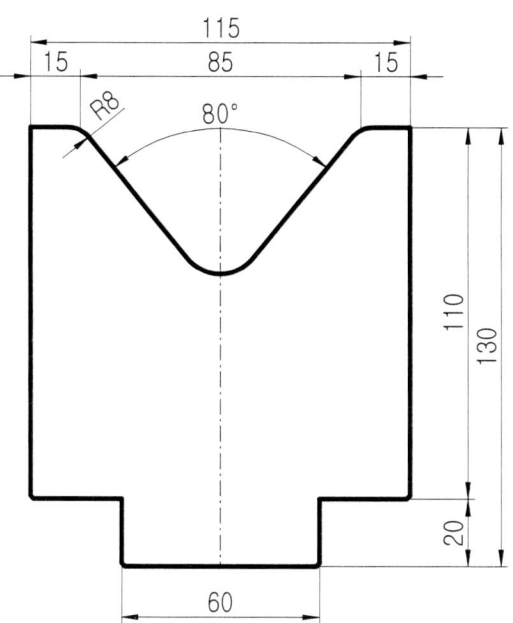
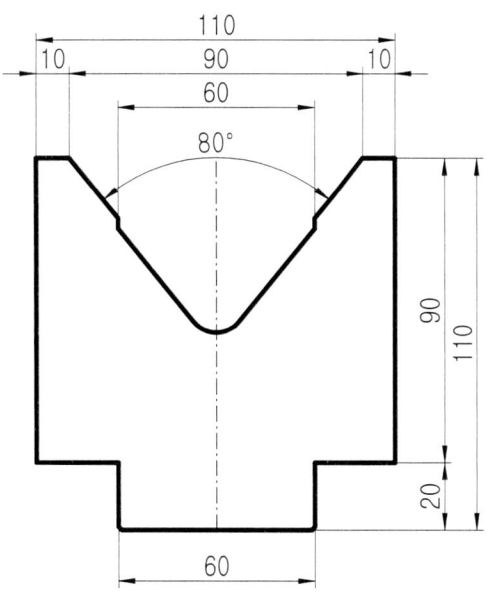
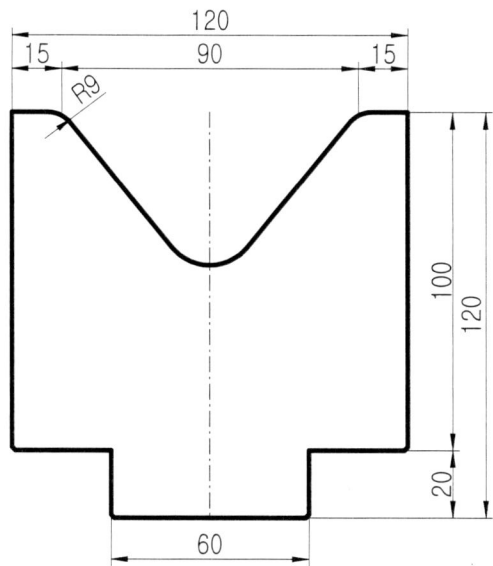

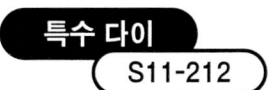

특수 다이(Special Die)

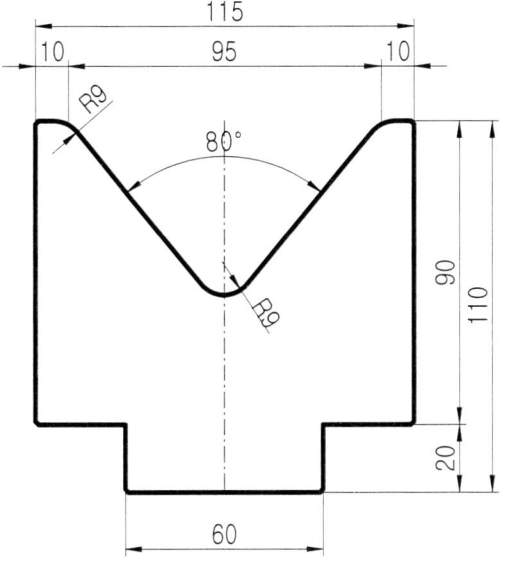

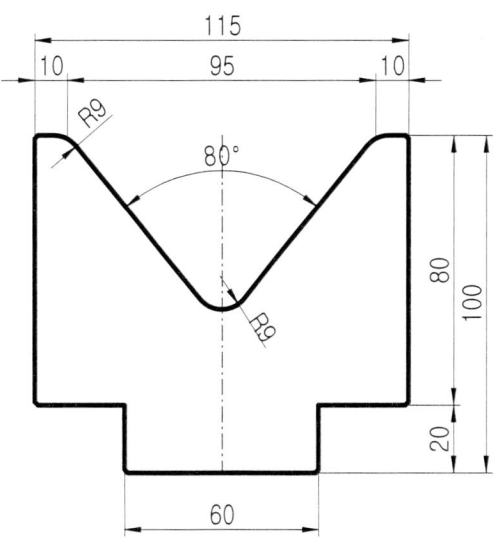

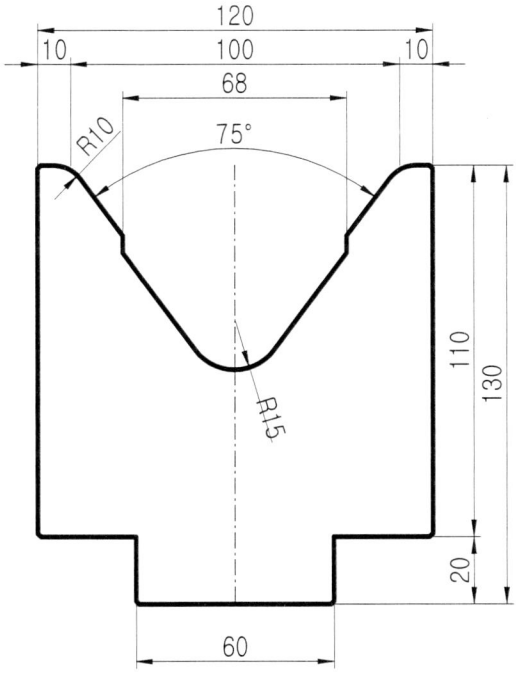

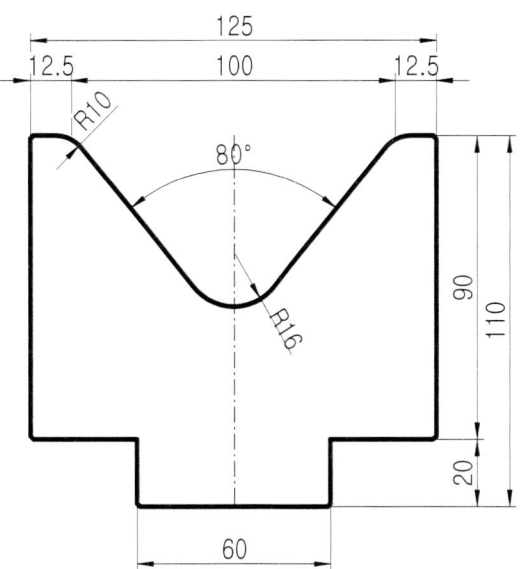